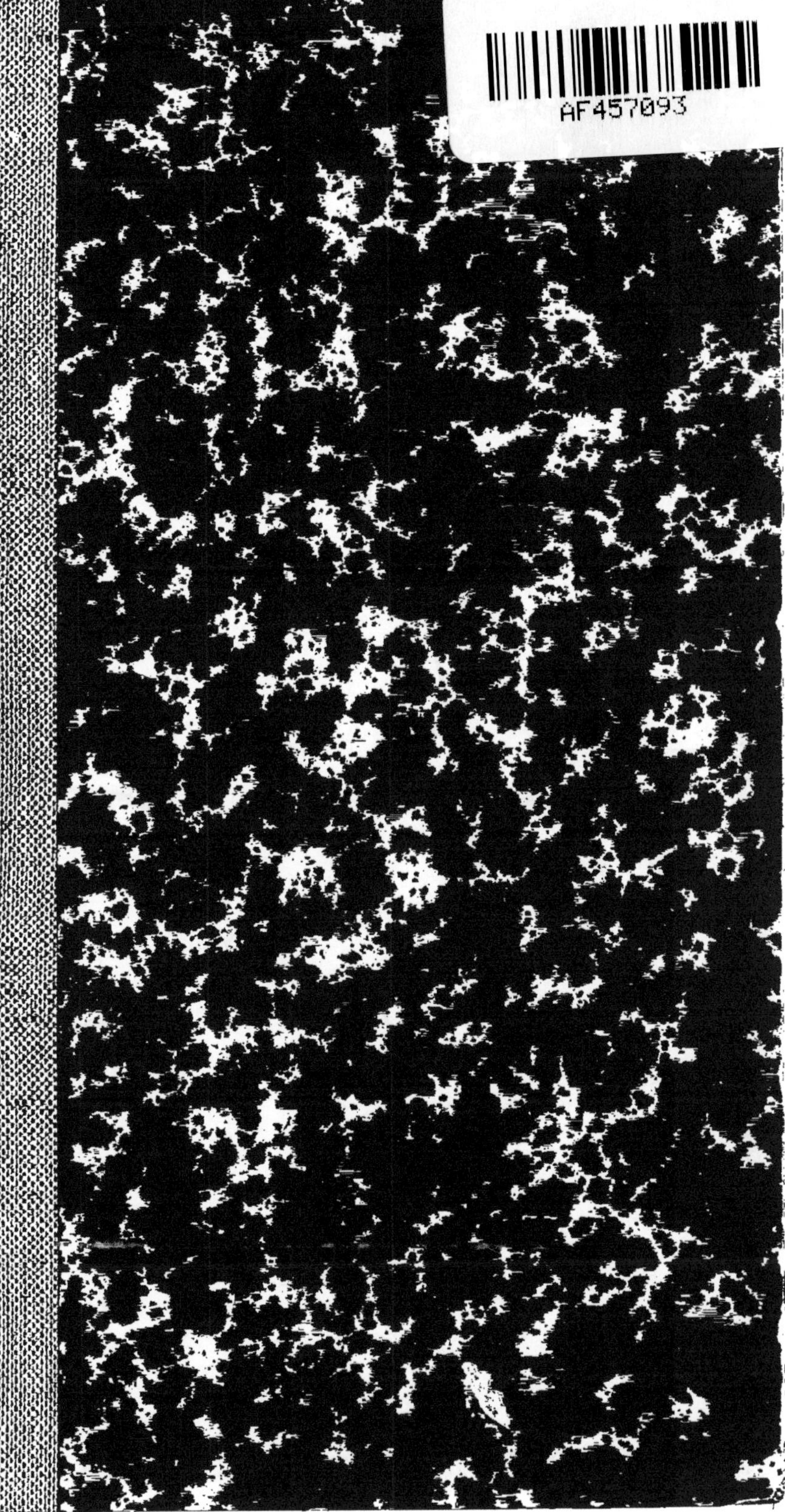

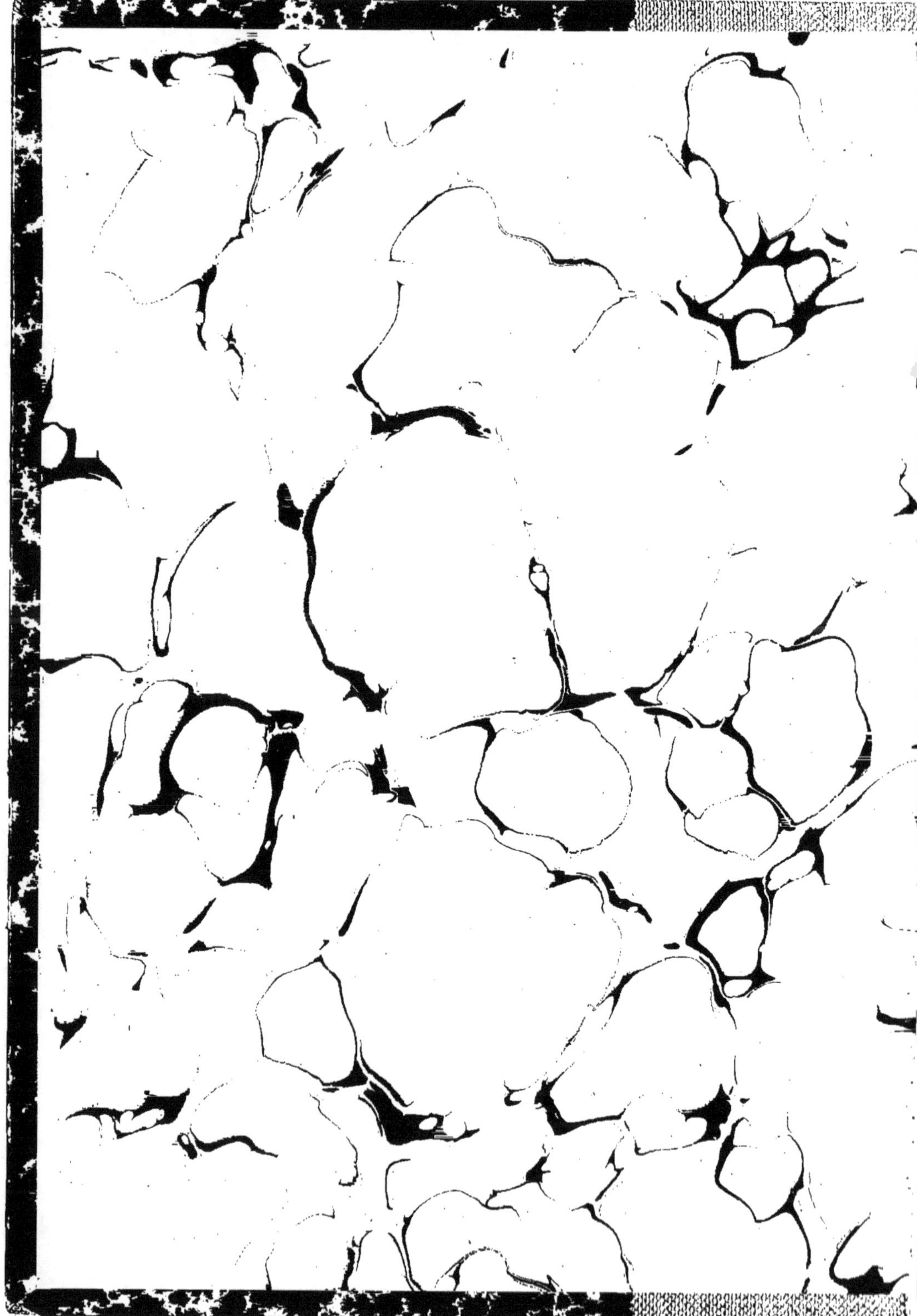

R. CHASSAING

Georges LECHEVALLIER-CHEVIGNARD

LA MANUFACTURE DE PORCELAINE DE SÈVRES

H·LAURENS·EDITEUR

AD. GIR. 05.

La Manufacture de Porcelaine

DE

SÈVRES

MÊME COLLECTION

Parus :

Les Gobelins et Beauvais, par Jules GUIFFREY, de l'Institut.

La Monnaie, par Fernand MAZEROLLE, archiviste à la Monnaie.

L'Institut, 2 volumes, par Gaston BOISSIER, Gaston DARBOUX, Georges PERROT, Georges PICOT, Henry ROUJON, secrétaires perpétuels, et A. FRANKLIN, administrateur honoraire de la *Bibliothèque Mazarine*.

La Bibliothèque Nationale, 2 volumes, par Henry MARCEL, administrateur général, Henry BOUCHOT, Ernest BABELON, Paul MARCHAL et Camille COUDERC, conservateurs et conservateur adjoint.

En préparation :

L'Université de Paris, 2 volumes, par Louis LIARD, vice-recteur de l'Académie de Paris.

Le Musée de sculpture comparée du Trocadéro, par Camille ENLART, directeur du Musée de sculpture comparée.

Le Louvre. *La peinture*, par Jean GUIFFREY, attaché au Musée du Louvre.

LES GRANDES INSTITUTIONS DE FRANCE

La Manufacture de Porcelaine

DE

SÈVRES

HISTOIRE – ORGANISATION – ATELIERS – MUSÉE CÉRAMIQUE
RÉPERTOIRE DES MARQUES ET MONOGRAMMES D'ARTISTES

PAR

GEORGES LECHEVALLIER-CHEVIGNARD
Secrétaire archiviste de la Manufacture.

Ouvrage illustré de 128 gravures

PARIS
LIBRAIRIE RENOUARD — H. LAURENS, ÉDITEUR
6, RUE DE TOURNON, 6

1908

Le présent ouvrage est formé par la réunion des deux volumes consacrés à la **Manufacture de Porcelaine de Sèvres**, dans la collection *Les Grandes institutions de France*.

Le lecteur trouvera deux paginations ainsi que deux tables des matières et des illustrations correspondant aux deux parties de l'ouvrage : I. Histoire de la Manufacture (1740-1876). — II. Organisation actuelle et fabrication. Musée céramique. Répertoire des marques et monogrammes d'artistes.

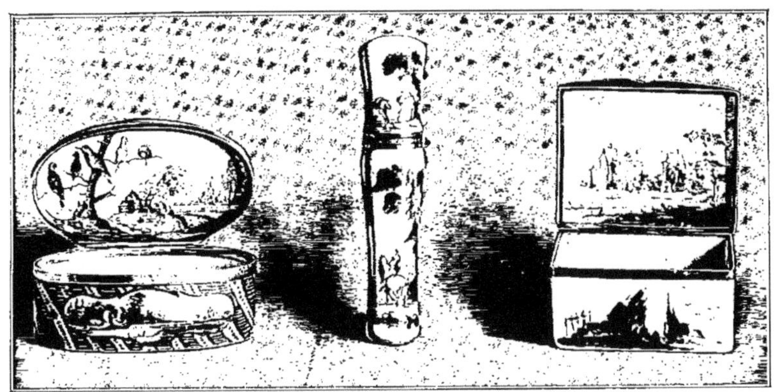

Porcelaine tendre de Vincennes, 1re époque. (Collection de Chavagnac.)

I

LES PREMIÈRES MANUFACTURES FRANÇAISES DE PORCELAINE. LA FONDATION DE LA MANUFACTURE DE VINCENNES. LA COMPAGNIE CHARLES ADAM (1738-1752).

L'histoire de la fabrication de la porcelaine en Europe ne commence guère avant le jour où l'importation de plus en plus considérable des porcelaines orientales vint menacer le commerce florissant de la faïence, et les fabricants de céramique ne paraissent avoir sérieusement cherché à reproduire ou à imiter cette précieuse matière qu'à l'époque où la Compagnie des Indes entreprit de faire servir la porcelaine chinoise et japonaise aux usages journaliers de la table et de la décoration courante : ainsi la découverte de la porcelaine en Europe fut, dans une certaine mesure, le résultat d'une situation créée par la concurrence commerciale.

Il y avait en effet bien longtemps que de somptueuses garnitures de porcelaine trouvaient leur place dans les palais des grands seigneurs ou des amateurs d'art : François Ier et Henri II manifestaient déjà un goût très vif pour les luxueuses potiches chinoises que les Portugais rapportaient de leurs lointaines excursions dans les mers d'Orient. Plus tard, au cours du XVIIe siècle, les Hollandais monopolisèrent ce commerce et introduisirent sur le continent des pièces décorées d'émaux éclatants qui devinrent très vite objets de collections et atteignirent des prix considérables. La

Porcelaine tendre de Vincennes. — Jatte décorée d'une vue du château de Vincennes. Diamètre 0,24. (Musée de Sèvres n° 3657.)

Compagnie des Indes orientales, organisée par Mazarin en 1685, étendit encore le goût et augmenta le succès des porcelaines en faisant exécuter en Chine, d'après des dessins français, de grands services de table, aux armoiries des grandes maisons, services de France, de Penthièvre, etc.

C'est vers ce moment qu'apparut chez les faïenciers la préoccupation de fabriquer la porcelaine, ou tout au moins une matière offrant les mêmes qualités de blancheur, de transparence et de solidité que celle dont le succès leur créait une dangereuse concurrence. Les céramistes rouennais, plus menacés encore que les autres par l'importation des produits orientaux, paraissent être parvenus, les premiers en France, à composer une matière présentant l'aspect et quelques-uns des caractères de la porcelaine. L'indication de de leur découverte se trouve dans un privilège accordé en 1673 à Louis Poterat, où il est dit qu' « il a trouvé le secret de la véritable « porcelaine de la Chine ». Peu de pièces nous sont parvenues de cette fabrication qui n'eut sans doute, à aucune époque, un caractère industriel : la pâte en est légèrement teintée, et le décor est identique à celui des faïences rouennaises de la même date.

En réalité, les Poterat restèrent avant tout des faïenciers, et il convient d'attribuer aux Chicaneau l'honneur d'avoir les premiers fabriqué d'une façon courante une matière céramique rappelant par son aspect la porcelaine chinoise. Ceux-ci, établis à Saint-Cloud, semblent bien avoir possédé le secret d'une composition de pâte dès avant 1678 ; mais, au témoignage de Martin Lister, ce serait seulement vers 1695 qu'ils en établirent la fabrication régulière. Leur porcelaine, décorée d'ornements bleus dans le goût de Bérain, eut un très grand succès; et l'estime dont les Chicaneau jouirent alors nous est connue par le *Mercure de France* qui raconte dans tous ses détails une visite de la duchesse de Bourgogne à leur manufacture, en l'an 1700.

A partir de cette époque, les essais se multiplièrent et les premières années du XVIIIe siècle virent, à côté des fabricants, les plus illustres savants rechercher la composition de la véritable porcelaine : c'est ainsi que Réaumur entreprit en 1717 la curieuse série d'analyses sur la transformation du verre en porcelaine dont il notait chaque jour les résultats sur un cahier conservé aujourd'hui encore à Sèvres. Réaumur n'avait pas eu de peine à reconnaître que la matière fabriquée à Saint-Cloud, si brillante et si facile qu'elle fût à décorer, n'était qu'une imitation de la véritable porcelaine, et que les deux compositions, malgré leur similitude d'aspect, étaient absolument différentes au point de vue de la constitution chimique. La découverte en Allemagne des matières premières nécessaires à la fabrication de la porcelaine chinoise, consacrée peu après par la fondation de la Manufacture de Meissen, devait lui donner pleinement raison et montrer clairement que le secret de la porcelaine orientale échappait encore aux industriels français.

La création en 1722 de la Manufacture de Strasbourg par Hannong, à qui un ouvrier transfuge de la fabrique de Meissen, nommé Wankenfeld, avait apporté le secret de la fabrication saxonne, apparaît bien comme la première utilisation industrielle de la porcelaine naturelle dans notre pays : son succès devait être rapide et nous verrons dans la suite quelles causes toutes spéciales amenèrent en 1754 le transfert de cette fabrique à Frankenthal. Il semble extraordinaire, dans ces conditions, que d'autres manufactures ne se soient pas organisées pour exploiter les mêmes procédés : le secret de ceux-ci n'était certes pas impossible à pénétrer et la fondation même de la fabrique Hannong prouve suffisamment qu'il était facile de découvrir un mécontent disposé à divulguer des secrets de cette nature. Aussi n'est-ce point là qu'il faut chercher la raison pour laquelle les Français se laissèrent à cette époque distancer par l'Allemagne, mais seulement dans ce fait que l'on ne soupçonnait pas la présence chez nous des matières premières utilisées pour la fabrication de la porcelaine à Meissen ou à Strasbourg. Et c'est pour ce motif que la Manufacture, fondée en 1725 dans le domaine de Chantilly par Louis-Henri de Bourbon avec le concours de Ciquaire Cirou, fut encore une fabrique de porcelaine tendre, c'est-à-dire d'une porcelaine dont la pâte était le résultat d'une préparation chimique, tandis que des produits naturels entraient seuls dans la composition de la porcelaine chinoise ou allemande. Cependant, malgré son infériorité apparente, cette création d'un grand seigneur amateur de belles choses apparaît bien dans l'histoire de l'industrie comme l'origine véritable de la porcelaine française, avec les qualités particulières qui devaient assurer sa réputation : en effet Rouen, Saint-Cloud, Strasbourg n'avaient guère fait autre chose que transporter sur une matière plus précieuse des décors déjà employés sur la faïence; Chantilly, au contraire, après quelques années pendant lesquelles l'imitation des décors chinois occupa encore une place prépondérante, sut trouver un genre de décoration emprunté à la flore et à la faune naturelles, merveilleusement approprié à la matière nouvelle. Cette fabrique ne connut pas de concurrents jusqu'à l'époque où s'ouvrit à Paris la fabrique de François Barbin, rue de Charonne, fabrique que son fondateur fut contraint de transporter quelques années plus tard à Mennecy sous la protection du duc de Villeroy.

Fabrication de Vincennes, vers 1745-1750. Vase Médicis, avec bouquet de fleurs en porcelaine peinte (Collection de Chavagnac).

Telle était la situation de l'industrie porcelainière en France au moment où commence l'histoire de la Manufacture qui, créée à Vincennes en 1738, devait jeter un si vif éclat sur l'industrie de notre pays et faire donner à la porcelaine artificielle le nom glorieux de porcelaine française. L'idée de sa fondation naquit du désir de protéger notre commerce contre le succès de la porcelaine allemande dont la concurrence immédiate devenait chaque jour plus redoutable; et de même que les fabriques de Chantilly et de Mennecy durent leur établissement à de grands seigneurs comme Henri de Bourbon ou le duc de Villeroy qui s'honoraient de les posséder dans leurs domaines, la Manufacture de Vincennes fut fondée par un noble, Orry de Fulvy[1], conseiller d'État et intendant des Finances.

A l'exemple de beaucoup des hommes de son milieu et de son temps, Orry de Fulvy s'intéressait depuis longtemps aux arts industriels et il avait vainement étudié la composition des pâtes à porcelaine, lorsqu'une occasion fortuite le mit à même de reprendre ses essais avec l'espoir du succès. Trois contemporains, dont les noms restent liés à la période la plus brillante de la Manufacture, Bachelier, Millot et Gérin, nous ont conservé dans leurs mémoires l'histoire des débuts de la Manufacture de Vincennes; et, si leur récit diffère parfois par des points de détail, il demeure cependant facile d'en dégager la part de vérité, en éliminant ce que chacun d'eux a pu ajouter, sous l'influence de préoccupations personnelles.

Deux ouvriers de Chantilly, les frères Gilles et Robert Dubois, l'un sculpteur, l'autre tourneur, durent quitter la manufacture en 1738, pour inconduite vraisemblablement. Millot raconte qu'ils emportèrent le secret de Ciquaire Cirou et qu'ils se réfugièrent au château de Vincennes dans la tour du Diable, où ils restèrent pendant quelque temps à faire des essais et des pièces qu'ils allaient vendre en cachette à Paris : c'est là qu'au hasard d'une visite au marquis du Châtelet, gouverneur du donjon de Vincennes, Orry de Fulvy fut, dit-on, mis au fait des travaux des Dubois. Ceux-ci eurent certainement le talent de faire renaître dans son esprit l'espoir abandonné de découvrir la composition de la porcelaine véritable, et ils obtinrent de Vignori, alors directeur général des Bâti-

[1] Orry de Fulvy, né à Paris en 1703, mort dans la même ville en 1751, frère d'Orry, comte de Vignori, contrôleur général des Finances.

ments, Arts et Manufactures, la concession régulière d'un emplacement dans le donjon de Vincennes pour continuer leurs recherches. En moins de trois années, M. de Fulvy leur avança des sommes qui dépassèrent, si l'on en croit Bachelier, cinquante mille livres ; le Roi lui-même s'intéressa à leurs travaux par un don de dix mille livres. Cependant les mois passaient en infructueux essais et M. de Fulvy, découragé par l'absence de résultats, allait congédier les Dubois et abandonner sans doute définitivement l'idée de fabriquer la porcelaine, lorsque de nouvelles propositions vinrent raviver, encore une fois, ses espérances.

Fabrication de Vincennes, 1re époque. Vase à oignon. — Décor imité des Chinois. (Collection de Chavagnac.)

Auprès des Dubois travaillait un de leurs amis, François Gravant, d'abord faïencier dans l'Oise, puis ayant fait de mauvaises affaires, marchand d'épices à Chantilly ; témoin du mécontentement de M. de Fulvy, il « conçut qu'en « restant fidèle à des maîtres qu'on « allait renvoyer, il perdait toutes res« sources, au lieu qu'en servant M. de Fulvy il acquerrait un puis« sant protecteur ; il résolut donc de profiter des fréquentes ivresses « des Dubois pour copier ce qu'ils avaient écrit sur la porcelaine et « remit le tout à M. de Fulvy. Les Dubois furent chassés. Gravant, « chargé du détail de toutes les compositions, devint le chef des ou« vriers qu'il attira de Saint-Cloud[1] ».

Ces faits se passaient en mai 1741, et on peut considérer que la

[1] Bachelier. Mémoire historique sur l'origine et le régime de la *Manufacture royale de Sèvres*, 1781.

Manufacture commença d'exister effectivement à cette date; cependant quatre années s'écoulèrent encore avant que la fabrication s'organisât d'une façon normale et devînt à peu près régulière. C'est en 1745 seulement que M. de Fulvy « parvint à s'assurer de la composition de la pâte, des moyens de former des pièces et de leur « donner une couverte qui pût supporter la peinture ». Gravant en effet ne connaissait que la fabrication proprement dite et, si ses recherches l'amenèrent à composer une pâte et une couverte d'un blanc satisfaisant, la cuisson des pièces donna longtemps de sérieux mécomptes. On en trouve l'aveu dans le mémoire de son collaborateur Millot qui, arrivé à Vincennes en 1740, devait y rester comme chef des fours jusqu'en 1786 : il raconte que les fours employés alors étaient d'une hauteur disproportionnée et que l'on devait se contenter de trouver, après la cuisson, 100 ou 150 pièces réussies sur 600 ou 700 mises dans le four; et il s'attribue l'idée d'avoir construit à mi-hauteur du four une seconde voûte grâce à laquelle les résultats furent beaucoup plus satisfaisants.

A cette époque, d'ailleurs, l'organisation de la Manufacture était encore tout à fait rudimentaire. Les comptes de 1741 à 1745 semblent établir qu'elle comprenait deux chefs d'atelier : d'un côté, Gravant avec une dizaine d'ouvriers venus pour la plupart de Chantilly, et de l'autre, Liot, qui resta quelque temps chef des peintres, avec un nombre à peu près égal de décorateurs. Ce personnel était installé dans le donjon de Vincennes, d'abord dans les tours du Roi et du Diable, puis, un peu plus tard, dans les bâtiments de la Surintendance, extension devenue nécessaire, moins en raison de l'accroissement du personnel que par suite de la construction des 9 fours que l'on essaya successivement, avant de parvenir à une cuisson régulière. Les années qui vont de 1741 à 1745 doivent donc être considérées encore comme une période d'essais nouveaux où des ouvriers tels que Gravant, Millot, Gérin ne firent guère autre chose que perfectionner les secrets apportés de Chantilly. Toutefois la Manufacture s'enrichissait en même temps par l'acquisition d'autres

Fabrication de Vincennes, vers 1755. — Vase « Pot-Pourri » ovale, à fond vert et cartels décorés d'amours d'après Boucher. Couvercle orné de fleurs en relief. (Musée Wallace.)

procédés : ainsi, dès 1741, le comte d'Egmont vendit à M. de Fulvy un procédé pour dorer la porcelaine. Trois ans plus tard, un peintre de la maison, Taunay, découvrit les couleurs de carmin, de pourpre et de violet qu'il vendit plus tard à la Manufacture ; en attendant, il devint, comme Gravant, le fournisseur de Vincennes qui lui achetait fort cher l'once de ses couleurs.

Au cours de ces quatre années, les dépenses étaient montées à près de 58000 livres et les comptes de cette époque n'enregistrent aucune recette en regard de ce chiffre. Toutefois le but était atteint, et M. de Fulvy estima que le temps était venu de donner à son œuvre une existence régulière et une organisation industrielle. C'est pour obtenir ce résultat que le Conseil du Commerce fut appelé en 1745 à statuer sur l'octroi d'un privilège exclusif « en faveur d'une manufacture de porcelaine, façon de Saxe et du Japon », et, l'avis ayant été favorable, la demande de privilège fut adressée au Conseil d'État, sous le nom de Charles Adam qui était sans doute l'homme d'affaires chargé, depuis plusieurs années déjà, de tout ce qui concernait la Manufacture naissante.

Dans les considérants assez longs joints à sa requête, le demandeur, après avoir signalé les avantages que présentait l'installation en France d'une manufacture de porcelaines capable d'entrer en concurrence avec celles de la Saxe, et rappelé l'intérêt manifesté dès 1741 par le Roi aux tentatives des Dubois, exposait l'impossibilité où il se trouvait de pourvoir plus longtemps par lui-même aux frais considérables qu'entraînaient les essais et les expériences grâce auxquels le succès avait été atteint. Pour rembourser ses emprunts précédents et pour doter la France de l'industrie nouvelle de la porcelaine, il lui fallait faire appel à une compagnie : « à quoi il ne « pourrait parvenir s'il ne plaisait à Sa Majesté de lui accorder un pri- « vilège exclusif pour fabriquer de la porcelaine façon de Saxe, c'est- « à-dire peinte et dorée, à figures humaines, et la concurrence, pour « tous les autres ouvrages, avec les autres manufactures de porcelaine « blanche ou peinte façon du Japon. » En outre, Charles Adam sollicitait pour l'installation de son usine l'autorisation d'occuper, dans l'enceinte du château de Vincennes, certains bâtiments inutilisés.

entre autres « ceux de la cour de la Surintendance, du Manège couvert et de la Ménagerie située à Bel-Air ». Il réclamait enfin le droit exclusif de fabriquer la porcelaine façon de Saxe, sous peine pour les contrevenants de la confiscation des objets fabriqués et de trois mille livres d'amende. Un privilège, en date du 24 juillet 1745, fut accordé dans les conditions demandées par Charles Adam, pour une durée de vingt années : il contenait même une clause punissant de prison les ouvriers qui quitteraient la Manufacture sans un congé en bonne forme de Charles Adam et interdisant d'autre part aux fabricants d'engager aucun ouvrier sorti de Vincennes sans l'agrément de la Compagnie privilégiée. Un témoignage plus précis encore de la protection royale fut enfin l'autorisation donnée aux nobles et aux officiers de s'associer, sans déroger, à l'entreprise. Une compagnie fut immédiatement constituée au capital de 90 300 livres, divisé en 21 actions : elle comprenait sept intéressés possédant chacun deux actions, tandis que M. de Fulvy en acquérait sept pour sa part. Des 90 300 livres formant le capital social, 58 914, montant des dépenses effectuées depuis 1741, furent remises à Charles Adam qui, à partir de ce moment, semble n'avoir plus été qu'un prête-nom.

C'est à cette époque que, forte de son privilège, la Manufacture s'organisa réellement et atteignit en quelques années un développement et une renommée considérables. Les associés rivalisèrent tout d'abord d'activité : une réunion avait lieu chaque semaine chez M. de Fulvy où l'on discutait des intérêts de l'établissement. Pour éviter de trop grands frais, chaque intéressé remplissait effectivement et à tour de rôle les fonctions de directeur pendant une semaine, tandis que l'un d'eux demeurait spécialement chargé de la tenue de la caisse. Un seul agent suffisait alors à assurer la marche des travaux : c'était, avec le titre de garde-magasin des matières premières, Boileau, qui devait être appelé cinq années plus tard à la direction de l'établissement. Pourtant, malgré cette bonne volonté et ce zèle, la Compagnie Charles Adam eut à surmonter d'incessantes difficultés financières. Le capital social avait été fixé, nous l'avons dit, à 90300 livres : dès l'année suivante on fut contraint de demander aux associés 56700 livres, 42000 en 1747, 1748 et 1749,

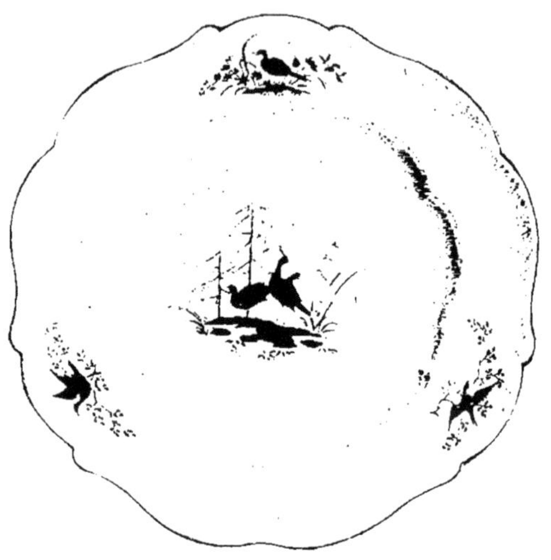

Fabrication de Vincennes, entre 1745 et 1753. — Assiette en porcelaine tendre décorée d'oiseaux et de fleurs en or. (Collection de Chavagnac.)

la moitié en 1750 et enfin 65000 en 1751, de sorte qu'au bout de six années, la valeur de chaque action, limitée primitivement à 4300 livres, représentait 14000 livres versées. De son côté le Roi, sollicité par son entourage, encouragé par le Contrôleur général des finances de Machault, qui avait remplacé en 1745 Orry de Vignori disgracié, donna en moins de deux années la somme de 135000 livres ! Pour combler le déficit toujours croissant, les associés ne trouvèrent alors rien de mieux que la création de neuf actions nouvelles au capital de 14000 livres. Peu après, ils transformèrent l'apport en 220 actions au porteur de 2500 livres chacune, confiant la direction à un conseil de 8 membres que présidait M. de Fulvy ; l'année suivante d'ailleurs, ils devaient, poussés par la crainte de voir leur échapper une affaire qui, improductive en fait, avait pourtant l'avantage de leur assurer les sympathies du Roi et de Mme de Pompadour, revenir sur leur décision et retirer de la circulation les actions au porteur créées quelque mois plus tôt.

Au point de vue pratique, M. de Fulvy assumait à cette époque la direction presque complète de la Manufacture, et, jusqu'à sa mort son activité suffit à maintenir l'établissement dans la voie qu'il lui avait tracée. Lorsqu'il disparut en 1751, Boileau fut nommé inspecteur par une délibération où il est dit que « ce changement a semblé nécessaire par suite de la mort de M. de Fulvy, dont les connaissances étaient si utiles à la Manufacture ». Il apparaît bien en effet que, poussé par son goût pour l'établissement qui était son œuvre, M. de Fulvy avait su lui assurer très vite, au moyen de contrats réguliers, la propriété de tous les procédés capables de contribuer au succès de la fabrication. Ainsi une convention avait été passée en 1745, par laquelle Gravant avait pris l'engagement de donner par écrit le secret de sa pâte, autorisant M. de Fulvy à en faire l'expérience; trois ans plus tard, les essais ayant paru satisfaisants, une nouvelle convention régla définitivement la situation de Gravant, qui restait maître de ses secrets pendant huit années, à condition d'être en état de fabriquer sa pâte ; puis, au bout de ce temps, moyennant le paiement d'une somme de 24 000 livres et d'une rente annuelle de 1 200 livres, la Compagnie devenait propriétaire des procédés. Le prix de la pâte était fixé à 15 sols la livre, auxquels s'ajoutait une gratification de 5 sols pour les premières 12 000 livres fournies chaque année. En 1748 encore, M. de Fulvy acheta à un bénédictin de Saint-Nicolas, le frère Hippolyte, contre la somme de 9 000 livres, le moyen d'appliquer l'or sur la porcelaine; et peu après il acquit la recette des couleurs que fabriquait jusqu'alors le peintre Taunay.

Une autre tâche, qui avait dès le début sollicité l'attention de la Compagnie, était l'obligation de donner à la Manufacture naissante une direction artistique, d'autant plus nécessaire que l'instruction des artistes employés dans les ateliers était plus limitée. Les associés s'adressèrent tout d'abord en octobre 1745 à Mathieu, l'émailleur du Roi, connu « surtout sur la manière d'appliquer l'or sur les « ouvrages de porcelaine », qui promit de « s'appliquer à la perfec- « tion des desseins, moules, peintures et dorures des ouvrages qui « seront fabriqués ». Le choix n'était pas heureux, car, cinq mois plus tard, Mathieu fut contraint d'avouer « qu'il n'avait pas jusqu'à « présent exécuté sur la porcelaine de Vincennes les peintures et « dorures avec le même succès que sur celle de Saxe » et d'abandonner la place. Celle-ci ne reçut sans doute pas immédiatement de nouveau titulaire, bien que Bachelier assure, dans le mémoire écrit trente ans plus tard pour sa justification, qu'il fut appelé dès 1748 à la direction artistique de la Manufacture. Il est permis de penser qu'il s'attribue là le mérite d'une organisation qui ne semble, d'après les pièces comptables, lui avoir été confiée, officiellement du moins, qu'en 1751, tandis que dans cette même période le nom d'un autre artiste se retrouve tous les ans dans les livres de dépenses de la maison : celui de Duplessis, l'orfèvre du Roi. Dès 1747, celui-ci venait régulièrement à Vincennes chaque semaine pour surveiller les travaux des tourneurs, mouleurs et sculpteurs, et en même temps il fournissait à la Manufacture des modèles de pièces de service d'une forme remarquablement élégante. Ne peut-on admettre que le même homme ait étendu son influence jusqu'à donner à toute la partie artistique la sûreté de goût et l'originalité de création qui font le charme des produits de la Manufacture à cette époque? A côté de lui, d'ailleurs, d'autres artistes étaient appelés à créer des modèles pour les différents ateliers : on retrouve ainsi la trace de fréquentes acquisitions de gravures, d'estampes, de dessins destinés à servir de modèles aux décorateurs et à leur faire abandonner l'imitation persistante des décors chinois. De même, pour les sculpteurs qui « manquaient de modèles gracieux », on demandait dès 1746 à des artistes du dehors des modèles en terre d'une traduction facile dans la pâte de porcelaine : Depiereux fournit en une seule année six « divinités » et seize autres figures différentes ; Gilles Dubois, chassé en 1741, reparut en 1750 pour créer, lui aussi, quelques modèles.

Porcelaine tendre de Vincennes, vers 1750. Broc à décor de paysages. (Collection de Chavagnac.)

Ainsi le travail s'organisait peu à peu, et si l'on considère le chemin parcouru en quatre années, l'on constate que dès 1750 la Manufacture comprenait les sept ateliers suivants, placés sous l'inspection de Boileau :

Fabrication des pâtes : Gravant et huit manœuvres.

Tourneurs : Corne et neuf ouvriers.

Mouleurs : Chenot et dix ouvriers.

Anseurs et becteurs[1] : Gérin et six ouvriers.

Sculpteurs : dix artistes.

Peintres : dix artistes.

[1] Les ouvriers chargés spécialement de fabriquer les anses et les becs.

Fleurs : Mme Gravant et « quarante-cinq femmes ou filles de tout âge ».

Ce personnel déjà considérable — 110 ouvriers environ — avait des origines très diverses. Dans les ateliers de fabrication, à côté de quelques ouvriers débauchés dans les fabriques plus anciennes, Chantilly ou Mennecy-Villeroy, on rencontrait des gens ayant exercé les métiers les plus différents : soldats recrutés au donjon même de Vincennes, anciens domestiques, doreurs sur bois, etc. Dans les ateliers de peinture, il y avait des artistes sortis des Manufactures de Saint-Cloud et de Sceaux, un peintre d'équipages, un peintre de tableaux, mais surtout des peintres d'éventails ; et c'est sans doute à l'habitude des éventaillistes de peindre à la gouache, qu'il faut attribuer une certaine lourdeur dans l'emploi des couleurs qui se retrouve sur la plupart des pièces de cette époque.

On conçoit sans peine qu'un personnel composé d'éléments aussi disparates ne devait pas toujours être d'un maniement très facile : la preuve en est dans les nombreuses contestations qui s'élevèrent presque aussitôt entre la Compagnie Charles Adam et les ouvriers, prétendant à une liberté inconciliable avec la conservation des secrets dont la maison s'était assuré la propriété. Pour remédier à cet état de choses, M. de Fulvy demanda dès 1747 à M. de Machault de régler par un nouvel arrêt la situation des ouvriers de la Manufacture. La décision prise alors fut basée sur ce que « le Roy estant informé que, nonobstant les dispositions portées « par l'arrêt du Conseil du 24 juillet 1745, par lequel Sa Majesté, en « accordant à Charles Adam, entrepreneur d'une Manufacture de porcelaine à l'imitation de celle de la Saxe, un privilège exclusif pour « l'imitation des dites porcelaines en peintures et dorures, aurait pris « toutes les précautions qui avaient parues nécessaires pour, en « prévenant toute concurrence entre cet établissement et ceux qui « étaient déjà formés dans le royaume, assurer au dit Charles Adam

« la conservation des ouvriers qu'il avait formés ou pourrait former « par la suite pour l'exploitation du privilège qui lui était accordé, « quelques-uns des ouvriers, dans l'espérance de trouver ailleurs « des conditions plus avantageuses que celles qui leur étaient « faites par ledit Charles Adam, se seraient absentés de ladite

Porcelaine tendre de Vincennes. Salière trilobée à têtes de dauphin. (Collection de Chavagnac.)

« Manufacture ou, pour se procurer la liberté d'aller ailleurs, ils « auraient... forcé ledit entrepreneur à les renvoyer ». S'appuyant sur ces motifs, le Contrôleur général fit défense à tous les ouvriers, employés à Vincennes depuis plus d'un mois, de s'absenter aucun jour non férié, sous peine d'une retenue double du salaire et, en cas de récidive, sous peine de prison et de 50 livres d'amende. Quant à ceux qui voudraient quitter définitivement l'établissement, ils devaient s'engager à ne jamais se servir des connaissances qu'ils y auraient acquises : et ici la première contravention fut taxée à

1000 livres d'amende ou trois années de prison. Un article spécial édictait des pénalités contre les fabricants reconnus coupables, soit d'avoir accepté dans leurs ateliers un ouvrier sorti de Vincennes sans congé, soit d'avoir construit un four à porcelaine sans jouir d'un privilège particulier : dans l'un ou l'autre cas, c'étaient 3000 livres d'amende et la destruction immédiate des fours.

Ces dispositions rigoureuses ne restèrent point lettre morte, et les industriels furent bientôt renseignés sur la faveur dont la Manufacture jouissait à la Cour, par les poursuites qu'ils subirent. Barbin, établi rue de Charonne, reçut défense de construire un four, et, à cette occasion, M. de Machault limita encore les genres de décoration sur porcelaine qu'il était permis d'employer : « Il ne sera fait, disait-il, d'autres sortes d'ouvrages en porce-« laines que celles qui peuvent servir pour la poterie ou la platerie, « lesquelles ne pourront être ornées de fleurs et de sculptures, ni « peintes autrement qu'en façon de Japon sans, sous aucun prétexte, « y mêler des paysages, figures ou dorures dont Sa Majesté entend que « le travail soit exclusivement réservé à la Manufacture de Charles « Adam, ainsi que de toutes sortes et espèces d'ouvrages de porcelaine « en fleurs et en sculptures. » Après Barbin, la Manufacture de Sceaux dut fermer ses portes à la suite d'une contravention de même nature. Et les ouvriers connurent, eux aussi, les rigueurs des arrêts royaux, témoin le peintre Caillat qui, chargé de préparer certaines couleurs, eut le tort d'en communiquer la recette aux entrepreneurs de la fabrique de Chantilly : pour ce fait, il fut, après six mois de séjour à la Bastille, définitivement incarcéré au Mont Saint-Michel.

La protection si décidée de la Cour devait se manifester d'autre part par les acquisitions du Roi et de son entourage à la Manufacture, et c'est grâce à ce succès que nous sommes renseignés sur les travaux qui s'exécutaient à Vincennes entre 1745 et 1753. En l'absence des livres de vente de la Compagnie Charles Adam, le livre-journal de Lazare Duvaux, le marchand de la Cour, nous donne la précieuse nomenclature des pièces que les grands seigneurs achetaient alors à la Manufacture. En le parcourant, on constate avec un

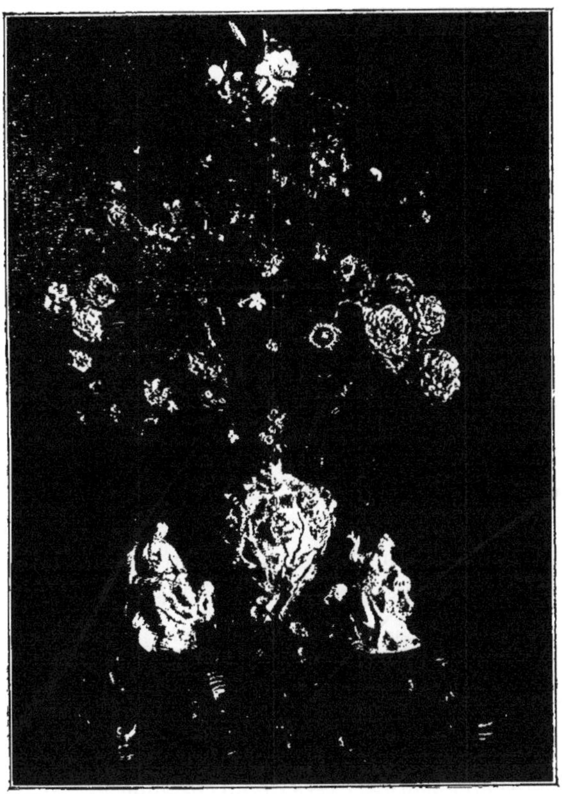

Porcelaine tendre de Vincennes. — Bouquet en porcelaine offert au Grand Électeur de Saxe, en 1748. (Musée Royal de Dresde.)

peu d'étonnement que les acquisitions portaient principalement, et presque uniquement au début, sur les fleurs de porcelaine « peintes au naturel ». Mlle de Pompadour ne se fit guère livrer d'autres objets avant 1750, et certainement c'est dans cette fabrication toute spéciale qu'il faut chercher l'origine du succès de la maison aux débuts de son existence.

Ces fleurs, garnies de branchages en métal verni imitant la nature et assortis à chaque plante, étaient fabriquées dans un atelier qui occupait à lui seul, on l'a vu, la moitié du personnel de la Manufacture et qui était placé sous la direction de Mme Gravant : c'était presque une entreprise personnelle de celle-ci, car elle revendait ses produits à la Compagnie, comme en témoigne l'accusation portée contre elle d'acheter simplement à d'autres fabricants des fleurs de façon médiocre pour les mélanger à ses livraisons courantes. Le succès de ces menus objets fut considérable, et tout de suite les préoccupations commerciales et les espérances des cautions de Charles Adam se reportèrent sur eux. Dès 1746, le registre des délibérations de la Compagnie relate l'ordre donné à Boileau de faire monter dans la Manufacture une quantité de bouquets « suffisante pour garnir un dessert, de façon à montrer au public l'usage des fleurs en porcelaine » ; en 1748, les comptes enregistrent les frais de montage des bouquets achetés par Mme de Pompadour, par le Roi et la Reine : 270 livres d'un côté, 4 200 de l'autre ; enfin, l'année suivante, lorsque la Dauphine voulut prouver à son père, le Roi de Saxe, que Vincennes surpassait déjà Meissen, c'est un énorme bouquet qu'elle lui fit parvenir avec des précautions infinies, bouquet qui figure aujourd'hui encore au Musée Royal de Dresde. Et si l'on examine la valeur des objets vendus à cette époque à Vincennes, on constate que les fleurs en représentaient les quatre cinquièmes : en 1749, par exemple, 36 000 livres sur un ensemble de 44 600, en 1750, 26 300 sur 32 700 livres.

C'étaient d'ailleurs des objets tout à fait délicats, d'un travail et d'une élégance légèrement précieux, bien en harmonie d'ailleurs avec les tendances un peu mièvres du mobilier de l'époque. On les employait de mille façons différentes, tantôt sous forme de bouquets disposés dans des vases, tantôt accommodés en lustres, souvent aussi comme garnitures de statuettes en porcelaine de Saxe et plus encore comme bras de lumière. Pour bien définir le caractère de ces décorations dont s'ornaient les riches intérieurs d'alors, il nous suffira de citer cette description d'une pièce livrée en 1749 à la Dauphine : « Posé à « la cheminée de son cabinet, à Versailles, une paire de bras à trois « branches, composés de branchages vernis imitant la nature avec « les fleurs de porcelaine assorties à chaque plante : le haut de ces

Porcelaine tendre de Vincennes, vers 1745-1750. — Saucière ornée de fleurs en relief. (Collection de Chavagnac).

« bras d'une branche de lys, tulipes, jonquilles, narcisses et jacin- « thes bleues, les branches du milieu de roses, celles en dehors d'ané- « mones et semi-doubles, celles en dedans de giroflées rouges et « violettes, la jonction des branches garnie de différentes fleurs, le bas « de boutons d'or et oreilles d'ours, les bassins de la même porce- « laine avec les binets dorés d'or moulu, ci, 1 200 livres. »

Le nombre de fleurs qui composaient chaque bouquet était, on le voit, considérable. Il faut bien avouer que cette production si appréciée n'avait rien de très original : Meissen fabriquait des fleurs bien avant Vincennes et l'imitation était si flagrante que l'on peut trouver dans les comptes de 1746 un paiement fait à deux peintres, Thévenet et Massue, « pour nourriture et dépenses à Paris pour « copier des fleurs de Saxe ».

Toutefois il ne faudrait pas, du fait que la part la plus grande des recettes provenait alors des ventes de fleurs, conclure que la Manufacture s'immobilisait dans cette fabrication. Malgré la rareté des documents sur les travaux de ce temps, les livres de vente n'ayant été conservés qu'à partir de 1753, on trouve cependant dans les comptes annuels la trace d'acquisitions de modèles qui peuvent donner une idée assez exacte des créations qui, chaque année, s'ajoutaient aux modèles primitifs. Ainsi un grand effort semble avoir été fait en 1750 : cette année-là, Duplessis toucha 2652 livres pour divers modèles et d'autres artistes 2483 livres avec le même emploi. De telles sommes représentaient sans doute une quantité considérable de dessins, de formes, d'essais, que le petit nombre de modèles employés jusque-là rendait nécessaires. Comme vases, il n'y avait guère alors que celui qui a gardé le nom de vase de Vincennes, orné de deux anses enroulées, et les vases pots-pourris. Parmi les pièces de service, on fabriquait d'abord les seaux à rafraîchir qui semblent avoir obtenu dès le début un grand succès, puis vers 1752 apparurent de nombreuses formes de gobelets, de tasses, de théières, d'écuelles, de compotiers en forme de coquilles, dont la composition était due certainement à Duplessis. Le décor de tous ces objets, pièces d'ornement ou pièces d'usage, était fréquemment encore formé de motifs rappelant les productions chinoises et japonaises : M. de Machault avait lui-même poussé la production dans cette voie en faisant copier des laques qui lui appartenaient, sur des morceaux de porcelaine dont il se servit pour orner des petits meubles[1]. Toutefois, dès ce moment, il est certain que l'on exécutait les décorations de fleurs et d'oiseaux qui restèrent pendant tant d'années

[1] Ces meubles font aujourd'hui partie de la collection de Rothschild.

le motif caractéristique des produits de Vincennes, puis de Sèvres.

Toutes les pièces portaient, à n'en point douter, selon l'usage général des fabriques de faïences et de porcelaines, une marque, et celle-ci était certainement déjà les deux L entrelacées qui, à partir de 1753, devinrent la marque officielle de la Manufacture. Une opinion assez répandue veut que les deux L seules désignent les pièces fabriquées avant 1745, tandis que le même signe accompagné d'un

Groupe de Léda, d'après Boucher. — Modèle de 1745.

point indiquerait les pièces décorées sous la direction Charles Adam. En réalité, il n'a jamais été possible d'établir la légitimité de cette allégation et le seul fait qui demeure certain est l'emploi des deux L bien avant 1753 : le caractère de certaines pièces revêtues de cette marque suffirait à le prouver.

La production de la Manufacture était complétée par la fabrication de pièces en sculpture. On se rappelle en effet qu'un des articles du privilège de 1745 lui réservait le droit de reproduire en porcelaine des figures de personnages ou d'animaux. Dès le début, la Compagnie avait fait exécuter par des artistes du dehors un certain nombre de petits modèles, groupes d'enfants, figures de divinités, groupe de *Léda*, figure d'*Hercule*, etc... On modela aussi de nombreux types d'animaux, perroquets, perruches, moutons, chiens, qui se mêlèrent souvent aux décors de fleurs en porcelaine dont nous avons parlé. Toutes ces pièces étaient recouvertes d'un émail d'une réussite généralement médiocre, si l'on en croit le récit de Bachelier qui raconte que « dans l'origine, jusqu'en 1749, la « sculpture était luisante et colorée ; l'impossibilité, dit-il, d'appro- « cher des figures de Saxe par l'égalité d'emploi et l'éclat des « couleurs allait faire renoncer à cette partie quand le sieur « Bachelier proposa d'essayer la sculpture sans couverte, c'est- « à-dire biscuit, mais il n'y avait pas d'exemple de ce genre : aussi « fut-il rejeté comme impraticable et ridicule », et il ajoute que c'est seulement en 1751 que l'expérience fut tentée sur l'ordre de M. de Machault.

A dire vrai, la Manufacture, à cette date de 1751 où mourut M. de Fulvy, n'avait pas encore trouvé son orientation définitive : elle ne s'était pas alors suffisamment dégagée des préoccupations qui avaient amené sa fondation, mais qui ne pourraient justifier sa renommée. Trop souvent l'ambition d'égaler ou de surpasser les manufactures allemandes apparaissait comme le seul but à atteindre ; et d'autre part Vincennes ne possédait pas encore ces formes originales, ces décors harmonieux qui plus tard donnèrent à ses produits un caractère si particulier. L'impulsion définitive allait, à cette époque, lui être donnée par Louis XV lui-même, sous l'influence de celle qui, dès le début, semble s'être passionnée pour les travaux de la Manufacture. Mme de Pompadour, en effet, guidée sans doute par Lazare Duvaux, avait orné ses maisons d'une quantité de fleurs, de statuettes, de menus objets de Vincennes : sa fantaisie, surtout sa constante préoccupation de retenir le Roi, l'avaient par des motifs différents amenée à considérer la Manufacture comme aussi utile à sa domination qu'à son plaisir, et c'est probablement sous son inspiration que le Roi se décida, à l'époque où nous sommes arrivés, à mettre la main sur l'administration de l'établissement. Il désigna d'abord M. de Courteille, intendant des finances, « pour le rapport des affaires concernant la régie et l'administration de la Manufacture » ; puis, décision qui devait être lourde de conséquences, il chargea Hellot, membre de l'Académie des Sciences « de faire les épreuves du

Groupe d'animaux, d'après Oudry. — Modèle de 1752.
Fabrication de Vincennes. — Porcelaine tendre émaillée. Haut. 0,18. Larg. 0,25.
Musée de Sèvres, n° 8054.

« secret des compositions de la pâte et de la couverte, de la dorure, « des couleurs et émaux qui appartiennent à la Compagnie »; enfin un homme de goût, M. Hulst, reçut la mission de « diriger ce qui concerne les ornements et la peinture ». C'était en fait une organisation rationnelle des travaux, et il est probable que dès ce moment le Roi avait l'idée de racheter la Manufacture. Déjà il était question de rapprocher l'établissement de la résidence de Versailles, et Louis XV avait mis à sa protection une condition significative, celle de devenir seul et unique possesseur des secrets de la fabrication.

C'est pour répondre aux intentions royales qu'Hellot se rendit en 1751 à Vincennes, et ses premiers travaux consistèrent en une sorte de constat des procédés employés. Son cahier d'expériences a été conservé intact jusqu'à nos jours et c'est grâce aux précieuses indications qu'il contient, que l'on peut aujourd'hui connaître la composition exacte de l'ancienne pâte tendre. Hellot en avait tout d'abord demandé la formule à Gravant lui-même qui en fournit l'originale description suivante :

« Façon de faire 2020 l. de composition pour f^re la porcelaine « dont on se sert actuellement à Vincennes, sçavoir :
« 440 l. cristal minéral,
« 146 l. sel marin,
« 74 l. soude d'Espagne,
« 74 l. gyps qui se prend à Montmartre,
« 808 l.

« Il faut bien piler toutes ces drogues et, quand elles sont pilées « bien fines, y ajouter 1 212 l. de sable, bien mesler le tout ensemble ; « le f^re cuire sous le four. Quand il sera bien cuit, l'éplucher, le « piler bien fin, voilà pour la composition. Le sable qui y sert est « dans la forest de Fontainebleau, dans le milieu de la montagne « sur le chemin de Paris. Quand vous voudrez faire la pâte dont « on se sert actuellement, prenez 75 l. de la matière cy-dessus, ajou- « tez-y le tiers ou 25 l. de corps, savoir : 12 l. 1/2 de blanc d'Espa- « gne et 12 l. 1/2 de terre d'Argenteuil, mettez le tout dans un moulin « et le faites bien broyer et vous aurez 100 l. de pâte. » Telle était la composition de la pâte tendre en 1750 et, sauf les légères modifications que lui fit subir Hellot, la préparation en resta la même jusqu'à la fin du XVIIIe siècle. Le défaut capital de cette pâte était un manque presque absolu de plasticité, qui en rendait le façonnage très difficile. On était forcé, pour l'employer par tournage ou par moulage, de lui incorporer un mélange de savon noir et de colle de parchemin qui portait le nom de « chimie ». Après une première cuisson qui atteignait environ 1200 degrés, cette pâte était émaillée, soit par trempage pour les pièces unies, soit au pinceau pour les sculptures et les pièces à reliefs. L'émail était fait d'un mélange de litharge, de sable de Fontainebleau et de silex calcinés, de carbonate de potasse et de carbonate de soude

Groupe de danseurs. — Modèle de 1765 (Haut. 0,12).
(Musée de Sèvres, n° 5270.)

cristallisée : revêtues d'une certaine quantité de ce mélange, les pièces subissaient une seconde cuisson qui les mettait en état d'être décorées. La température de cuisson relativement peu élevée de cet émail permettait l'emploi d'un nombre considérable de couleurs et d'émaux, dont les formules furent, elles aussi, consignées dans les cahiers d'Hellot : on y retrouve tous les « secrets » — compositions de couleurs ou procédés de dorure — dont la Compagnie Charles Adam s'était peu à peu assuré la propriété.

La direction artistique fut confiée, nous l'avons dit, à M. Hulst, qui semble, si l'on en juge par les lettres qu'il échangea alors avec Boileau, avoir eu le sentiment très juste des besoins de la Manufacture et un goût raffiné pour toutes les belles choses. Il s'occupa avec grand soin, pendant un certain temps au moins, de la direction dont il avait accepté la charge et nous le voyons donner son avis sur tous les dessins de formes et de décors, sur tous les modèles nouveaux de Duplessis et de Bachelier. Ses lettres sont pleines d'aperçus spirituels sur les hommes et sur les choses, et il faut citer de lui ce passage où il s'efforçait de déterminer clairement les tendances que la Manufacture devait suivre : « La diversité des goûts, dit-il, est « l'ange tutélaire d'une manufacture qui roule sur des objets d'agré- « ment : ce qui ne plaît pas aux uns plaît aux autres. En fait de « porcelaine surtout, les dessins les plus bizarres et les plus chi- « mériques l'emporteront sur les dessins les plus élégants et les « mieux raisonnés. Que l'on fuie le lourd et le trivial, qu'on « donne du léger, du neuf et du varié, le succès est assuré. » Certes, si la Manufacture s'était toujours inspirée d'un éclectisme aussi rare, que de crises fâcheuses elle aurait évitées !

A côté de M. Hulst, Bachelier prit dans la maison le rôle qu'il conserva jusqu'à la Révolution et devint avant tout l'éducateur des jeunes artistes. Sa volonté patiente s'appliqua à former une génération de décorateurs plus instruits que leurs devanciers et capables d'apporter dans leurs compositions une variété aussi grande que possible. Lui-même fournissait à Vincennes de nombreux dessins, d'après lesquels on exécutait les pièces importantes, le service à fond bleu antique et à cartouches peints et dorés qui fut présenté au Roi par Lazare Duvaux aux fêtes de Noël en 1753, par exemple. Enfin une inspiration particulièrement heureuse fit adjoindre alors à Hulst et à Bachelier, Lazare Duvaux lui-même, dont le nom reparaît si souvent au cours de cette première phase de l'existence de la Manufacture. Il venait à Vincennes chaque semaine, et, avec ce sens particulier de l'homme qui veut diriger plutôt que suivre le goût du public, il donnait son avis sur tous les modèles que l'on se proposait d'exécuter. Cette place faite à un marchand dans la direction d'art de la maison montre le souci du Roi, et plus encore de Mme de Pompadour, de maintenir la production de la Manufacture en harmonie avec le goût et les tendances de la Cour, et ce petit fait est peut-être un des signes les plus précis de l'intérêt suscité dans l'entourage de Louis XV par la création de M. de Fulvy.

Fabrication de Vincennes, vers 1753. — Porcelaine tendre peinte et émaillée. (Collection de Chavagnac.)

Mais, à d'autres points de vue, cette organisation nouvelle fut tout d'abord pour la Compagnie Charles Adam une cause de sérieux embarras financiers. Un personnel coûteux de directeurs, d'artistes excellents comme Bachelier ou Duplessis, les frais d'aménagement du château de Vincennes qui avaient coûté 88 000 livres, des achats fréquents de modèles pour les divers ateliers, n'avaient fait qu'aggraver une situation difficile dès le début ; et la Compagnie se trouvait d'autant plus incapable de sortir par ses propres moyens de ces difficultés qu'elle devait envisager comme une nécessité le transfert de la Manufacture en un lieu plus proche de Versailles que n'était Vincennes. On pourrait même s'étonner de voir les associés consentir si longtemps des sacrifices d'argent, si leur intérêt ne s'était trouvé lié par bien des points au maintien de la Manufacture : en effet ils avaient été choisis par M. de Fulvy parmi les fermiers généraux, et l'espoir de plaire au Ministre en subventionnant un établissement agréable au Roi explique la générosité et la patience dont ils firent preuve pendant plusieurs années. Un moment arriva pourtant où ils estimèrent ne pouvoir conserver plus longtemps cette trop lourde charge; dans une délibération en date du 9 février 1752, ils exposèrent l'embarras dans lequel ils se trouvaient et le secours qu'ils sollicitaient. « La situation, est-il écrit au procès-verbal de « leur réunion, où se trouve la Compagnie, tant par rapport aux « fonds pour l'exploitation de la Manufacture et fournir aux dépenses « nécessaires, qu'à cause de la translation, qu'il semble que le Roi « désire, de cette Manufacture dans un endroit plus à portée de « Versailles que n'est Vincennes, (*force les associés à*) prier MM. Bonfils « et Verdun d'agir près de M. de Courteille, intendant des finances, « pour l'engager à décider du sort de la Compagnie, soit par son rem- « boursement, soit autrement... » Après d'assez longs pourparlers, une solution fut donnée à cette requête le 8 octobre de la même année, sous la forme d'un arrêt du Conseil d'État révoquant le privilège accordé à Charles Adam et ordonnant le remboursement des cautions de celui-ci. La liquidation de la Compagnie dura jusqu'au mois de mai 1753, et le procès-verbal de la dernière assemblée tenue par les associés nous fait connaître que ceux-ci touchèrent, tant en capital qu'en intérêts, tout près de 500 000 livres : l'actif de la Manufacture dépassait à peine 210 000 livres.

Vue de l'ancienne Manufacture de Sèvres (1756-1876). — Aquarelle de Troyon père. (Collections de la Manufacture.)

II

LA MANUFACTURE ROYALE DE PORCELAINE : LA COMPAGNIE ÉLOY BRICHARD (1752-1759)

La Compagnie Charles Adam ayant cessé d'exister légalement au 1er octobre 1752, un laps de temps assez long s'écoula avant qu'il fût statué sur le sort de la Manufacture ; c'est seulement en effet le 19 août 1753 qu'un nouvel arrêt lui donna une organisation régulière par la transmission du privilège à une nouvelle compagnie. « Le « privilège de fabriquer toutes sortes d'ouvrages et pièces de porce- « laine peintes ou non peintes, dorées ou non dorées, unies ou de « reliefs, en sculpture ou en fleurs, appartiendra à Éloy Brichard « pour en jouir privativement et exclusivement à tous autres dans « toute l'étendue du Royaume... » Une interdiction absolue fut faite, sous les peines les plus sévères, de fabriquer ou d'introduire en France des porcelaines, et la Compagnie Éloy Brichard obtint la jouissance de tous les bâtiments du château de Vincennes servant à l'exploitation de la Manufacture « et ce, jusqu'à ce qu'elle puisse être transportée dans le nouvel établissement qui doit être fait au village « de Sèvres ». Enfin l'établissement reçut le titre de « Manufacture royale de porcelaine » et l'arrêt spécifia que toutes les pièces fabriquées par elle seraient « marquées d'une double L entrelassée en forme de chiffre ». D'autres articles de l'arrêt firent aux ouvriers de la Manufacture une situation particulière, les exemptant d'impôts, de logement des gens de guerre, mais maintenant pour eux l'interdiction de quitter l'établissement sans avoir obtenu l'autorisation qu'ils devaient solliciter six mois d'avance. En échange des avantages accordés à la Compagnie, le Roi devint possesseur de tous les secrets de composition que possédait la Manufacture et se réserva le droit de désigner l'homme chargé de la préparation des pâtes et couleurs.

Une société se forma immédiatement pour l'exploitation de ce privilège. Elle comprenait seize associés, choisis, comme ceux de la Compagnie Charles Adam, parmi les intéressés aux fermes ; quelques-uns d'entre eux d'ailleurs avaient fait partie de la précédente société et l'on y retrouvait les noms de M. de Verdun, de Bonfils, de Bouillard, l'ancien caissier. Ils décidèrent, avant même la publication de l'arrêt, de faire un premier appel de fonds de 800 000 livres, divisé en 80 actions, « tant pour l'exploitation de la Manufacture que pour la construction des bâtiments à édifier à Sèvres ». Sur cette somme, le Roi s'inscrivit pour 20 actions et devint ainsi intéressé pour un quart dans l'exploitation de l'établissement. Les versements devaient être faits à raison de 1000 livres par action au fur et à mesure des besoins : au cours de la première année, trois versements furent demandés aux associés, représentant une valeur de 240 000 livres.

Dès cette époque, il est facile d'apprécier quels étaient les projets de la Compagnie : elle voulait faire grand et ses premiers actes montrèrent qu'elle n'hésitait pas à engager de nouvelles dépenses. A côté de Boileau, inspecteur depuis 1751, appointé à 4 000 livres, on nomma un con-

Fabrication de Vincennes, vers 1755. — Vase « Vaisseau à mat » à fond bleu vermiculé, et cartels décorés d'oiseaux. (Musée Wallace.)

trôleur à 1 800 livres; puis, comme la Compagnie avait son bureau à Paris, rue de Gaillon, elle engagea un préposé pour la correspondance à ce bureau. Pour l'emploi dont le Roi s'était réservé de nommer le titulaire, M. de Machault désigna en novembre 1753 Hellot, chargé deux ans plus tôt de réunir et de contrôler les formules des compositions employées à Vincennes. Les résultats de ce travail, terminé en 1752, avaient été consignés dans un registre spécial. C'est pourquoi le brevet de nomination indiquait que : « le sieur « Helot continuera le Mémoire en forme de procès-verbal de toutes « les connaissances acquises jusqu'à ce jour, dont l'original est « porté sur un registre de maroquin bleu. Le sieur Helot fera une « copie du dit registre plus détaillée que celle des mémoires qu'il a « déjà remis, laquelle copie sera déposée dans un coffre qui sera établi « pour cet effet dans l'intérieur de la M[re] et scellé au mur principal « du lieu qui lui sera destiné. »

A ce moment, la principale préoccupation de la nouvelle compagnie venait de la décision prise de transférer l'établissement à Sèvres, point admirablement choisi à égale distance de Paris et de Versailles, tout proche du château de Bellevue que Mme de Pompadour avait édifié trois ans plus tôt et où elle réunissait tant de chefs-d'œuvre des arts de son temps. Les terrains, achetés 18000 livres au nom de M. de Verdun, avant même la publication de l'arrêt de 1753, comprenaient le domaine du château de la Guyarde, ancienne propriété du musicien Lulli, situé à mi-côte sur le chemin de Meudon à Sèvres : d'un côté, une large terrasse dominait la vallée de la Seine, tandis que le reste du domaine s'étageait sur les coteaux de Bellevue. Des bâtiments anciens de la Guyarde, il ne subsiste aujourd'hui qu'un petit pavillon du XVIIe siècle, que la tradition fait encore appeler le pavillon de Lulli, mais que les parchemins contemporains désignent sous le titre plus original de « l'Opéra » : c'est, avec des proportions restreintes, un modèle de simplicité élégante et d'harmonie de lignes ; il s'élève à l'entrée du parc de l'ancienne Manufacture, devenue l'École normale supérieure de jeunes filles.

Les plans de la construction furent établis par l'architecte

Lindet, et les travaux commencèrent en septembre 1753, sous la haute direction de Perronnet, ingénieur et inspecteur général des Ponts et Chaussées. L'ordonnance générale des bâtiments comprenait un corps de logis principal se développant parallèlement à la route de Paris à Versailles : c'était une grande construction, haute de quatre étages, longue de 130 mètres environ, dont la façade banale n'était ornée que par un pavillon central et deux pavillons d'angle sans grand caractère. Aucune décoration n'en égayait les lignes monotones, car le grand motif exposé au Salon de 1755 par Edme Dumont et représentant le buste du Roi supporté par Minerve d'un côté et par la France de l'autre, ne fut jamais placé dans le fronton du pavillon central pour lequel il avait été commandé. A l'intérieur, on trouvait en sous-sol les pièces de réserve des pâtes et terres ; au rez-de-chaussée, les dépôts de matières premières, les locaux destinés au séchage des moules, etc. ; au premier étage, les ateliers des mouleurs en terre et en plâtre ; au second, ceux des tourneurs, des mouleurs-réparateurs, ainsi que les magasins de vente, isolés et dépourvus de toute communication avec les ateliers ; au dernier étage enfin, les ateliers des peintres, des doreurs, et les laboratoires pour la préparation des couleurs, des émaux, de toutes les compositions secrètes de la maison. En arrière du bâtiment principal s'élevaient les fours et les services qui en dépendent.

Cela constituait l'usine proprement dite, d'où on avait écarté toute préoccupation de luxe ou d'élégance. Mais à l'une des extrémités de ces constructions on en édifia une autre, de moindre importance, orientée vers la Seine et à laquelle on accédait par la route de Meudon à Sèvres. La Compagnie avait réservé de ce côté un large espace pour y installer autour de la Cour Royale l'appartement du Roi et les services de la direction. Ce logis richement décoré de sculptures, relié aux salles d'expositions et à une réserve où l'on mettait à part pour Louis XV les créations récentes, était composé d'une salle des gardes, de deux antichambres, d'un salon ayant vue sur Paris et d'une chapelle. Au-dessus, des appartements avaient été disposés pour le logement éventuel des associés ou des artistes appelés, comme Bachelier et Duplessis, à séjourner parfois à Sèvres. Enfin un troisième corps de logis contenait les appartements du Directeur.

La construction de cet immeuble considérable ne dura pas plus de trois années, pendant lesquelles on dépensa la somme énorme de 991 586 livres, à laquelle il convient d'ajouter pour l'installation intérieure plus de 300 000 livres dépensées dans les années suivantes. Cependant, même avant d'être terminés, les bâtiments donnèrent de sérieux mécomptes. Bachelier affirme que l'architecte Lindet était un simple toiseur, incapable de mener à bien un ouvrage de cette importance, et ce jugement sévère semble avoir trouvé sa confirmation dans les difficultés que l'on rencontra au cours même des travaux. Avant la fin de la construction, on avait dû en consolider certaines parties, et des lettres du temps nous font savoir que le Roi hésita longtemps à venir à la Manufacture, « ayant appris l'insolidité de l'ouvrage ». Au point de vue de la disposition intérieure, l'édifice présentait de graves défauts : le transport continuel des pièces à travers les quatre étages de cette grande maison faisait courir à celles-ci de forts risques de casse, et peut-être les critiques contemporaines n'étaient-elles pas complètement injustifiées lorsqu'elles prétendaient que l'on avait sacrifié la partie utile à l'agrément des intéressés de la Compagnie et du directeur.

L'installation dans ce nouveau logis se fit en 1756 : elle fut assez longue et l'on sait par des témoignages très précis qu'elle était à peine terminée lorsque le Roi vint pour la première fois à Sèvres, en 1757. La Manufacture trouvait enfin là une installation définitive et en rapport avec le développement qu'elle avait pris, et le transfert à Sèvres marque, à n'en point douter, le commencement de la période la plus brillante et la plus féconde de son existence : fondée depuis près de vingt ans, elle avait déjà montré des pièces admirables, mais sa production n'avait pas encore atteint la perfection matérielle et l'originalité de conception auxquelles elle parvint pendant le quart de siècle suivant.

La porteuse de cage. — Modèle de 1752. Porcelaine peinte et émaillée. Haut. 0,20. Larg. 0,11. Musée de Sèvres, n° 10446.

Au point de vue de la fabrication, nous avons indiqué qu'Hellot avait la charge de toutes les manipulations et de toutes les recherches. A partir de 1757, un autre savant, membre également de l'Académie des Sciences, Macquer, lui fut adjoint et travailla dès lors avec lui au perfectionnement constant de la pâte et des couleurs. A leurs côtés des hommes de métier, Bailly, chargé de la préparation des couleurs, Millot, chargé de la conduite des fours depuis l'origine, donnèrent tous leurs soins à l'amélioration des procédés. Leurs cahiers d'expériences journalières, dont quelques-uns sont parvenus intacts jusqu'à nous, montrent l'effort convaincu de ce groupe de travailleurs et témoignent de la collaboration de tous à l'œuvre commune. Chaque artiste donnait la formule des couleurs dont l'emploi lui avait fourni les meilleurs résultats, augmentant par ses observations personnelles la quantité des secrets de la Manufacture : dans les petits livres de Macquer et de Millot, on trouve ainsi la composition du jaune de Morainville, de celui de Bailly, de celui de Massue, du jaune jonquille de Gravant, et il en va de même pour chaque couleur. Certains ne négligeaient pas, il est vrai, de tirer profit de leurs petites découvertes, mais l'exemple leur en était donné par Bachelier lui-même qui, ayant trouvé en 1753 un « jaune doré très fixe au feu », n'hésitait pas à le vendre à la Compagnie à raison de 50 livres l'once.

Hellot avait dû porter toute son attention, dès son arrivée, sur les pâtes livrées par Gravant. Celui-ci en effet continua à fournir à la compagnie Éloy Brichard les pâtes et les couvertes aux conditions fixées par son traité de 1745 avec les associés de Charles Adam. Mais il ne faisait pas toujours, semble-t-il, les préparations avec un soin irréprochable et ces inégalités de la matière première produisaient un déchet considérable dans la fabrication. Afin de remédier à cet état de choses préjudiciables, Hellot établit en 1752 un ordre très rigoureux pour la réception, l'essai et l'examen des produits que la Manufacture achetait tout préparés. D'autre part, n'oubliant pas que le but primitif des fondateurs de Vincennes avait été l'imitation des porcelaines de la Saxe, et mieux averti que qui que ce soit des défauts de la pâte tendre, si belle et si riche qu'elle fût au point de vue du décor, il persista dans la recherche d'une pâte possédant toutes les qualités des porcelaines allemandes.

Une occasion sembla se présenter en 1753 d'acquérir le secret de la composition de ces dernières. L'année précédente, la Compagnie, forte de son privilège, avait intenté une action pour obtenir la fermeture de la seule usine de porcelaine dure existant en France à cette date, celle de Paul Hannong, à Strasbourg. Celui-ci comprit immédiatement combien il lui serait difficile d'entrer en lutte avec la Manufacture royale, et il conçut le projet de sauver son établissement en apportant à Boileau le secret de ses compositions. Mais sa tentative ne pouvait donner de résultats, puisqu'il n'était pas en mesure d'indiquer en même temps où trouver en France les matières premières qu'il employait : sa proposition fut donc repoussée et il se vit obligé, en 1754, d'abattre ses fours de Strasbourg et de transporter son industrie à Frankenthal, dans le Palatinat.

Quelques mois plus tard, deux ouvriers chassés de cette fabrique, Busch et Staldmayer, proposèrent eux aussi de vendre les secrets

Porcelaine tendre de Sèvres, 1756. — Compotier, fond turquoise. Décor par Binet. (Musée de Sèvres, nº 4387.)

de la manufacture dans laquelle ils travaillaient et l'on n'hésita pas à les faire venir en France. Pour permettre au premier d'entreprendre le voyage, il fallut d'abord payer les dettes qui le retenaient à Strasbourg ; puis, lorsqu'il eut installé à Paris sa femme et ses enfants dans une maison louée à son usage, il retourna à Baden sous le prétexte de chercher certaines terres, tandis qu'il en envoyait d'autres de Strasbourg à grands frais. Revenu enfin à Sèvres, il construisit successivement cinq fours, quatre pour la peinture et un pour le biscuit, prolongeant pendant plus de dix mois des essais infructueux qui coûtèrent à la Compagnie la somme de 12 000 livres. Bien des années d'ailleurs devaient encore s'écouler avant que la fabrication régulière de la porcelaine dure pût être réalisée en France !

Du moins, si la Manufacture n'était pas encore en possession de tous les moyens d'action dont elle disposa plus tard en ce qui concerne la matière même de la porcelaine, elle parvint à cette époque à une production artistique d'une extraordinaire richesse. D'un côté Duplessis avait déjà donné, depuis 1748, par un concours presque quotidien aux travaux de la maison, une quantité considérable de dessins de vases ornés, de jardinières, de pièces de service, tandis que d'un autre côté le groupe de jeunes artistes, que Bachelier s'était appliqué à former, apportait des idées nouvelles dans la composition des décors et aussi des procédés d'exécution mieux appropriés à la matière.

Hulst, dont nous avons indiqué l'influence décisive sur les tendances artistiques de la Manufacture, avait en outre demandé à Bachelier de compléter son enseignement par la fourniture de modèles destinés à prendre place dans les ateliers des décorateurs. C'est ainsi que chaque année, à partir de 1752, celui-ci fournit de 20 à 30 tableaux d'études, de projets de décors ; Genest, chef des ateliers de peinture, contribua de la même façon à affiner le goût des exécutants placés sous ses ordres. Parmi ceux-ci une sélection s'était déjà opérée : les uns étaient de simples praticiens chargés de la décoration des pièces courantes et peignant d'après des modèles graphiques ; les autres étaient des artistes instruits, d'un goût souvent très personnel et dont les compositions étaient assez originales pour désigner à première vue leur auteur. Ces hommes ont fait la véritable force et la valeur artistique toute spéciale de Sèvres, en créant et en conservant jusqu'à la fin du XVIIIe siècle une tradition d'art dans la maison. Beaucoup d'entre eux, Caton, Cornaille, Dodin, Levé, Parpette, les Pithou, entrés à Vincennes entre 1745 et 1750, demeurèrent à la Manufacture royale pendant quarante ou cinquante ans ; chacun possédait ses secrets, ses formules de couleurs, ses procédés de cuisson, et ils attachaient notamment à cette dernière opération une importance assez grande pour que deux d'entre eux, et non des moindres, Capelle et Armand l'aîné, aient été chargés, pendant le demi-siècle qu'ils passèrent à la Manufacture, de la cuisson des pièces décorées.

Les dimensions des objets qui sortaient des ateliers étaient encore très restreintes à cette époque; cependant la variété des formes, la diversité des ornements étaient déjà devenues l'un des caractères de la production. Les formes, simples d'abord, s'étaient compliquées peu à peu, à mesure que la fabrication plus régulière permettait d'obtenir des pièces plus ornées : à côté des *vases à dauphins*, des *vases hollandais*, des *vases à oreilles*, apparurent alors le *vase Duplessis*, l'*urne Pompadour*, les *vases éléphants* dont les anses étaient constituées par les têtes de ces animaux, et enfin cette pièce d'une si extraordinaire ingéniosité décorative, le *Pot-pourri à vaisseau*, dont un admirable spécimen fait encore partie des collections royales de Windsor : c'était une espèce de grand brûle-parfums en forme de navire, dont le couvercle représentait la mâture et les agrès d'un vaisseau. Une autre caractéristique de la production de ce temps fut la quantité de petits objets d'usage courant que l'on fabriqua à Sèvres sous l'influence de la cour élégante de Louis XV, des grands seigneurs qui demandaient sans doute à la Manufacture Royale de leur fournir les précieuses inutilités par le choix desquelles ils pouvaient faire preuve de goût et d'esprit. Ce ne furent alors que bordures de miroirs, manches de couteaux, lorgnettes, arrosoirs, bénitiers, lanternes, tabatières, voire même des tables en plusieurs morceaux, comme celle qui fut exécutée pour le Grand Turc en 1753. Les genres de décoration colorée, très peu variés avant 1750, présentèrent au contraire, dans les dix années qui suivirent, une originalité dont il faut sans doute rendre hommage à Bachelier. Beaucoup d'objets étaient encore ornés de fleurs, de guirlandes, d'animaux, surtout d'oiseaux, qui rappelaient l'origine des peintres ayant travaillé, soit à Chantilly, soit dans les ateliers d'éventails. Mais de plus en plus on vit se développer alors deux genres nouveaux : les paysages en une seule couleur, le pourpre généralement, et les jeux d'enfants inspirés des compositions de Boucher. Ces divers modes de décoration furent également employés dans des cartels réservés en blanc sur un fond coloré de l'une des trois teintes qui jouissaient alors d'une vogue particulière : le « bleu ancien » ou bleu turquoise découvert par Hellot, le rose du peintre Xhrouët, et le vert.

La fabrication des pièces dites *de service* s'accrut notablement, mais si les objets d'usage courant, tels que les plats ou les assiettes, prirent une certaine place dans cette production, il est certain que l'on vendait surtout les ustensiles, à la fois d'utilité et d'ornement, dont les formes multiples donnaient aux artistes l'occasion de compositions originales et variées, particularité qui s'explique facilement par l'emploi de la vaisselle d'argent sur les tables princières. Ainsi les seaux à bouteilles, les seaux à verres semblent avoir été au nombre des premières pièces dont on acheta de grandes quantités à la Manufacture : certains étaient « peints à Chinois », indication qui montre suffisamment que les traditions primitives de Vincennes ne se perdirent pas immédiatement à Sèvres même ; d'autres étaient « peints à paysages ». Les déjeuners aussi, souvent de prix élevés, furent très appréciés, sans doute pour plaire au Roi qui en faisait l'objet principal de ses acquisitions. Par contre, des services de table complets furent rarement fabriqués à la Manufacture à cette date, et il faut peut-être en trouver la raison dans les prix énormes auxquels montaient de tels services. Le goût des amateurs devait naturellement se porter plus volontiers vers des objets d'une valeur moindre et dans lesquels les modeleurs de Sèvres avaient pu cependant faire preuve de facultés d'invention personnelle. Pour un même objet, il n'était pas rare de trouver alors six ou huit formes différentes, et c'est ainsi qu'il y avait le gobelet forme du Roi, le gobelet à la Reine, le gobelet d'après le Saxe, le gobelet Hébert, les compotiers en forme de coquilles, les jattes feuilles de chou, les écuelles ornées de motifs en relief, etc. — Toutes ces pièces recevaient des décors du même genre que ceux des objets dont nous avons déjà parlé : il faut cependant y ajouter une ornementation fort appréciée et qui consistait en des dentelles et des frises d'or appliquées sur les bords des pièces.

Groupe « du Jaloux ». — Modèle de 1752 (H., 0,25).

On imagine volontiers quel admirable ensemble devait présenter l'exposition que chaque année le Roi autorisait la Manufacture à organiser dans la salle à manger de ses appartements, à Versailles. La coutume était d'y présenter les pièces nouvelles, et l'on sait que le Roi ne craignait pas de se faire parfois le vendeur des précieux produits de Sèvres : là, bien souvent, s'il faut en croire les mémoires du temps, les courtisans se décidaient à acheter, moins par un caprice de leur goût que sur un encouragement impératif du maître. Tous ces objets aux couleurs vives, aux formes harmonieuses, devaient se marier d'une façon charmante avec la sculpture, sous les deux aspects qu'elle présentait encore à cette époque, soit recouverte d'émail et colorée, soit en biscuit. Le succès de cette matière en effet ne fut pas immédiat, et bien des gens lui préférèrent longtemps les figures et les petits groupes mis en couleurs à la façon des statuettes de Saxe.

Avant 1757, la sculpture comme la peinture était sous la direction de Bachelier ; mais sans diminuer en rien le rôle considérable que celui-ci eut certainement dans le développement de Sèvres, il faut encore

Groupe d'Enfants. — Modèle de La Rue, 1751. — Porcelaine tendre émaillée de Vincennes. (Collection de Chavagnac.

rappeler ici le nom de Duplessis qui était, nous l'avons vu, chargé des « formes et modèles ». La complication ingénieuse de certaines de ces formes, par exemple l'arrangement de girandoles où se mêlaient les fleurs de Vincennes, les figurines peintes, les feuillages vernis au naturel, les garnitures de bronze doré, ne permettent pas de négliger son influence lorsqu'on examine la production sculpturale de la Manufacture durant la période qui nous occupe. Toutefois il est certain que, pour tout ce qui concerne la figure, les modèles étaient choisis par Bachelier lui-même et exécutés sous sa direction, et c'est sans aucun doute à lui que l'on doit la collaboration de François Boucher aux travaux de Vincennes et de Sèvres. Il lui demanda fréquemment à cette époque de fournir des dessins dont s'inspiraient tout à la fois les peintres et les sculpteurs : c'étaient d'un côté des figures familières telles que *le Jardinier*, *le Marchand de gâteaux*, *la Batteuse de beurre*, *la Laitière*, *la Marchande de crème*, des petits groupes d'une conception gracieuse comme *le Joueur de flûte*, *le Groupe du jaloux*, des compositions allégoriques, *l'Agriculture*, *l'Astrologie*, *les Quatre parties du monde*, enfin de nombreuses statuettes d'enfants. Pour traduire en terre ces compositions, Bachelier fit appel à de jeunes artistes étrangers à la maison, Blondeau, qui semble avoir modelé principalement des figurines d'enfants, Fernex, dont il existe encore au musée de Sèvres deux modèles signés (*le Tailleur de pierres* et *la Blanchisseuse*), La Rue enfin qui, avant de partir pour Rome, exécuta quelques pièces ornées de figurines d'enfants d'un joli sentiment — plaques à papier, vase soutenu par trois enfants marins, groupe de trois enfants dont un monté sur une panthère.

Toutes ces œuvres d'inspiration aimable et d'exécution gracieuse, composées par Boucher lui-même ou par des artistes de tendances identiques, eurent un réel succès, et il est juste de reconnaître qu'elles étaient merveilleusement appropriées à la décoration intérieure du temps. Elles se prêtaient également bien à la reproduction en biscuit et en porcelaine émaillée, chaque matière leur donnant un charme particulier : et il faut bien reconnaître que si, dans la suite, la découverte de la pâte dure permit d'exécuter des pièces de dimensions beaucoup plus importantes, cette matière plus sèche, plus froide de ton, trop voisine du marbre par son aspect, ne put jamais rivaliser avec la finesse de grains et la coloration légèrement ambrée des biscuits de pâte tendre.

En 1757, cette partie de la production artistique de Sèvres reçut une orientation nouvelle. Bachelier qui, depuis son arrivée dans la maison, était chargé de l'ensemble des travaux d'art, s'occupa seulement depuis lors des ateliers de décoration et principalement de l'école de peinture, tandis que Falconet fut appelé par le Roi à diriger la partie sculpturale. Académicien depuis 1754, adjoint à professeur, dans la pleine maturité de son talent, Falconet était particulièrement désigné pour marquer d'une empreinte personnelle les travaux qui s'exécutaient dans les ateliers de la Manufacture. Pendant dix années, il occupa auprès des modeleurs de Sèvres une situation de tous points semblable à celle de Bachelier auprès des décorateurs, chacun d'eux venant un jour par semaine surveiller les travaux, et recevant pour ce déplacement une somme de 48 livres. Falconet poussa la conscience plus loin, et l'on sait que, sans y être obligé, il fit travailler fréquemment les sculpteurs de Sèvres sous ses yeux dans son atelier de Paris : c'est sans doute à ce fait que l'on doit de retrouver intactes, dans beaucoup de modèles de cette période, les conceptions du grand artiste, tout imprégnées encore de son esprit et de sa grâce. En un passage du mémoire que nous avons déjà si fréquemment cité, Bachelier dit que « ce genre (les compositions de « Boucher) eut le plus grand succès jusqu'à ce que M. Falconet « portât dans la sculpture un genre plus noble, d'un goût plus « général et moins sujet aux révolutions de la mode », et il affirme que presque tous les sujets exécutés entre 1757 et 1766 furent composés par Falconet lui-même, assertion qui semble justifiée par l'examen des comptes de dépenses de cette période. En effet, au contraire des années précédentes, on ne trouve plus alors trace de paiements à des artistes du dehors. Falconet avait demandé à la Manufacture d'engager certains de ses élèves, Duru et Le Riche entre autres, et il est à penser que ceux-ci terminaient sous ses yeux les maquettes ébauchées par lui et leur donnaient la précision de forme indispensable pour la reproduction en porcelaine. D'ailleurs, même avant d'être attaché à Sèvres, Falconet avait fourni à la Manufacture des réductions de certaines de ses œuvres : *l'Amour*, commandé par Mme de Pompadour et exposé en 1755, était en vente à Sèvres deux ans plus tard; de même en 1758 apparut la célèbre *Baigneuse* qui avait figuré au Salon précédent sous le titre de « la Nymphe qui descend au Bain ». En dehors de ces œuvres, vulgarisées depuis par tous les modes de reproduction, Falconet s'attacha particulièrement à la création de petits groupes allégoriques destinés souvent à la décoration de la table du Roi et disposés pour ce motif de façon à offrir un aspect agréable sous toutes leurs faces. Les plus remarquables sont peut-être *la Pêche* et *la Chasse*, composés chacun de deux figures de femmes d'une grâce et d'un arrangement exquis. Il faudrait citer encore dans le même ordre d'idées les groupes d'*Hébé*, d'*Érigone*, de *Silène*, etc. Cette production, tout à fait appropriée au talent de Falconet, ne l'empêcha point de composer aussi des sujets empruntés à la vie familière, qu'il marqua d'un sentiment très personnel et d'un goût très sûr : le groupe de *la Curiosité*, celui de *la Loterie*, ceux du *Chien qui danse*, de *la Vache* appartiennent à cette catégorie très particulière de l'œuvre de Falconet.

Si l'on considère le développement pris par la Manufacture entre 1753 et 1760, il semble bien qu'elle soit parvenue alors au moment le plus brillant de son existence. A l'intérieur, la fabrication était devenue aussi parfaite que le permettait la matière délicate de la pâte tendre ; les peintres, les sculpteurs avaient acquis sous l'impulsion des meilleurs artistes une habileté extraordinaire, en même temps qu'une science de la composition qui faisait défaut à leurs prédécesseurs : déjà les ateliers de Sèvres occupaient plus de 250 personnes. Au dehors, le Roi donnait à la Manufacture d'incessantes preuves de son intérêt; il y venait fréquemment, et l'on a vu quelle part il avait prise dans les frais d'établissement de la compagnie Éloy Brichard. A cette époque, il la combla encore de nouvelles libéralités, d'abord en abandonnant la Verrerie Royale de Sèvres pour servir de logement aux ouvriers, ensuite en accordant à titre de secours permanent à la Manufacture les sous-fermes de la marque d'or et d'argent du Royaume et les droits sur les suifs de la Ville de Paris, dont le revenu annuel était de 100 000 livres environ. En 1758 enfin, Louis XV vint en aide à la Compagnie par un don spécial de 100 000 livres. Malgré cela, la situation financière de l'établissement ne fut jamais plus critique qu'à cette époque. La Compagnie était ruinée par les constructions de Sèvres et aussi, il faut bien l'avouer, par une administration souvent imprévoyante. Boileau, dans les nombreux mémoires qu'il rédigea alors, se plaignait des dépenses qu'entraînait trop souvent l'ignorance des associés de la Compagnie qui, pour se concilier la bienveillance du ministre, ordonnaient des essais rarement suivis d'un résultat utile, mais toujours fort coûteux. Aussi le registre des délibérations de la Compagnie à cette époque offre-t-il le témoignage des préoccupations que l'impossibilité de satisfaire leurs créanciers causait aux cautions d'Éloy Brichard. Le compte de 1756 dépassa douze cent mille livres, tandis que le chiffre des ventes n'atteignait même pas trois cent mille ! On fut sur le point d'employer les moyens extrêmes pour sortir de cette situation : il fut ainsi question de licencier la moitié des ouvriers, et Boileau ne parvint à éviter cette mesure qu'en montrant la faible économie qui en résulterait. Entre 1756 et 1759, la Compagnie ne persista qu'au moyen d'emprunts successifs qui ne lui permettaient même pas de payer les entrepreneurs des bâtiments. A la fin de cette période, elle était obérée de plus de 500 000 livres de dettes : les ouvriers n'avaient reçu que des acomptes; on devait 10 000 livres à Gravant pour fourniture de pâte, pareille somme au marchand d'or ; Falconet et Bachelier n'avaient encore touché qu'une faible part de leur traitement de l'année précédente. Par surcroît, les créanciers, las d'attendre, firent saisir toutes les porcelaines déposées chez les négociants et s'installèrent au bureau même de la Compagnie, à Paris, pour s'emparer des rentrées de fonds qui pourraient y être effectuées.

Les cautions d'Éloy Brichard, sentant qu'une solution favorable n'était plus à espérer, adressèrent en avril 1759 un mémoire

Fabrication de Sèvres, 1759. — Jardinière en porcelaine tendre. Fond vert. Cartels à personnages. (Victoria and Albert Museum.)

au Roi, le priant de racheter les bâtiments en échange de l'abandon des cinq années de privilège qui restaient à courir. Un mois plus tard, les créanciers devenant chaque jour plus menaçants, les associés ne demandèrent plus qu'à être déchargés du privilège et indemnisés, s'en remettant à la justice du ministre pour fixer le taux du remboursement de leurs actions. La décision royale tardant encore à venir, ils en arrivèrent au mois d'août à solliciter seulement que l'on suspendît pour un temps l'effet des poursuites intentées contre eux par les créanciers, sur le point d'obtenir l'autorisation de faire vendre les meubles et effets de la Manufacture royale !

Pour tout dire, la gravité de la situation fut peut-être aggravée encore par le désir qu'avait Boileau d'échapper à la tutelle d'une compagnie et de rentrer dans le domaine du Roi. L'incompétence des associés l'empêchait d'établir dans la maison l'ordre et la régularité qu'il souhaitait, et d'un autre côté il craignait de voir s'élever des concurrences fâcheuses capables d'entraver le développement de la Manufacture : ses appréhensions, peut-être justifiées, et qu'il exposa dans un mémoire adressé à Mlle de Pompadour, avaient pour point de départ le projet prêté au comte de Brancas-Lauraguais, et à quelques-uns de ses amis, de fonder un établissement pour la fabrication de la porcelaine. Il est certain que tous ses efforts tendirent à la dépossession de la Compagnie Éloy Brichard.

La solution si impatiemment attendue fut donnée par le Roi le 17 octobre 1759 : un arrêt du Conseil d'État du 17 février 1760 la confirma ensuite. Aux termes de ces décisions, la Manufacture cessa d'être la propriété d'une compagnie et passa entièrement sous l'autorité du Roi, moyennant une somme de quatorze cent mille livres représentant le capital et les intérêts des versements faits par les intéressés. Ceux-ci gardèrent à leur charge toutes les dettes de la Manufacture et abandonnèrent par contre au Roi toutes les créances recouvrables. Le bénéfice de la ferme de la marque d'or et d'argent fut remplacé par une incription annuelle de 96 000 livres sur le Trésor Royal. Enfin confirmation fut donnée des privilèges de 1745 et 1753, tandis que des dispositions, plus favorables encore que les précédentes, assuraient la situation du personnel des ateliers.

La Compagnie Éloy Brichard fut liquidée et sa dernière réunion eut lieu le 21 novembre 1761.

Ancienne Manufacture de Sèvres. — Entrée de la Cour Royale.

III

LA MANUFACTURE, PROPRIÉTÉ ROYALE : DIRECTION DE BOILEAU
LA DÉCOUVERTE DE LA PORCELAINE DURE
(1759-1772)

La date du 1er octobre 1759 marque l'époque à laquelle la Manufacture devint propriété royale : elle ne cessa de l'être que pour rentrer plus tard dans le domaine de l'État. Il n'en faudrait pas conclure qu'elle se trouva dès lors à l'abri des vicissitudes financières qui, à tant de reprises, avaient compromis son existence au cours des vingt premières années de son établissement : elle conserva en effet son autonomie financière, et si, tant que régna Louis XV, une subvention royale lui permit chaque année d'équilibrer son budget et même de constituer un capital important, elle devait dans la suite voir s'aggraver sans cesse des difficultés qui faillirent amener sa ruine totale à l'époque de la Révolution. Toutefois les années qui vont de 1759 à 1772, dont nous avons à nous occuper et qui correspondent à la direction de Boileau, ne connurent point ces embarras et apparaissent comme la période la plus prospère de l'existence de la Manufacture.

Administrativement, elle fut placée sous l'autorité de Bertin, contrôleur général des finances depuis 1759. M. de Courteille demeura jusqu'à sa mort, en 1767, commissaire du Roi auprès de la Manufacture, emploi qu'il occupait depuis dix ans déjà, et dans lequel il ne fut pas remplacé. Lorsqu'il disparut, le détail des affaires fut traité directement par les bureaux du contrôleur général qui semble s'être occupé lui-même très activement de tout ce qui concernait l'établissement royal. C'est à l'influence de Bertin certainement que les associés de la Compagnie Éloy Brichard avaient dû le remboursement intégral de leurs avances, et c'est lui qui plus tard remit chaque année entre les mains du caissier de la Manufacture un don de 96000 livres, en un temps où l'argent n'était pas toujours facile à faire rentrer dans les caisses du Roi. Les nombreuses notes manuscrites qu'il a laissées, les décisions qu'il a prises, montrent dans quel esprit libéral il s'efforça de développer la Manufacture sans nuire cependant aux progrès de l'industrie privée. Pour la direction de Sèvres, il accorda sa pleine confiance à Boileau, dont la fortune apparaît vraiment extraordinaire. Cet homme, entré à Vincennes comme garde-magasin avec 1000 livres d'appointements, était, quinze années plus tard, un personnage considérable, reçu à la Cour et ami de Collin, le secrétaire de Mme de Pompadour; aux huit mille livres de traitement qu'il s'était fait allouer en 1760, s'ajoutaient les avantages du logement, une importante gratification annuelle, des frais de représentation élevés, et enfin une retenue sur le chiffre des ventes qui, en certaines années, dépassa 20000 livres. Il obtint plus encore, lorsqu'à la fin de sa carrière il demanda au Roi de doter sa belle-sœur en récompense des services rendus par lui, faveur qui lui fut accordée et qui valut à Mlle Briais, en 1770, au moment de son mariage avec M. de Léviston, une somme de 40 000 livres et un brevet de rente viagère de 4 000 livres.

Cette confiance extraordinaire en Boileau, cette libéralité à son endroit se trouvaient en partie justifiées, il est vrai, par les résultats heureux de sa gestion. Profitant du succès de la Manufacture, il sut lui constituer d'importantes réserves sous deux formes, numéraire et pièces fabriquées, et ces réserves représentaient en 1772 un capital considérable, malgré des charges qui ne firent que s'accroître constamment à cette époque. Le budget des dépenses courantes, qui ne représentait que 310 000 livres en 1761, absorbait dix ans après 500 000 livres. Le personnel, considérablement augmenté — il comprenait 250 personnes au moment de l'acquisition par le Roi, et 350 au moins à la mort de Boileau — exigeait une rémunération plus forte et coûtait 213 000 livres en 1772 au lieu de 140 000 en 1760. Une progression identique s'affirmait dans les acquisitions de matières premières, de pâtes que les Gravant fournissaient encore au prix fixé en 1745, d'or, de combustible, et cette dépense s'éleva dans le même laps de temps de 74 000 livres. Seul le haut personnel ne vit pas sa rémunération augmenter dans les mêmes proportions : directeur, sous-directeur, inspecteur, commis coûtaient de 18 à 20 000 livres ; les artistes principaux, Bachelier, Falconet, Duplessis, 8 000 livres ; les « académiciens chimistes » Hellot, Macquer, de Montigny, 2 700 seulement.

Cendrier carré.
Porcelaine tendre 1763. — Largeur 0,11.
(Musée de Sèvres, n° 8853.)

Il faut dire, d'ailleurs, que les recettes s'accrurent d'une façon considérable et passèrent en dix ans de 320 000 à 545 000 livres. Les acquisitions du Roi — en moyenne 25 000 livres par an — celles de Mme de Pompadour et plus tard celles de Mme Dubarry — encore plus élevées — entraînèrent à des dépenses inouïes tous ceux qui voulaient faire leur cour à Louis XV ou à ses maîtresses, et ainsi l'exposition annuelle de Versailles rapporta à la Manufacture jusqu'à 80 et 100 000 livres. D'autre part, la coutume d'envoyer aux souve-

Assiette du service de Mme du Barry.
Porcelaine tendre 1770. — Décor de Catrice. (Musée de Sèvres, n° 9109.)

rains étrangers de riches présents de porcelaine devint pour Sèvres une nouvelle source de revenus. Et le malheur même des temps, qui força beaucoup de grands seigneurs, suivant l'exemple du Roi en 1759, à porter à la Monnaie leur vaisselle d'or et d'argent, fut l'occasion de commandes importantes : on remplaça sur les tables princières les belles pièces de service envoyées à la fonte, par des objets luxueux encore, mais d'une moindre valeur intrinsèque. En dehors de ces ventes faites directement, la Manufacture avait alors de nombreux dépôts à Paris, en province, et même à l'étranger : elle abandonnait aux marchands 12 p. 100 sur les porcelaines prises en compte ferme et 9 p. 100 sur celles prises à condition.

Le public s'adressait volontiers à ces intermédiaires dont les noms reparaissent constamment sur les livres de vente ; les principaux, après la mort de Duvaux, furent Sayde, la veuve Lair, Tesnières, Bailly, Bachelier lui-même, dont la mère tenait au Palais-Royal un magasin de porcelaine, l'orfèvre Duplessis, dernier acheteur de ces délicats objets qui avaient décidé de la fortune de Vincennes — les fleurs de porcelaine — et qui, fabriqués maintenant à bas prix dans toutes les manufactures, ne donnaient plus lieu à Sèvres qu'à des ventes insignifiantes. Les uns et les autres vendaient surtout des pièces de services, tasses, assiettes, seaux à glace, etc., et des objets de toilette.

A la date de 1760, la Manufacture était parvenue, comme nous l'avons indiqué, à une grande perfection dans le façonnage et la décoration de la porcelaine tendre, et cela, non plus au moyen de coûteux achats de procédés comme aux débuts de son existence[1], mais grâce à la remarquable habileté acquise par les ouvriers qu'avaient instruits Bachelier et Duplessis. Lorsque l'on se rend compte de la difficulté que devait présenter la fabrication des pièces compliquées, ornées de trophées, de sujets en relief, de parties découpées, qui sortirent de Sèvres à ce moment, on reste émerveillé de la prodigieuse sûreté de main des mouleurs et des répareurs qui maniaient avec tant de succès la pâte tendre. Il est malheureusement difficile de voir en France les plus beaux spécimens des produits de la Manufacture à cette époque : nos musées en contiennent fort peu, et leur pauvreté s'explique d'abord par l'envoi de beaucoup de ces pièces rares à des princes étrangers, ensuite par la vente de celles appartenant à des familles de l'aristocratie française au moment de l'émigration : c'est ainsi qu'a été constituée la plus belle collection de

[1] On ne trouve guère comme procédés nouveaux que celui apporté en 1764 par l'apothicaire Cadet qui découvrit le moyen d'empêcher la chaux contenue dans la pâte de se revivifier et de détériorer les pièces : cela diminua singulièrement la quantité des pièces de rebut qui auparavant étaient inutilisables.

vases de Sèvres anciens qui existe sans doute au monde, celle de S. M. Édouard VII.

La production présenta à cette époque une extrême variété, mais si les pièces d'usage furent d'une fabrication plus courante, le grand intérêt devait aller aux pièces d'ornement, aux vases, aux cassolettes, aux pots-pourris, aux jardinières. Dans ces objets, qui restaient toujours de dimensions restreintes, puisque la pâte tendre ne se prêtait pas au façonnage de pièces considérables, l'ornementation modelée prit une importance de plus en plus grande. Les formes n'eurent plus la gracieuse simplicité des petits *vases tulipes* ou des *vases à oreilles* de 1750, et souvent elles disparurent sous un amoncellement de guirlandes, de médaillons et d'ornements ; quelques dénominations en peuvent dire à ce sujet plus long que toutes les descriptions : *vases à têtes de bouc, vases à la corne, vases grecs à médaillons, vases à serpents.* Certaines peuvent même nous apparaître aujourd'hui comme des erreurs de goût, le vase *en forme de ruche*, le *vase éléphants* où les trompes de ces animaux se terminent en candélabres, par exemple ; mais, pour porter un jugement équitable sur des formes d'une fantaisie aussi caractérisée, il serait nécessaire de les replacer dans le milieu auquel elles étaient destinées et de les voir, non plus dans une vitrine de musée ou de collection, mais dans un de ces boudoirs élégants où les artistes de ce temps purent parfois donner libre cours à leur imagination pour la composition d'un décor. C'étaient d'ailleurs là des exceptions, et l'on retrouve bien les belles traditions de Duplessis dans des formes telles que le *vase de Fontenoy*, ou *vase à cartels*, aux lignes pures et si bien appropriées au genre de décoration employé alors.

Une égale diversité existait dans les menues pièces de service qui représentaient à elles seules les trois quarts des ventes de la Manufacture et qui, plus que toute autre chose, étaient appréciées à la fois par la Cour et par les acheteurs plus modestes : elles composaient presque entièrement la vente des marchands, et le Roi lui-même n'acquérait en général qu'un petit nombre de pièces d'ornements et de sculpture, employées surtout à titre de complément dans la composition de riches services de table. Les grandes commandes faites à la Manufacture — cadeaux diplomatiques ou achats de particuliers — s'appliquaient souvent aussi à des objets d'usage : nous citerons seulement pour exemples le service du duc de Praslin en *lapis caillouté* (550 pièces : 28 000 livres), le service du prince de Staramberg composé de 540 pièces toutes différentes (30 624 livres), ceux offerts au roi de Danemark en 1768, et au roi de Suède en 1770 (41 664 livres), ou encore le service commandé par le prince de Rohan, en bleu céleste avec cartels d'oiseaux et chiffres. A côté de ces services, d'une valeur énorme, puisque chaque assiette valait en moyenne de 40 à 50 livres, la Manufacture produisait une quantité de pièces, gobelets, tasses, plateaux à huîtres, marronnières, etc., dont on s'étonne de voir les prix élevés : une jatte à punch et son mortier, un pot à oille se vendaient couramment 600 livres, une saucière 120. Il en était de même des objets de toilette, dont la mode se continua longtemps et passa des menus ustensiles aux pièces importantes, comme les cuvettes ou les brocs.

Porcelaine tendre. Haut. 0,35. Vase à anses torses à cartels. (Musée des Arts décoratifs.)

En 1763, Mme de Pompadour acquit une « cuvette à masques » pour 528 livres, tandis que le Roi payait une boîte à éponge 240 livres; à la même époque un plat à barbe était vendu 48 livres! Et cette exagération de valeur ne nuisait même pas au succès des objets de fantaisie que l'on fabriquait depuis Vincennes, tabatières, bobèches, œufs, manches de couteau; au contraire, les mêmes tendances de goût trouvèrent leur application dans des pièces importantes, telles que les écritoires — le Roi en paya une 960 livres en 1760, — les pendules, les « bras de cheminées » qui se vendirent fréquemment à partir de 1765.

A cette date, on chercherait en vain, dans la décoration peinte de tous ces produits, — qu'il s'agisse de vases, de pièces de service ou d'objets de fantaisie — les traces de l'influence orientale ou le souci d'imiter la porcelaine saxonne qui caractérisèrent longtemps la fabrication antérieure. Les pièces à fond blanc devinrent alors très rares, et on tendit de plus en plus à employer dans l'ornementation les cartels réservés sur des fonds de couleurs vives d'une variété et d'une qualité de tons que l'on ne retrouva plus dans la suite. C'est l'époque où l'on se servit avec un égal succès du rose, du bleu de roi, du vert, du jaune, du violet, avec l'adjonction fréquente de jeux de fonds *vermicellés* ou *œil de perdrix*, destinés à donner au fond lui-même toute sa valeur. Dans les cartels, les pièces de prix moyen étaient fréquemment ornées de fleurs, de guirlandes, d'oiseaux, traités dans une manière reconnaissable entre toutes par la légère diffusion des couleurs dans l'émail de la porcelaine tendre. Lorsqu'il s'agissait de pièces plus importantes, les décors se composaient généralement de paysages ou de scènes empruntées aux genres les plus divers : sujets galants où l'on sentait encore l'influence immédiate de Boucher, motifs mythologiques, et de plus en plus scènes militaires et marines, compositions exécutées avec une rare habileté par des artistes absolument spécialisés dans ce genre. Les ors ajoutaient aux pièces leur éclat particulier, et, travaillés en épaisseurs diverses, modelés, gravés, brunis « à l'effet », ménageaient une transition harmonieuse entre les fonds aux couleurs vives et les cartels constituant la décoration principale : toutefois cet usage des métaux précieux présentait de graves inconvénients lorsqu'ils étaient employés sans modération, et Bachelier avait parfaitement raison d'en signaler l'usage exagéré, sur les pièces de service notamment, où le frottement ne tardait pas à faire disparaître les légers dessins tracés dans l'or.

L'habileté professionnelle des artistes de Sèvres trouva une nouvelle occasion de se manifester dans les tableaux sur plaques de porcelaine, dont le goût se développa entre 1760 et 1770, et à l'exécution desquels les meilleurs peintres de la Manufacture se consacrèrent à cette époque. Les premiers furent des portraits du Roi : on en trouve un livré en 1761 au duc de Choiseul, un autre à une marchande l'année suivante, un troisième à Bachelier en 1763. Ensuite apparurent des tableaux « de soldats » dont les prix atteignaient déjà de 600 à 1000 livres, puis, bientôt après, les copies directes de tableaux : ainsi le cadeau fait au roi de Danemark en 1768 comprit deux plaques, l'une d'après *le Sacrifice à Pan* de Pierre, l'autre d'après des *Amours* de Van Loo. Ce furent les premières manifestations d'un genre de décoration absolument faux au point de vue céramique et dont le goût, malgré tout, devait persister longtemps. Jusqu'à nos jours les meilleurs artistes ont consacré beaucoup de talent à la peinture de véritables tableaux sur porcelaine, méconnaissant ainsi la destination réelle de cette matière.

La direction de tous les travaux de décoration demeura pendant toute cette période confiée à Bachelier, mais, à partir de 1766 surtout, son influence semble avoir été moins directe sur les artistes de Sèvres, et cela pour plusieurs raisons : d'un côté sans doute, la fondation à cette date de l'École gratuite de dessin qui est devenue l'École nationale des Arts décoratifs absorba une partie de son temps, tandis que d'autre part, à la Manufacture même, il reprenait par suite du départ de Falconet pour la Russie, la direction de la sculpture. A côté de lui, Duplessis continua à fournir les modèles et les formes, et fut en outre occupé à orner de riches garnitures, des socles en bronze ciselé et doré « d'or moulu », les vases et les pièces d'ornement que fabriquaient les ateliers.

On penserait volontiers, en présence d'une production si intense de porcelaine décorée, que le biscuit dût tenir une place importante dans les ventes de la Manufacture. La renommée de certains des modèles composés dans cette période donnerait à penser que le goût de la sculpture en biscuit fut général, tandis que, en réalité, si l'on parcourt les livres de vente de 1760 à 1770, on est frappé de la faible quantité des pièces modelées qui entraient dans les acquisitions du Roi comme dans celles des marchands ou des particuliers. Les pièces de la période précédente étaient déjà tombées en discrédit et, lorsque par hasard on en vendait, on prenait soin d'inscrire sur les livres la mention « produits de Vincennes », leur attribuant une valeur à peine plus élevée que celle des objets de rebut. De la fabrication antérieure à 1760, deux genres de modèles semblent avoir seuls conservé la faveur avec laquelle on les avait accueillis : ce sont d'un côté les *enfants* d'après Boucher et ceux d'après Falconet, modèles que leur appellation commune ne doit pas laisser confondre les uns avec les autres, ce titre s'appliquant pour Falconet aux petites figures gracieuses telles que *le Flûteur, la Joueuse de guitare, la Fille au nid, la Montreuse de cornes, l'Ivrogne*, — et d'autre part, quelques groupes d'inspiration identique, entre autres celui du *Jaloux* qui resta de vente courante. La mode alla surtout aux conceptions nouvelles de Falconet. Son œuvre personnelle, mise au point avec le concours de certains de ses élèves comme Duru qui ne resta à la Manufacture que pendant le temps où son maître y fut attaché, comme

Le Riche demeuré au contraire jusqu'à la fin du XVIIIe siècle le premier modeleur de Sèvres, se présente sous deux formes assez différentes. On trouve d'abord des petits groupes d'allure familière, *le Gourmand, le Sabot cassé, la Feuille à l'envers* (1760), *le Baiser donné et le baiser rendu, les Trois contents, la Balançoire, la Fête du*

Les Trois Contents. — Modèle de 1765. (H. 0,20).

château, etc., œuvres d'une conception gracieuse, légèrement libertine parfois, traitées dans le même esprit que les meilleurs modèles de la fabrication de Vincennes, mais avec une supériorité de goût et une science de la composition qui les mettent hors de pair. Puis on rencontre des modèles d'une inspiration plus élevée, au premier rang desquels il faut mettre le *Pendant de l'amour* de Falconet, et surtout l'admirable groupe de *Pygmalion* qu'une inexplicable tradition de la Manufacture a persisté à attribuer à Duru, bien que l'origine n'en soit pas douteuse, Falconet ayant exposé son *Pygmalion* au Salon de 1763. Dans la même catégorie d'ouvrages, on peut certainement faire rentrer aussi les figures d'*Hébé*, de *Flore*, et celle de *l'Amitié* où l'on a vu, sans doute avec raison, un portrait de Mme de Pompadour. Un certain nombre d'œuvres, moins directement inspirées peut-être par Falconet, parurent encore avant 1766 : *le Maître et la maîtresse d'école*, *Annette et Lubin*, plus proches des tendances de Boucher, enfin les *Groupe de chasse*, d'après Oudry. Cet ensemble d'ouvrages — assez peu nombreux en somme, puisqu'ils représentent une production moyenne de quatre modèles nouveaux chaque année — contribua certainement à assurer la supériorité artistique de Sèvres sur toutes les autres manufactures. Les artistes excellents à qui elle demandait ses modèles donnèrent à ceux-ci une valeur d'art à laquelle ne pouvaient être comparées les compositions sans finesse de Meissen par exemple ; et d'autre part, la matière même du biscuit permettait de traduire les conceptions les plus variées avec une délicatesse impossible à atteindre en porcelaine émaillée.

Après le départ de Falconet pour la Russie en 1766, Caffiéri sollicita l'emploi devenu vacant. Le ministre ne prit pas de décision immédiate, mais finalement rendit à Bachelier la direction des ateliers de sculpture à laquelle il avait renoncé depuis dix ans. Tout en restant dans la tradition de Falconet, celui-ci apporta une variété plus grande dans le choix des modèles. Il eut l'idée de demander aux meilleurs artistes de son temps des réductions de leurs œuvres et ainsi furent reproduits à Sèvres l'*Amour* et le *Mercure* de Pigalle, l'*Amour* de Bouchardon, le *Faune* de Salis. Il fit encore modeler d'après Van Loo *la Conversation espagnole*, composée de trois groupes principaux et d'un certain nombre de figures accessoires parmi lesquelles figure *la Cantatrice du Barry*. Le goût de l'antiquité qui se développait depuis quelques années devait avoir aussi son influence sur le choix des sujets, et certaines des œuvres qui parurent à Sèvres entre 1767 et 1772 marquent nettement ce retour vers le passé : en dehors des copies directes de chefs-d'œuvre de l'art ancien tels que la

Vénus de Médicis, la Manufacture produisit alors ces groupes si manifestement inspirés par la littérature contemporaine et qui avaient pour titre *les Nymphes à la Corbeille*, le groupe des *Naïades*, le groupe des *Sirènes*, celui de *la Naissance de Bacchus*, *l'autel de l'Amitié*, le groupe

Groupe de Pygmalion, d'après Falconet. — Modèle de 1763. — H. 0,75. L. 0,45.

des *Vestales*, où la pensée antique se revêt d'une grâce toute moderne.

En dehors de ces ouvrages où la figure tient la place principale, le biscuit trouva un emploi nouveau dans des pièces d'ornement, dont la plus importante fut le grand surtout composé par Bachelier pour le banquet offert à la Cour, à l'occasion du mariage du Dauphin avec Marie-Antoinette en 1770. C'était, d'après la description du *Mercure de France*, un grand portique dorique, dont le modèle fut donné par le sculpteur de Mouchy, au centre duquel s'élevait la statue du Roi d'après Pigalle, et que complétaient des groupes d'enfants et des fontaines. Sur la frise couronnant le monument, alternaient le chiffre du Roi, les armes de France, celles de l'empire d'Autriche et celles du Dauphiné. L'ensemble, de dimensions considérables, puisqu'il occupa le centre d'une table de 10 mètres de long sur 4^{m},50 de large, ne comprenait pas moins de 56 colonnes, ornées de six mille cinq cent soixante-seize fleurs de porcelaine disposées en guirlandes et en bouquets aux tons éclatants. Ce surtout fut payé par le Roi 11 164 livres.

Dès ce moment la Manufacture fut appelée à reproduire à un grand nombre d'exemplaires les effigies de la famille royale et des grands personnages. Trois bustes différents de Louis XV furent exécutés avant 1763 : un, faisant pendant avec celui de la Reine, devait être de petites dimensions, car son prix n'était que de 24 livres ; un autre, très rarement fabriqué, était l'œuvre de l'abbé de Bertin. Mais le plus important reproduisait le marbre de Lemoyne : c'est cette effigie qui semble avoir fixé tout à la fois les dimensions et le prix de tous les bustes de personnages de la Cour que la Manufacture exécuta dans la suite et qui étaient vendus uniformément 144 livres. Vers 1766 parut le buste du Dauphin, et en 1771 celui de Marie-Antoinette dont cette image charmante est demeurée comme le type idéalisé[1]. Le premier exemplaire de ce buste, que l'on hésite à attribuer à Lemoyne ou à Pajou, fut acquis par Mme du Barry, qui elle-même commanda l'année suivante son effigie, d'après l'original de Lemoyne.

On a vu qu'en dehors des bustes, la statue du Roi par Pigalle avait été reproduite à Sèvres en 1770 ; avant cette date se rencontre l'indication d'une autre statue de Louis XV exécutée à Sèvres, mais

[1] Une épreuve ancienne de ce buste, réparée en 1852 par la Manufacture de Sèvres, est placée dans les appartements du Petit Trianon.

peut-être n'était-ce qu'une réduction de celle de Pigalle, car elle valait seulement 72 livres. Le désir de mettre en vente le portrait du Roi à un prix moins élevé que celui des bustes conduisit enfin à la fabrication courante des médaillons; celui du Roi parut en 1766, en même temps que celui d'Henri IV : il valait 18 livres et fut remplacé quatre ans plus tard par un autre modèle, sans doute plus grand, du prix de 30 livres.

La Cantatrice du Barry. — Modèle de 1772. (H. 0,23).

Enfin deux bustes de grands hommes sortirent des ateliers de Sèvres au cours de cette période, ceux de Voltaire d'après Lemoyne et de Rameau.

Cette nomenclature un peu brève des principales variétés de la production au cours de la période qui commence au moment de l'acquisition de la Manufacture par le Roi, suffit pourtant à montrer quel développement et quelle richesse artistique elle atteignit à cette époque; et ces douze années constituent un ensemble d'autant plus caractéristique que la date de 1772 marque réellement le terme d'une première phase dans l'existence de la Manufacture.

Jusqu'alors, en effet, la pâte tendre fut seule employée à la fabrication de la porcelaine et du biscuit, tandis que, à partir de 1768, la découverte du kaolin de Saint-Yrieix vint peu à peu modifier les conditions d'existence de l'établissement par l'introduction de procédés d'exécution beaucoup plus sûrs et par l'emploi simultané, jusqu'à la fin du XVIIIe siècle, de la pâte tendre et de la pâte dure.

C'est à cette époque que fut établie définitivement la composition de la pâte dure, vainement cherchée depuis tant d'années. On n'a pas oublié les sacrifices faits par la compagnie Éloy Brichard pour acquérir les secrets de la porcelaine allemande, sacrifices demeurés inutiles surtout par le fait qu'on ignorait la présence de gisements de kaolin dans le sol français. Des particuliers avaient poursuivi le même but de leur côté : à l'exemple du duc d'Orléans, le comte de Brancas-Lauraguais étudia en 1752 diverses terres et pensa avoir découvert le véritable kaolin aux environs d'Alençon. A Sèvres, le chimiste Macquer, adjoint depuis 1757 à Hellot, dont le rôle semble avoir été très peu actif depuis cette date, s'était appliqué inlassablement à de nouvelles expériences avec l'aide de Millot, chef des fours. Les cahiers où l'un et l'autre notaient au jour le jour leurs essais nous révèlent qu'en six années ils entreprirent plus de douze cents expériences sur des échantillons de matières qu'on leur adressait ou sur des mélanges qu'ils espéraient toujours plus semblables à la porcelaine véritable.

D'autre part, le ministre Bertin et le directeur Boileau n'avaient pas renoncé à enrichir la Manufacture des procédés de la pâte dure par le coûteux moyen des achats de procédés. Dans un rapport daté de 1759, Boileau avait insisté à nouveau sur l'intérêt que présenterait la porcelaine dure pour la fabrication des pièces de service, tandis que la pâte tendre « servirait à la partie de l'art, de la perfection et « du goût », et il avait signalé la porcelaine de Frankenthal comme réunissant les qualités les plus nécessaires de résistance à la chaleur, de simplicité de composition, de facilité de travail et de cuisson. Justement, en 1760, Paul-Adam Hannong, avec qui l'on n'avait pu s'entendre en 1753, mourut en laissant deux fils : à l'aîné revint la Manufacture de porcelaine de Frankenthal, tandis que le second prenait la direction des faïenceries conservées par son père à Strasbourg et à Haguenau. Certaines difficultés s'étant élevées entre les deux frères, M. Bertin pensa qu'il y avait peut-être là une occasion d'acquérir à bon compte le secret tant convoité, et, sans plus tarder, il enjoignit à Boileau de se rendre à Frankenthal pour engager des pourparlers avec l'aîné des Hannong. Celui-ci, ou bien ne voulut pas se dessaisir de son secret, ou bien émit des prétentions exagérées. Boileau revint vers Strasbourg sans avoir rien conclu, mais il rencontra dans cette ville le second fils, Pierre-Antoine Hannong, qu'il n'eut pas de peine à séduire et qui s'engagea à vendre au Roi les secrets de Frankenthal, moyennant une somme de six mille livres comptant et une rente viagère de trois mille livres. Une convention fut passée avec lui aux termes de laquelle il devait venir à Sèvres faire l'essai de ses procédés en présence d'Hellot et de Macquer, chargés d'en consigner la description sur les registres de la Manufacture. Hannong se mit une première fois

Vase des Saisons (H. 0,75).
Modèle de Bachelier (1767).

en route au mois d'août 1760, mais une série de démêlés avec son frère, la saisie des terres expédiées par lui de Strasbourg avant son départ, la vente enfin de la Manufacture de Frankenthal à l'Électeur Palatin ne lui permirent pas de faire avant 1763 des expériences concluantes. A cette époque, il remit à Boileau un cahier contenant les secrets de la porcelaine dure, avec les indications nécessaires à la construction des fours et à la préparation des couvertes et des couleurs. Cela ne l'empêcha point de poursuivre des essais au terme desquels, deux ans plus tard, un procès-verbal fut dressé, constatant qu'il « n'avait pas une connaissance exacte des secrets, compositions et manipulations ». Pourtant ses indications devaient avoir une certaine valeur, car le Roi lui accorda, en juin 1763, une rente viagère de 1 200 livres, pour témoignage de la « satisfaction de ses travaux dans la Manufacture de porcelaine de Sèvres ». Ces expériences avaient coûté à l'établissement royal plus de 14 000 livres.

D'un autre côté, au moment même où Hannong achevait ses travaux, M. d'Aigremont, ambassadeur de France à Coblentz, prévenait Bertin qu'un Saxon, alors directeur de la manufacture de Kelsterbach, se montrait disposé à apporter à Sèvres ses procédés de fabrication. M. de Courteille, consulté sur le point de savoir l'intérêt que pouvait présenter cette proposition, manifesta dès l'abord à l'égard de cette offre une défiance justifiée. Malgré son avis, on appela cet étranger; et ainsi l'on vit arriver à Sèvres, en août 1764, Busch qui, dix ans plus tôt, avait vécu aux dépens de la Manufacture pendant plus d'une année, sans lui apporter les secrets dont il se prétendait dépositaire. Il reçut un accueil peu encourageant; pourtant on l'autorisa à faire, à ses frais, des essais dans l'établissement. Il construisit d'abord un four, puis, sous prétexte d'attendre des matières premières qui n'arrivèrent jamais, il trouva le moyen, malgré les résolutions prises, de vivre encore quelques mois des subsides de la Manufacture. Ses essais n'eurent pas plus de résultats que ceux de 1753.

En réalité la difficulté à laquelle on se heurtait était toujours la même et les tentatives de ce genre ne pouvaient être couronnées de succès. Les fabricants allemands n'apportaient que des formules connues depuis longtemps, tandis que le véritable but des recherches devait être la découverte dans le sol français des matières premières de la porcelaine. Certaines personnes, il est vrai, étaient convaincues d'avoir trouvé des gisements de kaolin et de petunsé au centre même de notre pays : la preuve en est dans la curieuse discussion qui éclata en 1764 entre le comte de Brancas-Lauraguais et le géologue Guettard, ancien collaborateur du duc d'Orléans. M. de Lauraguais ayant fait à cette époque une série de communications à l'Académie sur la porcelaine qu'il avait fabriquée avec des matières premières provenant de Maupertuis, près d'Alençon, et l'Académie ayant reconnu que sa porcelaine « était aussi belle que celle du Japon », Guettard protesta contre l'affirmation par laquelle M. de Lauraguais s'attribuait la priorité de découverte du kaolin français. Il prétendit avoir établi dès 1750 l'identité des terres de Maupertuis avec les échantillons que le duc d'Orléans avait fait venir d'Extrême-Orient et il assura avoir fait part de cette découverte à l'Académie dès ce moment. La question ne fut jamais complètement élucidée ; toutefois on peut penser que Guettard avait effectivement trouvé assez tôt les gisements de Maupertuis sans avoir su en tirer un parti satisfaisant, tandis que M. de Lauraguais parvint avec les mêmes matériaux à fabriquer une porcelaine de qualité inférieure, mais présentant beaucoup des caractères de la véritable porcelaine. A la même date, Macquer prétendit, lui aussi, avoir fabriqué à Sèvres une porcelaine aussi belle et résistante que celle de Hannong avec des produits naturels uniquement français : il en envoya des échantillons à M. de Courteille, en lui demandant que les registres relatant ses expériences soient déposés dans l'armoire des secrets de la Manufacture, et en sollicitant de plus l'autorisation de faire connaître sa découverte à Boileau et à Millot, afin qu'en toute concurrence le bénéfice en soit assuré à la fabrique royale.

Ces essais, ces recherches actives, le mémoire lu par Guettard à l'Académie sur la découverte « faite en France des matières propres « à faire de la porcelaine », eurent du moins le grand avantage de diriger les travaux dans la voie où ils avaient chance d'aboutir, et d'encourager les fabricants provinciaux à introduire le kaolin dans leur fabrication. Beaucoup de ceux-ci pensèrent bientôt avoir atteint le but, et de nombreuses demandes d'autorisation de fabriquer la porcelaine — entre autres, celle de Savy à Marseille et celle de Hannong qui, après son échec à Sèvres, avait obtenu de s'installer dans les bâtiments de l'ancienne Manufacture royale à Vincennes — attirèrent l'attention de Bertin sur l'interprétation généralement erronée que l'on donnait de l'arrêt de 1760, concernant le privilège de la Manufacture. Dans un esprit libéral que l'on ne saurait trop louer, il entreprit la rédaction d'un arrêt nouveau, spécifiant que tous les fabricants avaient le droit de fabriquer de la porcelaine et que le privilège de la Manufacture s'appliquait seulement à la sculpture et aux ouvrages dorés ou peints de couleurs variées. Ses idées sur l'utilité d'un établissement comme celui de Sèvres nous sont connues par la réponse qu'il fit à M. de Laborde, valet de chambre du Roi, qui avait pensé lui faire sa cour par un mémoire sur les moyens de rendre la Manufacture Royale productive. « De toutes les pro- « positions cy-contre, dit-il, il n'y a donc rien qui puisse être d'une « certaine utilité *à l'objet d'État* que le Roy se propose en montant « et entretenant une pareille Manufacture, que celuy de cuire dans « un four des trois quarts moins dispendieux. Mais quand le Roy « l'aurait aujourd'huy, ce serait pour perfectionner le modèle de « fabrication que son intention est de donner, mais ce ne serait

« pas pour en faire un objet de profit ; ce point de vue contrarie-« rait au contraire les vues que le Gouvernement s'est proposé, en « ce que le Roy concentrerait dans sa Manufacture les gains et les « profits d'un commerce « qui n'est fait que pour « ses sujets ; plus il retar-« derait l'établissement « de cette fabrication en « France, plus il découra-« gerait tous ceux de ses « sujets qui tenteraient de « s'y adonner. Ceux qui « sont chargés de la Ma-« nufacture de Sèvres et « qui la conduisent pour « le Roy doivent donc « chercher à la perfec-« tionner sur tous les « points, mais ils doivent « en même temps encou-« rager les établissements « de pareille manufacture « partout où on voudra « en entreprendre, loin « de les gêner ou empêcher. Ce point de vue est une base dont « il ne faut jamais se départir et elle est telle que, quand même « le Roy pourrait se flatter de fournir de ses Manufactures toute « la porcelaine à l'Europe, il devrait laisser cette branche de « commerce à ses sujets avec tous les autres. » Un arrêt fut rendu le 15 février 1766, en conformité avec les vues de Bertin, pour aider au développement des fabriques de porcelaine dans le royaume

Vase en porcelaine dure. (Haut. 0,48). Décor de Philippine (1776). — Musée de Sèvres, n° 8081.

« où l'abondance des matières qui se trouvent propres à cette fabri-« cation semble si favorable à l'industrie ». Cette décision renouvelait l'autorisation de faire les porcelaines à l'imitation de la Chine « avec des pâtes composées de telles matières que les entrepreneurs « desdits ouvrages jugeront à propos » ; mais elle imposait aux fabricants l'obligation de « peindre, graver ou imprimer au revers de « chaque pièce les lettres initiales de leur nom ou toute autre marque « dont ils auront fait le dépôt entre les mains du Lieutenant de Police. » La décoration en couleur et en or, la sculpture restaient réservées à la Manufacture Royale en exécution « des privilèges que la supério-« rité de ses ouvrages lui a mérités ». Copie de cet arrêt fut adressée à tous les Intendants du royaume avec un certain nombre d'exemplaires du mémoire de Guettard, destinés à faire connaître de tous côtés les caractères des argiles propres à la fabrication de la porcelaine.

Malgré les termes de cet arrêt qui considérait la question de la découverte de la pâte dure comme résolue, la Manufacture, aussi bien que les fabricants, fut forcée de reconnaître que les produits obtenus avec les terres de Maupertuis étaient fort inférieurs comme qualité et surtout comme beauté à la porcelaine japonaise ou allemande. Les recherches continuèrent donc, aussi actives que par le passé, et, à Sèvres notamment, une nouvelle impulsion leur fut donnée par M. de Montigny qui succéda à Hellot, décédé en 1767.

Cependant les expériences antérieures, la certitude que tout le secret résidait dans la pureté des argiles blanches employées pour la porcelaine, n'empêchèrent pas Bertin d'accueillir encore une fois avec confiance les offres de procédés que lui firent en 1767 Limprunn, directeur de la manufacture de Nymphenbourg et le comte de Gronfeld, propriétaire de la porcelaine de Weesp, en Hollande. Le premier entra en relations avec le ministre par l'intermédiaire de l'agent diplomatique français à Munich, Hubert de Folard, qui envoya à

Sèvres divers échantillons de porcelaine kaolinique ; ceux-ci furent soumis à Macquer et à de Montigny qui déclarèrent cette matière aussi belle que la porcelaine de Frankenthal, mais dénoncèrent en même temps comme inutile l'achat de cette composition, si Limprunn ne pouvait indiquer où trouver en France les matières premières nécessaires à sa fabrication. Des raisons du même ordre firent repousser par la Manufacture les propositions du comte de Gronfeld qui désirait vendre au Roi son usine de Weesp : il avait envoyé à Sèvres son directeur, un sieur Picot qui, lui aussi, fit en présence des chimistes des essais concluants. Macquer saisit cette occasion pour demander que l'on ne consacrât plus d'argent à l'acquisition de procédés, mais que bien plutôt on encourageât les naturalistes à rechercher en France les terres dont on avait besoin : c'était, à n'en pas douter, la voie la plus sûre pour parvenir au but et bientôt la découverte des gisements de Saint-Yrieix allait lui donner pleinement raison.

Bacchus enfant (H. 0,08). — Premier essai de porcelaine dure émaillée (1765). (Musée de Sèvres, n° 1830.)

Si l'on s'en rapporte au récit de Millot, l'archevêque de Bordeaux, lors d'une visite faite à la Manufacture en 1765, s'était vivement intéressé aux recherches si patiemment poursuivies par les chimistes de la maison sur la fabrication de la porcelaine dure. Macquer qui ne négligeait aucune occasion d'étendre ses investigations pour atteindre au but lui confia un fragment de kaolin chinois, en le priant d'examiner s'il ne trouverait pas d'argile de même nature dans l'étendue de sa résidence. Revenu à Bordeaux, l'archevêque n'oublia pas la demande de Macquer et chargea de cette enquête un apothicaire de la ville, nommé Villaris, qui connaissait bien la constitution géologique de la région. Celui-ci, muni du précieux échantillon, parcourait, sans succès d'ailleurs, les Cévennes et les Pyrénées, lorsqu'il eut l'idée d'adresser un fragment de kaolin à un chirurgien du Limousin qui était de ses amis, le chevalier Darnet, établi à Saint-Yrieix. Celui-ci ne tarda pas à lui faire parvenir quelques livres d'une terre identique, comme aspect, à l'échantillon. Expédiée à Sèvres, lavée, amalgamée à deux autres corps que Millot se garde bien d'indiquer dans son mémoire, l'argile de Villaris se transforma après cuisson en une porcelaine, immédiatement reconnue en tous points semblable à celle du Japon : la première pièce de porcelaine dure sortie des ateliers de Sèvres fut un petit *Bacchus* émaillé que l'on conserve précieusement au Musée Céramique.

Le problème était résolu, et il semble que rien ne devait plus manquer à la Manufacture pour établir définitivement la fabrication de la porcelaine nouvelle. Pourtant de nouvelles difficultés surgirent, lorsque Boileau voulut se procurer des quantités de kaolin plus considérables. Villaris, en effet, avait pris grand soin de laisser ignorer l'endroit d'où il avait extrait la précieuse argile et il se refusa à l'indiquer, avant qu'on lui eût assuré la récompense à laquelle il jugeait avoir droit pour sa découverte. Les pourparlers furent longs et, pour mettre fin à cette situation, Bertin décida d'envoyer Macquer et Millot eux-mêmes en Gascogne et en Guyenne à la recherche des terres. Ils se mirent en route le 22 août 1768, emportant avec eux un certain nombre d'échantillons du kaolin, de la pâte et de la couverte employés à Meissen, destinés à leur servir de points de comparaison. Aux différentes étapes de leur voyage, à Orléans, à Blois, à Tours, à Angoulême, ils remirent des fragments de ces diverses matières aux géologues des régions traversées, promet-

Portrait du chimiste Macquer (1718-1784). (Bibliothèque de la Manufacture.)

tant une récompense à ceux qui leur présenteraient des produits de même nature au moment de leur retour. A Bordeaux, Villaris persista dans sa méfiance et Macquer dut attendre pendant plusieurs jours la décision du ministre à qui il avait demandé quelle somme il pouvait promettre à Villaris en échange de ses indications. La réponse de Bertin fut catégorique : toutes relations devaient être immédiatement rompues avec l'apothicaire, et Macquer était invité à entreprendre par lui-même, aux environs de Bordeaux et de Bayonne, la recherche des gisements de kaolin.

Les deux envoyés de la Manufacture Royale se rendirent tout d'abord à Biarritz, et ils y passèrent huit jours en courses inutiles; de là ils se dirigèrent vers Dax où leur séjour dura un mois. Le récit de leurs expériences dans cette petite cité pyrénéenne témoigne des difficultés qu'ils rencontrèrent à chaque pas, et il leur fallut certes une grande persévérance pour arriver à un résultat : c'est ainsi qu'ils n'avaient à leur disposition pour cuire leurs essais qu'une forge rudimentaire de serrurier! Cependant une terre des environs leur ayant paru satisfaisante, ils reprirent le chemin de Bordeaux, munis de nombreux échantillons et d'une quarantaine de livres de l'argile qui leur avait donné de bons résultats. Ils revirent alors Villaris « qui, raconte Millot, s'est trouvé bien sot de « voir après son refus que nous avions trouvé le kaolin comme lui; « il n'était pas si fier que lorsque nous sommes arrivés à Bordeaux; « il nous a offert tous ses services et même qu'il allait nous conduire « sur le lieu où était le kaolin, en disant que le ministre lui donne- « rait ce qu'il voudrait pour ses peines ». Ils se rendirent donc à Saint-Yrieix, se dissimulant autant que possible afin de n'être pas aperçus de Darnet, avec qui Villaris ne tenait pas à partager la récompense tant convoitée. Par des chemins encaissés, ils purent atteindre sans être vus le champ où se trouvait le kaolin; mais, tandis qu'ils fouillaient la terre, le propriétaire survint et, afin d'éviter un mauvais parti, Macquer fut contraint de faire connaître la mission dont il était chargé pour la Manufacture du Roi. Tout s'arrangea alors : après avoir expédié à Sèvres 400 livres de terres « tout ce qu'il y avait de plus blanc », Macquer et Millot reprirent le chemin de Paris; ils étaient rentrés à la Manufacture le 8 novembre 1768.

La matière première définitivement conquise, les études portèrent sur la façon de cuire la porcelaine dure et un temps assez long se passa encore avant l'établissement d'un four construit de façon à obtenir une égale répartition de la chaleur en tous les points. C'est en juin 1769 seulement que Macquer et de Montigny déposèrent à l'Académie un mémoire où, après avoir rappelé leurs longues expériences et les résultats incomplets qu'ils avaient précédemment

Soupière et son plateau en porcelaine tendre. — Décor de Le Bel jeune (1772). (Long. 0,48) (Musée de Sèvres, n° 4408).

obtenus, ils résumaient ainsi les principaux caractères de la nouvelle porcelaine : « Elle est entièrement et uniquement composée de maté-« riaux qui se trouvent en France. Il n'y a dans sa pâte et dans sa « couverte aucune fritte, aucun sel, rien qui vienne du plomb, ni d'au-« cune autre matière métallique ou saline... Elle se travaille égale-« ment bien sur le tour à la manière des poteries communes et dans « les moules où elle est susceptible de prendre toutes les formes « qu'on veut lui donner. Elle ne peut être cuite qu'à un feu de la der-« nière violence et la couverte exige le même degré pour se fondre...

« Elle est infusible au plus grand feu des fourneaux et peut servir de « creuset dans lequel on vitrifie complètement toutes les porcelaines « de fritte et de marne... Elle résiste aussi bien qu'aucune des porce- « laines connues de la plus excellente qualité à l'impression subite « et alternative du chaud et du froid...; sa blancheur et sa demi-trans- « parence sont pour le moins égales en beauté à ces mêmes qualités « dans les porcelaines de l'ancien Japon et de la Saxe... »

Duhamel du Monceau et Jussieu, chargés de faire subir à la porcelaine de Sèvres diverses épreuves, rendirent compte peu de jours après à l'Académie des résultats de leur enquête : après avoir reconnu l'exactitude des allégations de Macquer, ils avaient constaté que sa porcelaine « fait feu avec le briquet comme un silex; elle « résiste au feu au point de servir de creuzet pour fondre et vitrifier « l'ancienne porcelaine de Sèvres; qu'elle va au feu sans se rompre, « qu'elle passe de même, sans souffrir aucune altération, du chaud « au froid ». Et ils ajoutaient : « Encore une chose très intéressante « pour le bien public, c'est que les travaux qu'on a faits sur la « porcelaine mettent sur la voye d'en faire à un prix modique, « de moins belle à la vérité que celle de Sèvres, mais qui aura toute « la solidité qu'on peut désirer. »

La nouvelle porcelaine, qui reçut le nom de porcelaine royale (le titre de porcelaine de France continuant à désigner la pâte tendre), fut présentée au Roi à l'exposition annuelle de Versailles, en décembre 1769. « Le jour de la Saint-Thomas, raconte Macquer, à huit « heures du matin, je suis parti avec M. de Montigny pour Versailles. « A onze heures et demie, M. Bertin qui était allé chez le Roy nous « a envoyé chercher pour nous conduire dans les appartements où « l'on avait exposé la porcelaine de Sèvres comme à l'ordinaire, et « sur une table était la nouvelle porcelaine, toute en blanc et or... Il « y avait là une casserole de la même matière qui était sur un réchaud « à l'esprit de vin dans laquelle l'eau commençait à bouillir. Mais

« elle s'est cassée un instant après, en présence de Sa Majesté qui « s'est mise à faire un éclat de rire en reculant et nous disant : « Mon-« sieur ! Monsieur ! » Après quoi, elle est sortie pour aller à la messe... » Ce petit accident bouleversa Macquer ; par bonheur, Louis XV devait, pour revenir de l'office, suivre le même chemin ; à son retour, l'expérience fut tentée à nouveau devant lui et, cette fois, elle réussit pleinement.

A l'époque d'ailleurs où la porcelaine dure parut pour la première fois à Versailles, on était bien certain à la Manufacture, malgré la lenteur des recherches, de l'identité absolue de la pâte fabriquée à l'aide du kaolin de Saint-Yrieix avec la porcelaine orientale. La preuve en est dans l'acquisition décidée, au cours de l'année 1769, des terrains où Darnet avait découvert les gisements : la vente, enregistrée au nom de Villaris, assura au Roi moyennant 3 000 livres la propriété des terres de Mme du Montais, à Saint-Yrieix. Cette même année et la suivante, Villaris reçut la récompense qu'il avait, à tant de reprises, cru voir échapper : 15 000 livres versées en plusieurs fois. Alors s'organisa enfin la préparation régulière de l'argile qui devenait nécessaire à la Manufacture : la surveillance de l'exploitation, de l'extraction, du lavage sur place et de l'acheminement vers Sèvres des matières premières, fut confiée à Darnet à partir de 1770, moyennant des appointement annuels de 600 livres.

C'est donc à partir de 1770 seulement que la porcelaine dure cessa d'être un objet d'études pour devenir de fabrication industrielle ; et, si l'on y regarde de près, il faut même arriver jusqu'à 1772 pour trouver, dans les ateliers de la Manufacture, une organisation régulière, capable de produire en quantité appréciable la nouvelle porcelaine[1]. On ne doit donc pas hésiter à reconnaître que, si Sèvres fabriqua, dans la suite, des pièces indiscutablement supérieures à

[1] C'est à cette époque que parurent les premiers biscuits de pâte dure, *dorés sur biscuit* : un groupe de Castor et Pollux, deux Divinités et un groupe de Fontaines, surmonté de l'Amour Falconet.

celles des autres établissements, il serait injuste de la considérer absolument comme une devancière; car, à la date où la production de la porcelaine dure y devint courante, d'autres fabriques en offraient déjà depuis quelque temps au public. On a vu que l'arrêt de 1766 avait provoqué de nombreuses demandes de privilèges particuliers s'appliquant à la fabrication de la porcelaine dure. Hannong, il est vrai, fut forcé, cette année-là même, sur la demande de Boileau se plaignant qu'il débauchait les ouvriers de la Manufacture Royale, d'abandonner son établissement de Vincennes; mais sa fabrique persista, et sous la direction de Maurice des Aubiez, passa aux mains du comte de Laborde, déjà possesseur de la Manufacture de Vaux. Cette même manufacture ne craignit pas en 1769 d'entrer en lutte directe avec Sèvres, par l'autorisation que sollicita son propriétaire « de fabriquer de la sculpture en biscuit, peinte en couleurs variées « et ornée de filets d'or ». Boileau protesta avec énergie contre cette prétention, accusant, avec quelque raison peut-être, M. de Laborde de s'être procuré le secret des compositions de Sèvres, grâce à la trahison d'un compagnon de Macquer pendant son voyage à travers le Limousin. La demande de M. de Laborde ne fut pas accueillie, mais elle montre que, dès cette époque, la Manufacture de Vaux fabriquait de la porcelaine dure semblable à celle de Sèvres. Elle n'était pas la seule : à Orléans, à Paris même, au Gros-Caillou, à Niderviller, s'étaient établies avant 1770 des usines ayant pour objet la fabrication de la porcelaine kaolinique. D'autre part, des dérogations commencèrent alors à être admises au privilège de la Manufacture Royale, telles que l'autorisation accordée en 1769 à Cyfflé, le fabricant de Lunéville, de faire de la figure avec ce qu'il appelait « la pâte de marbre », à la seule condition que ses ouvrages continueraient à être vendus sous la dénomination de « terre-cuite ». En 1771, enfin, s'ouvrit à Limoges la manufacture de Grellet et Massié.

A dire vrai, l'arrêt de 1766 et la découverte du kaolin de Saint-Yrieix, en ouvrant un large champ d'action à l'industrie française, allaient peu à peu enlever toute valeur aux privilèges de la Manufacture Royale; et l'on peut, dès 1772, entrevoir les premiers actes de la lutte incessante qu'elle eut à soutenir jusqu'à la fin du XVIIIe siècle pour la défense de ses droits. Toutefois, il faut reconnaître qu'elle était à cette époque dans un état de singulière prospérité. Riche, malgré les malversations du caissier Schonen qui eut le tort de convertir en prescriptions une somme de 286 135 livres appartenant à l'établissement, elle fabriquait la plus belle porcelaine connue et elle possédait enfin la formule de la porcelaine orientale. Ses décorateurs, ses sculpteurs faisaient preuve d'un goût et d'une habileté incomparables. Il semblait qu'elle n'eût plus qu'à profiter de l'expérience acquise et à vivre sur sa réputation. Pourtant l'heure la plus brillante de son histoire s'achevait; l'incapacité, l'avidité de ses administrateurs, jointes aux éléments de décadence que l'on voit déjà apparaître, devaient bientôt la faire déchoir de la situation éminente qu'elle avait conquise.

Boileau mourut à la fin de 1772. Aussitôt son successeur Parent, chargé depuis longtemps dans les bureaux de M. Bertin de tout ce qui concernait la Manufacture, vint à Sèvres pour « la recherche et « perquisition des cahiers et papiers où sont transcrits les secrets et « procédés de la pâte de porcelaine et des couleurs fines et autres « achetées de différents particuliers, et transportés au dépôt des « Archives par le sieur Hellot et sous son cachet. Il devra, après « inventaire, les remettre audit dépôt, dans le coffre de fer à ce « destiné ». Cette besogne accomplie, Parent prit possession de son nouvel emploi.

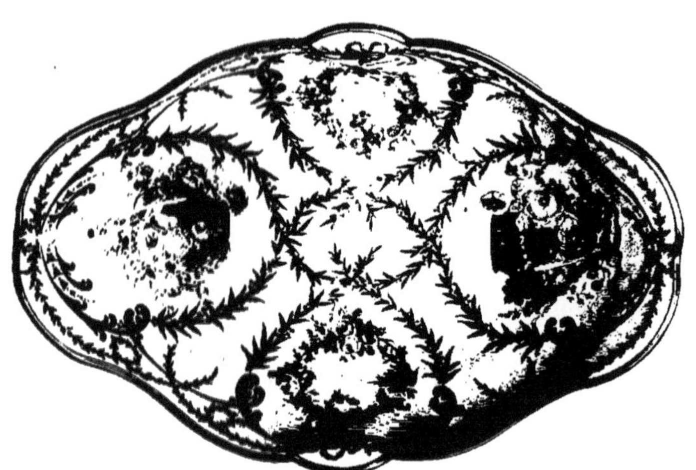

Cuvette en porcelaine dure. — Décor de Dubois (1777).
(Musée de Sèvres, n° 9568.)

IV

LA MANUFACTURE DE 1772 à 1789 : DIRECTIONS PARENT ET RÉGNIER. L'INFLUENCE DE D'ANGIVILLIERS

Parent, lorsqu'il fut appelé à la succession de Boileau, était dès longtemps au fait de l'administration de Sèvres par l'emploi de premier commis « chargé de tout le détail des affaires concernant la Manufacture » qu'il occupait dans les bureaux de Bertin. Il prit d'abord le titre d'Intendant avec des pouvoirs beaucoup plus étendus que ceux de son prédécesseur, puis, profitant de la confiance absolue que Bertin avait en lui, il fit accorder à son fils le poste de premier commis devenu vacant. Cet arrangement explique l'absolue liberté avec laquelle il put se livrer, pendant plusieurs années, à des malversations éhontées, sans qu'aucun avertissement ait été capable d'ouvrir les yeux du ministre sur l'infidélité de son agent.

Son administration se signala par un effroyable gaspillage dont il est même difficile de mesurer l'étendue, par suite de la suppression de toute comptabilité régulière qu'il imposa à la Manufacture. Pour opérer sans contrôle, il commença par éloigner tous les anciens employés dont la présence aurait pu le gêner, et il donna la place de caissier à un nommé Roger, très probablement fils de l'agent sous le nom duquel il se livrait à des affaires louches, jeune homme incapable à ce point de gérer une comptabilité qu'il ne put établir avant 1776 le compte de l'année 1773. Alors les dépenses du directeur se multiplièrent et, tandis que sous Boileau elles n'atteignaient pas 10 000 livres, elles en coûtèrent bientôt 100 000. Un des procédés les plus courants de Parent pour se créer des ressources illicites était d'inscrire sur les états mensuels de paiement le chiffre intégral du salaire de chaque ouvrier et d'en retrancher, à l'heure de la paye, la valeur des absences faites par celui-ci dans le mois échu. Avec de telles pratiques, si l'on considère que l'emploi d'Intendant représentait une trentaine de mille livres de revenus réguliers, on s'explique sans peine que Parent se soit trouvé à la tête d'une fortune mobilière considérable. Peut-être ses malversations auraient-elles pu se prolonger longtemps encore, s'il n'avait commis l'imprudence d'engager les fonds de la Manufacture dans des spéculations hasardeuses. Lorsqu'en 1778, on examina enfin sa gestion et celle du caissier Roger, ils furent accusés de faux, de banqueroute, de soustractions d'effets, incarcérés à la Bastille et reconnus solidairement redevables d'une somme de 247 000 livres qui manquait dans la caisse : depuis un an et demi, les artistes principaux, les chefs d'atelier, les fournisseurs n'avaient touché que de faibles acomptes !

Cela créait une situation singulièrement difficile à Régnier qui, contrôleur de la Manufacture depuis 1774, fut appelé à la direction le 20 décembre 1778. A côté de lui, Bertin nomma caissier un nommé Barrau, dont la mission première fut de faire rentrer au plus vite les fonds nécessaires au payement du personnel qui faisait entendre des plaintes de plus en plus vives.

Cette mauvaise gestion fut d'autant plus regrettable qu'à certains points de vue Parent fit œuvre utile. Ainsi l'on doit reconnaître l'heureuse impulsion qu'il donna à la Manufacture en organisant de façon définitive la fabrication de la pâte dure. Celle-ci, établie depuis trois ans déjà, s'était trouvée arrêtée dans son développe-

L'Éducation de l'Amour (H. 0.31). — Modèle de 1773.

ment par des difficultés d'ordres divers, provenant d'un côté des dépenses que devait entraîner l'installation d'ateliers nouveaux et, d'un autre côté, de l'incapacité des ouvriers de la pâte tendre à employer convenablement la nouvelle matière. Boileau, fatigué, malade, avait négligé de faire l'effort indispensable pour organiser la production courante de la pâte dure. Parent, dès son arrivée, vit que là était l'œuvre utile et profitable à entreprendre et, sans plus tarder, d'accord d'ailleurs avec les intentions manifestées par le Roi, il fit transformer divers locaux en ateliers où purent facilement prendre place 12 tourneurs et 40 répareurs, décuplant presque le personnel attaché à cette fabrication. Il utilisa une partie de la force motrice du moulin récemment installé à Sèvres pour préparer le kaolin et broyer les pâtes ; puis, afin de donner à cet élément

L'Autel Royal. Groupe allégorique du Couronnement de Louis XVI et Marie-Antoinette. Modèle de 1775 (Haut. 0,42). (Musée du Petit Trianon).

nouveau une importance plus grande encore, il groupa les ateliers de pâte dure en une manufacture presque indépendante, dont il confia la direction à Millot, chargé aussi, à partir de 1772, de la préparation de la pâte tendre qu'avait fournie sans interruption les Gravant depuis la fondation de Vincennes. A Bailly, « chef de la chimie », il demanda de déterminer la composition de couleurs appropriées à la décoration de la porcelaine dure. Aidé de ces concours éclairés, Parent se trouva bientôt à même d'établir une fabrication plus économique, plus sûre, et l'on peut le croire, lorsqu'il dit que dès 1773 la plus grande partie de la sculpture fut exécutée en porcelaine dure, « ce qui fit « une économie considérable de la pâte ancienne, à cause de la « perte des pièces qui n'a plus lieu avec la nouvelle, qui d'ailleurs « n'a pas besoin d'étays ». Toutefois cette organisation complète ne s'acheva pas sans entraîner de sérieuses dépenses d'aménagement d'abord, de personnel ensuite, car on n'hésita pas à faire venir des ouvriers d'Allemagne pour enseigner aux gens de Sèvres la manipulation de la pâte kaolinique. C'est à cette époque que la Manufacture compta le plus grand nombre d'ouvriers qu'elle ait jamais employés : tout près de 400, dont les deux tiers attachés à la fabrication de l'ancienne porcelaine tendre.

Au dehors, Parent fut contraint de reprendre, presque au lendemain de sa nomination, la lutte contre les manufactures particulières dont le nombre s'était singulièrement multiplié depuis la découverte des kaolins français. Une concurrence effrénée était faite à la Manufacture, principalement par quelques industriels qui avaient été assez habiles pour s'assurer la protection d'importants personnages de la Cour, et qui ne se gênaient nullement pour décorer la porcelaine en or et en couleurs variées. Pressé par la direction de Sèvres, le lieutenant de police de Sartines se décida alors à rappeler les fabricants au respect des prescriptions de 1766, mais son intervention fut d'autant moins efficace que les contrevenants trouvèrent en Necker un protecteur décidé et que Bertin lui-même sentit combien la défense trop rigoureuse du privilège de la Manufacture était en désaccord avec ses idées libérales. Pour motiver son intervention, il allégua le désir de mettre les entrepreneurs en garde contre leur propre imprudence et de leur éviter des mécomptes, leur laissant espérer une liberté sans réserves lorsque leur production aurait atteint un certain degré de perfection.

La concurrence d'ailleurs ne nuisait pas encore au développement de la Manufacture : à aucune époque peut-être elle ne reçut des commandes aussi importantes et n'eut à exécuter des travaux aussi somptueux que sous l'administration de Parent. Celui-ci, laissant à Bachelier la direction plus nominale qu'effective de la peinture, jugea nécessaire de charger un nouvel artiste de la conduite des sculpteurs que Falconet avait inspirée pendant dix ans. Boizot, élève de Michel-Ange Slotz, grand prix de Rome en 1762, âgé alors de trente ans, prit en mains cette partie de la direction artistique qu'il devait conserver jusqu'en 1802. Artiste habile, sans génie peut-être, mais capable de conceptions originales et gracieuses, il n'occupe pas dans l'art du XVIIIe siècle la place à laquelle il aurait droit. Cela tient en partie à ce que bon nombre de ses œuvres rentra dans la production anonyme de la Manufacture, et aussi à la facilité trop grande avec laquelle il s'adapta aux idées et aux goûts du moment, modelant tour à tour et avec une habileté égale de gracieuses girandoles dans l'esprit de Clodion ou des allégories compliquées comme la Raison terrassant l'Hydre de la Tyrannie.

Girandole Boizot. — Modèle de 1774.

Le style des décorations aussi bien que la forme des pièces commencèrent à se modifier à cette époque et se conformèrent de plus en plus au goût antique. Toutefois il y a lieu de noter combien, à ce point de vue, la Manufacture fut en retard sur l'ensemble des arts mineurs. Le style Louis XV y régnait encore en maître, et cela s'explique sans doute par la faible part d'influence que Parent laissa aux artistes du dehors, et surtout par le mode de recrutement des ateliers de Sèvres où il était d'usage constant de donner aux fils l'emploi occupé par leurs pères. Une des caractéristiques de la production de cette époque fut le développement donné à la fabrication des grands services de table. En 1773, les artistes de la maison venaient de terminer ceux de Mme du Barry et du prince de Rohan, et travaillaient, en dehors des commandes royales, à des services considérables commandés souvent par des étrangers, le duc de Spencer, le prince des Asturies, le marquis Felino. Ces services valaient en général de 12 à 20000 livres et presque tous étaient décorés de fleurs, de guirlandes, d'oiseaux, de dentelles en or, se détachant sur des fonds de couleur, détail qui révèle leur exécution en pâte tendre, car à ce moment les fonds de couleurs ne réussissaient que sur cette matière.

Le service le plus extraordinaire qui sortit alors de Sèvres est celui commandé en 1777, au nom de Catherine II de Russie, par son ambassadeur le prince Bariatinski, et composé de 744 pièces : il coûta à la Manufacture la somme vraiment énorme de 226124 livres et fut vendu 328188 livres. Chaque assiette revenait à 242 livres, les sucriers à 1410, les seaux à liqueur à 2236 livres. Toutes les formes avaient été établies spécialement, avec la préoccupation de revenir aux lignes simples de l'art antique. Quant aux décors, ils étaient composés de sujets mythologiques, peints dans des cartels réservés sur un fond bleu turquoise : au milieu, le chiffre de l'impératrice en fleurs naturelles, surmonté de la couronne impériale; sur les bords, des camées imitant la pierre représentaient des têtes antiques et alternaient avec de petits bas-reliefs en agathe-onyx enchâssés dans la porcelaine, pour la gravure desquels la Manufacture avait dû monter un atelier de lapidairerie complet; enfin l'espace laissé libre entre les imitations de camées et les pierres était occupé par une frise d'or dont le motif était emprunté au théâtre de Marcellus à Rome. Selon la coutume d'alors, ce service de table était complété par un certain nombre de pièces de sculpture, comprenant toutes les dernières créations de la Manufacture. Un seul groupe fut fait spécialement pour servir de motif central au surtout ainsi constitué : il eut pour sujet « les Arts et les Sciences présentant leurs hommages à l'Impératrice de Russie », sous la forme de figures symboliques entourant le buste de Catherine II. L'esquisse en avait été donnée par Boizot, dont Le Riche et son atelier traduisirent fidèlement la conception tout imprégnée d'esprit classique.

Quant aux pièces d'ornement, aux vases[1] notamment, le nombre des formes nouvelles fut très restreint à cette époque : la raison en est probablement dans la disparition en 1774 de l'orfèvre Duplessis, qui depuis trente ans avait exécuté presque tous les modèles nouveaux de ce genre. Là aussi il faut noter la part de plus en plus considérable faite à l'imitation de l'antique. Ainsi, dans une lettre de 1773, Parent indique qu'il fait exécuter douze vases nouveaux, dont quelques-uns sur des dessins choisis dans ce « que l'antique a de plus élégant », et à cette date Boizot composait des vases ornés de bas-reliefs d'un sentiment délicat. Les sujets de peintures se modifièrent suivant une évolution identique, et aux pastorales de Boucher, aux sujets militaires et aux marines, on vit alors succéder les scènes mythologiques. Enfin les portraits devinrent un motif d'ornementation chaque jour plus fréquent. D'ailleurs l'habitude, fâcheuse en son principe, d'employer la porcelaine comme un simple support pour une peinture se développa singulièrement à cette époque et les sujets reproduits sur plaques devinrent d'une diversité infinie :

[1] Les pièces exécutées en pâte dure reçurent depuis cette époque une marque un peu différente de celle des pièces en pâte tendre ; les deux L entrelacées surmontées de la couronne royale.

tableaux de fleurs, natures mortes, scènes à personnages, comme « l'Empereur de la Chine », ou encore copies d'œuvres connues, tel « le Concert du Grand Seigneur » dont on décora une table vendue 3000 livres en 1775. Dans le même genre, un des objets les plus curieux qui sortirent alors de Sèvres dut être la boîte montée en or, sur laquelle avaient été peints tous les portraits de la famille royale, boîte qui figure au compte du Roi pour une somme de 2 800 livres.

La sculpture reçut, elle aussi, grâce au perfectionnement de la fabrication de la pâte dure, des applications extrêmement variées, et pour la première fois il devint possible d'établir des pièces de grandes dimensions. Antérieurement au motif central du service de Catherine II dont nous avons parlé, on avait vu paraître plusieurs surtouts de caractères très différents, au premier rang desquels il faut citer cet ensemble d'un si bel effet décoratif, le *Triomphe de Bacchus*, qui est demeuré aujourd'hui encore un objet de fabrication courante. On manque de renseignements précis sur l'auteur de cette œuvre gracieuse qui comporte un groupe principal, deux groupes de côté et huit personnages isolés, mais le style des figures comme la beauté de la composition permettent de croire que les modèles en furent donnés par Pigalle. Boizot en effet semble s'être moins régulièrement que Falconet astreint à fournir lui-même la maquette de tous les ouvrages qui s'exécutaient alors, et fréquemment il laissa les sculpteurs de Sèvres reproduire les modèles de ses confrères ou s'inspirer de compositions des peintres contemporains. C'est ainsi qu'on exécuta l'*Amour* d'après Van Loo, l'*Enfant à la cage* de Pigalle, enfin l'important surtout dit des *Chasses* d'après Oudry, comprenant la *Chasse au Cerf*, la *Chasse au Loup* et la *Chasse au sanglier*.

Parmi les œuvres diverses qui virent le jour entre 1773 et 1778, il est intéressant de discerner les influences qui s'exerçaient concurremment alors sur les artistes de la Manufacture. La sensibilité

Cassolette du service de Catherine II, impératrice de Russie (1777).
Porcelaine tendre. Fond bleu turquoise. (Musée Wallace.)

à la mode, qui devait nécessairement se retrouver dans l'art délicat et un peu mièvre du biscuit, se manifesta par des groupes comme la *Fête des Bonnes Gens* ou le *Couronnement de la Rosière* (1775), en même temps que les tendances, si accentuées déjà dans tout ce qui touchait à la décoration intérieure, vers l'imitation des formes de l'art romain trouvait son expression dans des compositions — les plus parfaites sans doute de cette période — comme l'*Amour porté par les Grâces, Bacchus porté par les Bacchantes, Jupiter et Léda,* l'*Autel de l'Amour,* l'*Autel de l'Hymen,* ou encore les *Nymphes* et les *Girandoles* de Boizot. C'est dans ce genre, croyons-nous, qu'il faut chercher l'inspiration personnelle de Boizot à cette époque, bien plutôt que dans les œuvres d'un caractère intime, où l'on verrait volontiers la suite des séries de personnages familiers, créés autrefois à l'imitation de Boucher ou sous la direction de Falconet. Pour ceux-là, que ce soient de petits groupes comme la *Toilette*, le *Déjeuner,* la *Nourrice*, ou des gens de métier comme le *Marchand de colifichets,* on peut penser que beaucoup sortirent des mains de Le Riche, cet artiste trop peu connu dont les comptes d'alors nous montrent le véritable rôle comme premier modeleur.

Boizot fut appelé peu de temps après son arrivée à Sèvres à composer un groupe de dimensions moyennes, destiné à commémorer le couronnement de Louis XVI : c'est le groupe de l'*Autel Royal* dans lequel il représenta le Roi et la Reine unissant leurs mains sur un globe orné de trois fleurs de lis royales et posé lui-même sur un autel où se lisent gravés les mots : « Au bonheur public ». On n'exécuta qu'un très petit nombre d'exemplaires de cette œuvre, trois ou quatre semble-t-il, et pour cela il faut nous féliciter d'en retrouver un absolument intact dans le salon de musique du Petit Trianon. C'est une composition simple, qui ne manque point de grandeur et qui donne, malgré ses dimensions restreintes, des effigies intéressantes du Roi et de la Reine à l'époque de leur couronnement[1].

[1] On a longtemps donné pour titre à ce groupe « L'Allégorie du mariage de Louis XVI

Modèles originaux en terre-cuite) de biscuits du XVIIIe siècle.
La Nourrice (1775). — Faune et bacchante (1773). — Les Enfants à la panthère (1754).
Surtout de Bacchus (1773-1774).
Les Cymbales. — Le Triomphe de Bacchus. — Le Tambourin.
L'Amour couronnant la Fidélité (1787). — Le Triomphe de la Beauté (1777).
L'Enfant au scarabée (1785). — Les Enfants aux cornes d'abondance (1773). — La Blanchisseuse (1756). (Musée de Sèvres.)

et de Marie-Antoinette » et il a été parfois reproduit avec cette désignation erronée : l'époque à laquelle il parut, aussi bien que le fait pour les personnages de porter la couronne royale, aurait dû suffire à lui conserver son titre ancien (voir figure page 85).

La Manufacture aurait, en fait, été loin d'un état précaire au moment où furent découvertes les malversations de Parent et Roger, si d'autres causes n'avaient singulièrement accru le malaise dont elle souffrait. Les ventes en effet avaient suivi une progression constante et étaient passées de 500 000 livres en 1772 à 780 000 en 1778; mais l'argent rentrait fort mal alors et la gestion de Parent avait eu par surcroît ce défaut de ne jamais proportionner les dépenses aux recettes. Parent avait multiplié les travaux extraordinaires, doublé la production de la sculpture qui, coûtant 50 000 livres par an, n'en rapportait cependant pas la moitié, et ainsi avait encombré les magasins de Sèvres de marchandises représentant une valeur supérieure à un million. Bertin entreprit, avec le concours de Régnier, de donner à la Manufacture une meilleure orientation et, tout d'abord, il fit renouveler par un arrêt, daté de 1779, la défense faite aux fabriques particulières de vendre les ouvrages réservés à la Manufacture du Roi. Le Directeur reçut l'autorisation de faire procéder à toutes les visites et saisies qu'il croirait nécessaires. Quelques poursuites furent effectivement engagées contre ceux qui violaient d'une façon trop apparente le privilège de Sèvres, poursuites qui aboutirent à la condamnation de Catrice et Barbé, deux peintres de la Manufacture établis l'un à Saint-Cloud, l'autre à Paris, qui décoraient la porcelaine par tous les procédés interdits. On apprit à l'occasion de leur procès que dès cette époque les fabricants n'hésitaient point à acheter à Sèvres des pièces blanches et à les couvrir d'ornements en or ou en couleurs, allant même jusqu'à contrefaire les deux L entrelacées, marque de la Manufacture Royale. Mais, dans l'application, l'arrêt de 1779 ne fut pas plus efficace que les précédents, par ce fait que la lutte était presque impossible contre les fabriques parisiennes qui toutes avaient pris soin de se placer sous la protection d'un grand seigneur : la fabrique de la rue Thiroux s'appelait Manufacture de la Reine, celle de Clignancourt était la Manufacture de Monsieur, celle de Sceaux portait le titre de Manufacture du duc de Penthièvre.

D'ailleurs les idées régnantes étaient de moins en moins favorables aux privilèges industriels et l'on ne savait plus guère quels motifs invoquer pour leur maintien. Bertin lui-même reconnaissait qu'il était « juste et convenable de laisser Sceaux travailler en couleurs « à cause de son antériorité; cela annoncera, disait-il, à toutes les « autres qu'on leur accordera des permissions semblables lorsqu'elles « se seront soutenues un temps convenable en fabriquant des ouvrages « en bleu, blanc et camayeu, et des choses usuelles ». Dès l'instant où le Commissaire du Roi près la Manufacture admettait des exceptions au privilège de la maison, il devenait singulièrement difficile d'en requérir l'application rigoureuse lorsque cela devenait nécessaire, et cette indulgence ne fut peut-être pas étrangère à la décision que prit le Roi de retirer à Bertin la direction de la Manufacture, pour la confier à d'Angivilliers, directeur général des bâtiments. Cette mesure fut prise le 24 septembre 1780 : pendant les douze années qui s'écoulèrent jusqu'à la chute de la royauté, d'Angivilliers demeura le grand maître de la Manufacture Royale et parvint à lui rendre un incontestable éclat, grâce à une administration régulière et à une orientation nouvelle de la production artistique. Il fut pendant ce temps remarquablement secondé par le premier commis du service des Bâtiments, M. de Montucla, voyant tout par lui-même, inspirant les recherches qu'il jugeait utiles, examinant le détail des ventes ou des commandes aussi bien que la conduite des travaux : on peut dire qu'au cours de cette période, pas un ouvrier ne fut engagé, pas une œuvre ne fut exécutée sans qu'il en ait été averti ou sans qu'il eût fourni son opinion sur le projet.

Dès 1780, M. d'Angivilliers inaugura un sévère régime d'économies qui lui permit de combler en moins de trois années le déficit laissé par la gestion de Parent et de Roger. Il eut à cela d'autant plus de mérite que, à partir de 1778, la pénurie du Trésor contraignit le Roi à supprimer l'allocation annuelle de 96 000 livres qu'il versait à sa Manufacture depuis 1760. Pour atteindre son but, il diminua notablement le nombre des ouvriers — trois ans après son arrivée le personnel ne comprenait plus que 274 membres. Dans ce travail de relèvement financier, il fut aidé par le caissier Barrau qui, nommé en même temps que lui, s'employa à faire tout d'abord rentrer le plus d'argent possible sur les ventes à crédit des années écoulées.

D'Angivilliers s'efforça de tirer le meilleur parti du personnel dont il disposait : et à ce sujet son attention se porta tout d'abord sur la direction artistique de la Manufacture. Nous avons déjà signalé que, sous Parent, l'autorité de Bachelier et de Boizot s'était peu à peu singulièrement amoindrie : ils pouvaient alors paraître assez inutiles pour que d'Angivilliers ait hésité à les conserver. Sa décision, il est vrai, fut favorable à leur maintien; mais il exigea d'eux une présence absolument régulière à Sèvres chaque lundi, entre huit heures du matin et sept heures du soir, et il spécifia que l'un et l'autre auraient à fournir par an 25 modèles pour lesquels ils recevraient une somme de 600 livres. Afin de rétablir leur autorité, il avertit les peintres et sculpteurs de la Manufacture d'avoir à se conformer d'une façon absolue à la direction des deux artistes qu'il leur donnait comme chefs, et sans l'approbation desquels il n'admettrait plus la mise en train d'aucun ouvrage important. Une de ses plus grandes préoccupations dans la suite fut d'orner les ateliers de modèles fréquemment renouvelés, et dans ce but Bachelier fut appelé plusieurs fois à fournir des études pour remplacer les compositions démodées et les estampes dont on se servait depuis trop longtemps. Un souci du même ordre le conduisit à adjoindre à Bachelier un artiste plus jeune, de tendances mieux adaptées aux aspirations de l'époque : Lagrenée le jeune, professeur à l'Académie, fut désigné pour cet emploi en 1785 et ses avis semblent avoir eu dès lors une sérieuse valeur. La même année, d'Angivilliers fit encore l'acquisition pour la Manufacture d'un lot considérable de peintures, d'esquisses, de croquis de Desportes,

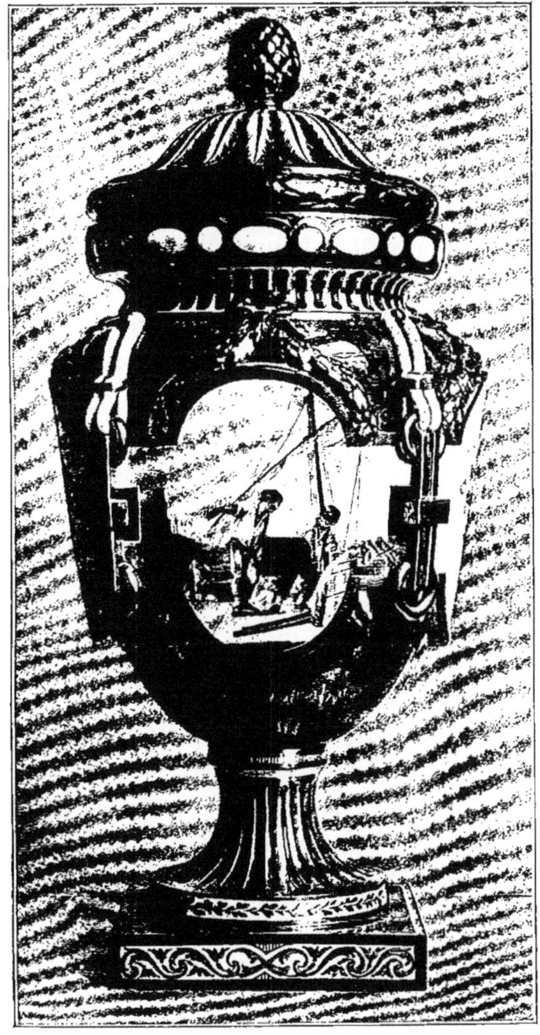

Vase à quatre cartels, à fond bleu et œil-de-perdrix. — Sujets de marine.
Porcelaine tendre, 1775. (Musée Wallace.)

parmi lesquels Bachelier choisit les pièces qui pouvaient être mises le plus utilement sous les yeux des artistes de la Manufacture[1]. En 1786 enfin, il fit déposer dans l'établissement de Sèvres une partie des vases étrusques recueillis par Denon et achetés au nom du Roi, avec la pensée que certaines formes pourraient être employées avec profit par les artistes.

Dans un autre ordre d'idées, d'Angivilliers considéra, comme une des œuvres les plus urgentes à entreprendre, la codification des procédés employés à la Manufacture. Il en chargea tout d'abord les académiciens-chimistes Macquer et de Montigny, mais ceux-ci étant morts, l'un en 1782, l'autre en 1784, cette besogne se trouva confiée à leurs successeurs Darcet, Cadet et Desmarets, tous trois membres de l'Académie des Sciences. Il semble bien que l'influence du premier ne fut pas étrangère, — non plus que celle d'Hettlinger, nommé en 1784 inspecteur et adjoint au Directeur[2], — à l'acquisition par la Manufacture de Sèvres de la fabrique de porcelaine dure fondée en 1784 à Limoges par Grellet et Massié. On fut amené à cette opération, désastreuse dans la suite, par l'espoir d'organiser la fabrication des pâtes à proximité des carrières de kaolin, de profiter aussi du bas prix de la main-d'œuvre en province pour fabriquer des pièces blanches qui auraient reçu seulement un décor à Sèvres, de s'assurer enfin la propriété de certaines carrières appartenant à Massié et Grellet. Darcet fut chargé de prendre possession au nom du Roi de leur installation qui fut payée comptant 142000 livres, et d'organiser la production en conformité avec le but poursuivi. Mais l'exploitation, au lieu de donner les bénéfices que l'on avait escomptés, accusa dès le début un déficit inquiétant : au bout de deux ans, les carrières, constituant l'intérêt principal et la raison d'être de l'acquisition,

[1] Cette série si importante d'œuvres de Desportes est encore aujourd'hui à Sèvres et nous aurons l'occasion d'en parler en décrivant les collections artistiques de la maison.

[2] Hettlinger, né en 1734, était de nationalité suisse. Chirurgien de son état, il s'intéressa à la géologie et devint directeur des mines de cuivre de Baygorry, en Navarre : il occupait cet emploi lorsque d'Angivilliers l'appela à Sèvres.

se trouvèrent épuisées, tandis que la plupart des fabricants français ou étrangers qui auparavant achetaient leur kaolin chez Grellet cessaient de s'adresser à l'entreprise devenue royale. Quant aux pièces fabriquées, elles parurent, après examen, de qualité si médiocre que jamais on ne put les utiliser à Sèvres! Malgré tous les efforts, la Manufacture de Limoges ne se releva jamais et créa de multiples difficultés

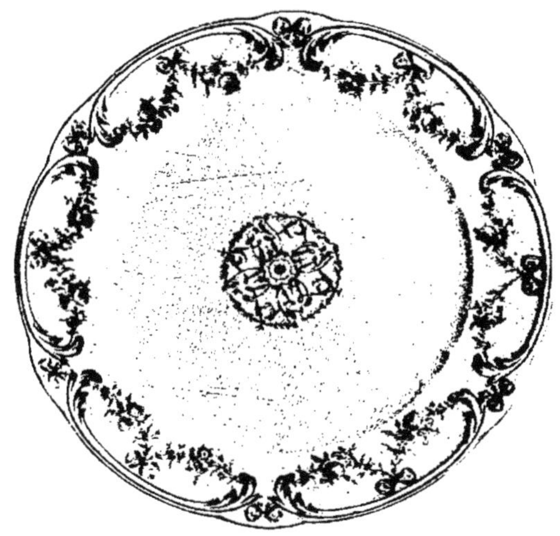

Assiette en porcelaine tendre à décor polychrome (1786).

à celle dont elle devait en principe faciliter les opérations : à l'époque de la Révolution, d'Angivilliers regrettait encore amèrement cette spéculation malheureuse qui avait coûté à la Manufacture royale plus de 200 000 livres.

Si l'on examine les œuvres sorties de Sèvres entre 1780 et 1790, l'esprit d'initiative et l'intervention journalière du Directeur général des Bâtiments apparaissent d'une façon aussi caractérisée que dans la direction administrative. L'une des plus curieuses tentatives de ce temps fut certainement celle qui eut pour point de départ le désir de frapper les esprits par la fabrication de pièces de dimensions inusitées. En 1783, en effet, d'Angivilliers invita les artistes de Sèvres à étudier, en vue de la prochaine exposition de Versailles, la fabrication d'un vase de proportions considérables : et c'est à la suite de ce concours que fut exécuté le vase de Médicis orné de bronzes de Thomire, qui figure aujourd'hui encore au Musée du Louvre. La forme et la décoration de cette pièce de deux mètres de haut furent étudiées par Boizot qui fit adopter un projet de vase à fond bleu, orné d'un large bas-relief circulaire en biscuit, représentant d'un côté Diane et ses suivantes s'exerçant à l'arc, de l'autre Diane surprise par Actéon, et complété par deux figures de bronze formant anses et soutenant des guirlandes de fleurs. Boizot se réserva l'exécution de la frise et des figures, et c'est à l'occasion de la fonte de ces dernières que Thomire, déjà connu par la ciselure de certains bronzes de Houdon, fut introduit à la Manufacture où il devait bientôt être chargé, par suite de la mort du fondeur Duplessis, de tous les travaux du même genre. La réussite de cette pièce fut l'événement important de la vie de la Manufacture à cette époque, et l'intérêt qu'y attachait d'Angivilliers se révèle par les nombreuses lettres qu'il échangea en 1783 avec Régnier au sujet du « grand vase ». Malgré toutes les difficultés de fabrication auxquelles on se heurta, il fut en état de figurer à l'exposition de fin d'année dont il constitua le principal attrait : son pendant fut terminé l'année suivante. Mais on dut s'arrêter dans cette voie, car de telles pièces revenaient à des prix énormes, moins encore par le coût de la porcelaine que par celui des bronzes : pour les deux vases, la note de Thomire s'éleva à 107 703 livres, et cette dette de l'année 1784 pesa lourdement, elle aussi, sur les finances de la maison qui n'acheva de s'acquitter envers le ciseleur que vingt ans après, en 1805. Du moins, les grands vases eurent cet avantage de déterminer la composition d'une pâte nouvelle que l'on obtint par l'addition à la pâte dure ordinaire d'une certaine quantité de terre de Dreux et de kaolin passés au feu de dégourdi.

Au nombre des créations dues à l'initiative personnelle de d'Angivilliers, il faut encore citer les réductions qu'il fit exécuter à Sèvres des statues de grands hommes dont la commande se poursuivait à raison de quatre par année depuis 1777. Dans les contrats passés avec les sculpteurs, d'Angivilliers avait en effet stipulé que chacun d'eux serait tenu de fournir un modèle réduit de son œuvre, pour lequel il recevrait 1 000 livres de la Manufacture ; grâce à ce procédé, quatorze figures avaient été exécutées avant 1784 [1] et étaient mises en vente au prix de 600 livres. Chose curieuse, malgré l'intérêt que devait susciter cette série d'œuvres remarquables, elles ne furent l'objet que d'une curiosité vite satisfaite et l'on n'en vendit pour ainsi dire aucune à ce moment-là, bien que leur prix ait été abaissé à 300 livres. Au commencement du XIXe siècle, au contraire, elles furent très justement appréciées et devinrent de fabrication courante.

Par d'autres œuvres la Manufacture participa alors à tous les événements qui marquèrent une date dans la vie de la Cour. Louis XVI manifesta toujours un goût très vif pour les produits de Sèvres et l'on sait qu'aux expositions qui avaient lieu au moment de Noël dans ses appartements de Versailles, il aimait à se faire le vendeur des produits de sa Manufacture. D'Angivilliers, avec son habileté coutumière, ne manqua d'ailleurs jamais d'entretenir ce goût par des attentions de nature à toucher le cœur du monarque. Ainsi, en 1781, à l'occasion de la naissance du Dauphin, Pajou reçut la commande d'une allégorie destinée à être reproduite en biscuit et dont le sujet était *Vénus sortant de l'onde apportant un Dauphin à la France*. L'exécution de cette œuvre, dans laquelle l'artiste sut éviter la banalité trop fréquente des commandes officielles, dut être retardée, par ce que Pajou avait donné à la déesse les traits de la

[1] C'étaient celles de Corneille et Molière (Caffieri) ; Pascal, Descartes, Bossuet, Turenne (Pajou) ; d'Aguesseau (Berruer) ; Montausier et Sully (de Mouchy) ; L'Hopital (Goix) ; Fénelon (Le Comte) ; Montesquieu (Clodion) ; Tourville (Houdon) ; Vauban (Bridan).

Reine : celle-ci, avertie, demanda une modification grâce à laquelle cette œuvre charmante nous a été conservée sous deux aspects différents. En 1785, lors de la naissance du duc de Normandie, Boizot à son tour composa un groupe représentant *la Monarchie française sur laquelle le Génie de la fécondité place un troisième rejeton*. Pour son hommage personnel à la Reine, d'Angivilliers fit décorer à cette occasion un gobelet orné d'un cartel où figuraient les armes du Dauphin et la couronne royale, entourées par un serpent qui se mord la queue, symbole de l'éternité. Le présent de la Manufacture fut complété par deux pièces dont la décoration avait été demandée l'une à Bachelier, l'autre à Lagrenée. Le premier choisit pour sujets *les Parques filant les heureux jours de l'enfant* et *Thétis plongeant son fils dans les eaux du Styx;* quant à Lagrenée, il peignit sur une écuelle des *figures symbolisant le bonheur de la France*.

Allégorie de la naissance du Dauphin.
Modèle de Pajou. (1781). (H. 0,40).

De plus en plus, d'ailleurs, la Manufacture fut chargée de reproduire l'effigie des princes de la famille royale et des monarques amis ou hôtes de la France à cette époque. Boizot en 1785 modela deux bustes nouveaux du Roi et de la Reine ; peu de temps auparavant avaient paru *Madame Royale jouant sur son coussin*, le groupe de *Monseigneur et Mademoiselle*, les *bustes du Comte et de la Comtesse du Nord*, et enfin la spirituelle *statue équestre du roi de Prusse* dont un exemplaire — sans doute celui vendu 960 livres à Louis XVI en 1784 — est précieusement conservé au Musée de Versailles.

Comme décorations peintes, la Manufacture entreprit encore quelques grands services, dont les plus importants furent celui destiné au Roi — chaque assiette coûtait 480 livres[1] —, et celui, commandé par la Reine en 1784, qui prit le nom de service « Arabesque » : l'architecte Masson en avait établi le dessin d'après les ornements des fresques de Raphaël ; on y travailla avec ardeur, mais il ne semble pas qu'il ait été complètement terminé dès ce moment. De cette époque datent aussi les pièces composées pour l'ameublement des laiteries de Trianon et de Rambouillet et conçues dans le style pompéien.

Tasse décorée d'émaux, par Cotteau. Porcelaine tendre (1783). (Musée de Sèvres, n° 8999.)

Il semble que les artistes de Sèvres résistèrent parfois à cette modification absolue de la décoration qu'on leur imposa alors : « Je « sais, écrivait d'Angivilliers à Régnier, que vous n'avez pas encore « le goût étrusque et que je vous parais un peu barbare, mais il

[1] La décoration de ce service était entièrement formée de sujets empruntés à la mythologie : au fond de chaque assiette était peinte une scène principale, tandis que quatre cartels réservés dans le marli à fond bleu donnaient encore place à de petites compositions.

En 1790, le service du Roi ne comprenait encore que 42 assiettes, 10 seaux à verre, autant de compotiers, 14 tasses et dix salières. Le soin de décorer ces pièces n'avait été confié qu'aux meilleurs artistes de la maison, qui ne livrèrent jamais plus de six assiettes chaque année.

« faudra bien que nous nous y accoutumions tous... », faisant allusion au goût du Roi pour l'art antique. Et c'est sans doute le désir de faire pénétrer cet esprit nouveau dans les ateliers de Sèvres qui valut à Lagrenée la situation prépondérante qu'il ne tarda pas à occuper à la Manufacture. Celle-ci avait terminé en 1782 une des pièces les plus curieuses qu'elle ait produites : la toilette offerte au cours d'une visite à Sèvres, le 13 juin, à Marie Feodorovna, femme de celui qui devint plus tard Paul Ier de Russie. Ce magnifique présent de Marie-Antoinette comportait comme pièce principale un grand miroir, supporté par des figures allégoriques dues à Boizot, et garni de montures d'or ainsi que les moindres ustensiles qui avaient été dessinés spécialement. Le parti général de la décoration consistait en des cartels ornés de figures « étrusques » ; mais la grande nouveauté de cette somptueuse toilette résidait dans l'emploi des émaux sur or qui entraient dans son ornementation. Depuis 1780 l'émailleur Cotteau[1], reprenant un procédé en usage à l'ancienne manufacture de Saint-Cloud, était parvenu à fixer sur la porcelaine des gouttelettes d'émaux colorés supportées par des paillons d'or. Les quelques pièces qu'il avait produites avaient eu un grand succès et on jugea convenable de lui donner une part dans la décoration de la toilette de la comtesse du Nord. Le prix de cette pièce merveilleuse dépassa tout ce que l'on avait fait jusqu'alors, car elle figure au compte du Roi pour 75 000 livres : les sommes déboursées par la Manufacture avaient atteint 5 532 livres pour le miroir, plus de 3 000 pour la cuvette seule...

D'autres présents considérables de porcelaines furent faits à cette époque, au prince Henri de Prusse en 1784, aux ambassadeurs de

[1] Cotteau reçut en 1780 la somme de 1 817 livres, sans doute en paiement des deux vases « en émaux » qui furent livrés à la Reine la même année ; ses travaux montèrent à 2 794 livres en 1781, à 16 000 livres en 1782, à 4 520 livres en 1784. Il sollicita son admission définitive à la Manufacture, mais ne fut pas agréé, d'autres peintres de la maison étant parvenus à exécuter avec succès des travaux de même nature que les siens.

Tippoo-Saïb en 1788 : pour le présent remis à ce dernier, on s'appliqua à fabriquer des pièces rappelant certaines formes de vases indiens, dont le modèle fut emprunté au cabinet d'un amateur. Il est à noter d'ailleurs que les directeurs d'art de la Manu-

Plaque de la série des « Chasses du Roi », d'après Oudry. — Peinture d'Asselin sur porcelaine tendre (1781). Haut. 0,395, Larg. 0,495. (Musée de Sèvres, n° 13021.)

facture manifestaient alors un souci d'exactitude bien différent de la fantaisie qui avait jusque-là caractérisé les décorations céramiques ; ainsi, aux oiseaux un peu conventionnels que l'on peignait depuis quarante ans sur les services de table, les artistes substituèrent la copie exacte des oiseaux représentés dans les ouvrages de Buffon et reproduisirent constamment entre 1782 et 1798 le « service de Buffon ».

Si cette époque fut celle des grandes décorations destinées à la table, elle pourrait également être caractérisée par le développement donné à la peinture, sur plaques de porcelaine, de sujets empruntés aux artistes célèbres. Seule la pâte tendre se prêtait à cet usage, car on était encore loin de posséder la palette de pâte dure qui ne fut définitivement établie que sous Brongniart : les compositions était donc de dimensions restreintes et il semble bien que les spécimens les plus parfaits de ce genre soient les neuf plaques, dont les plus grandes mesurent $0^{m},50 \times 0^{m},40$, qui constituent la série des « Chasses du Roi », exécutée de 1779 à 1781 pour la salle à manger des petits appartements de Versailles, d'après les cartons qu'Oudry avait fournis aux Gobelins. Les meilleurs artistes de la Manufacture y travaillèrent pendant deux années et parvinrent à créer un ensemble harmonieux que l'on peut retrouver aujourd'hui à la place même pour laquelle il a été conçu, puisque M. de Nolhac a eu la bonne fortune de pouvoir, après un siècle d'oubli, les exposer dans leur cadre primitif. Elles sont d'une exécution très soignée, toute différente de la manière mesquine et presque trop parfaite des copistes habiles qui se livrèrent à des travaux du même genre, sur pâte dure, au début du XIXe siècle. L'emprunt de modèles aux Gobelins était d'ailleurs fréquent à cette époque : ainsi, en 1784, la Manufacture employa dans ces conditions quatre tableaux de Van Loo, représentant des scènes de la vie du sérail ; en 1785, c'est dans les collections royales que Bachelier choisit, pour être copiés sur plaques, le tableau de Boucher « Renaud et Armide » et celui de Brenet « les Honneurs funèbres rendus à du Gueselin ».

Quant à la sculpture, sans entrer dans le détail des œuvres de plus en plus nombreuses que produisit la Manufacture à partir de 1780, on peut discerner facilement l'orientation que d'Angivillers, toujours soucieux de se conformer aux aspirations de son temps, donna aux sculpteurs de Sèvres et à Boizot en particulier. Les sujets mythologiques occupèrent la première place, et c'est dans ce genre que l'on rencontre les groupes les plus importants, chargés de nombreux personnages, et dont la valeur atteignait souvent 600 livres : parmi ces sujets, il suffit de citer le *Jugement de Pâris*, la *Toilette de Vénus*, *Diane et Endymion*, la *Naissance de Bacchus*, *Apollon et Daphné*, l'*Enlèvement de Proserpine*, l'*Enfance de Silène*. Beaucoup de figures isolées, d'un style élégant, un peu mièvre parfois, accusaient encore, par les souvenirs de l'antiquité qu'elles évoquaient, la formule dominante : la *Santé*, la *Fidélité*, la *Sagesse*, la *Beauté*, les *Muses*, eurent alors un extraordinaire succès. Les pastorales de jadis par contre avaient presque entièrement disparu de la fabrication courante, et avec elles cet art d'une grâce unique qui donnait tant de charme aux groupes délicats de 1760 ; ou du moins elles affectèrent une forme différente et s'adaptèrent, elles aussi, au goût régnant : il n'était plus question de bergers, ni de bergères, mais de l'*Amour conduit par la folie*, de l'*Amour esclave de la beauté*, de l'*Hyménée*... représentés par des personnages vêtus à la romaine. A côté de cela, un certain nombre de pièces se rattachant à la vie contemporaine figurèrent des scènes inspirées souvent par la littérature sentimentale : la *Fête des bonnes gens* où l'on voit couronner un vieillard entouré de sa famille, la *Rosière de Salency*, sont des sujets caractéristiques de cette manière. D'autre part le théâtre donna l'occasion de modeler des personnages représentant les acteurs célèbres dans leurs meilleurs rôles : la *Thalie*, qui parut en 1786, reproduisait les traits de Mlle Contat, le *Figaro*, le *Crispin*, ceux de l'acteur Volanges. En dehors des portraits, quelques

L'enfance du Silène. — Modèle de 1788. (H. 0,35).

œuvres nous ont d'ailleurs conservé le souvenir des succès de la scène à ce moment, et la *Belle Provençale* rappelle la pièce du même nom jouée en 1778, tandis que les groupes de *Persée et d'Andromède*, d'*Iphigénie en Tauride* consacrent le succès des opéras de Lulli et de

Groupe du Ballon. — Modèle de 1786. (H. 0,40).

Gluck. Enfin, à côté de quelques personnages grotesques comme *Eustache Pointu*, le *docteur Fagon* ou le *capitaine Laroche*, chef des basses-cours royales, on vit reparaître des figurines de gens de métier, semblables à celles composées quarante années plus tôt par Boucher. Cela fut fait sur les indications de d'Angivillers lui-même qui a exposé son idée dans une lettre commandant en octobre 1788 le *Marchand de tisane* : « Je voudrais, disait-il, que vous fissiez faire à

« la M^re une petite bambochade dans la proportion des figures de « cheminée ; c'est un de ces vendeurs de tisane *à la fraîche qui veut « boire,* qui la portent sur leur dos avec un gobelet qui pend à « une petite chaîne. Je voudrais que cela fût fait pour les étrennes. « Ils ont quelquefois une petite lanterne à leur bonnet sur la tête. « M. Boizot pourrait faire un autre cri de Paris pour pendant avec « celui-là... »

Ainsi le Directeur des bâtiments ne cessait de s'intéresser de toutes les façons aux destinées artistiques de la maison qu'il avait entrepris de régénérer : aucun détail ne lui apparaissait trop mesquin pour mériter son attention, et c'est sans aucun doute à lui que l'on doit les grandes et belles choses qui furent faites à Sèvres à cette époque. Là ne s'arrêtèrent point les services qu'il s'efforça de rendre à la Manufacture, et son rôle fut aussi actif dans la lutte que l'établissement eut encore à soutenir contre les fabriques particulières. Il eut le sentiment très net de la résistance générale qu'il rencontrerait, s'il prétendait rétablir le privilège de la Manufacture dans son intégralité, et son ambition fut de lui conserver une place prépondérante dans l'industrie, moins par de nouvelles prohibitions contre ses rivales que par une supériorité artistique incontestable.

Les contrôleurs généraux des finances s'étaient depuis longtemps déclarés hostiles au privilège exclusif de Sèvres et répondaient mollement aux demandes de poursuites que, de temps en temps, le directeur Régnier sollicitait d'eux à l'égard de contrefacteurs trop audacieux. En 1782, Joly de Fleury alla plus loin et, dans une affaire de cette nature, fit savoir qu'il était nettement opposé au maintien de tout privilège, que d'ailleurs diverses autorisations particulières avaient déjà été données à des fabriques et invoqua, à l'appui de sa thèse, les récentes décisions royales par lesquelles avaient été abolis un grand nombre de privilèges. Il n'y a donc pas lieu de s'étonner que l'arrêt rendu deux ans après — le 16 mai 1784 — ait été, malgré sa forme prohibitive, considéré comme un succès par les détracteurs de Sèvres. Cette décision, après avoir dans ses premiers articles consacré à nouveau le principe du privilège, lui portait ensuite une atteinte grave en donnant aux particuliers l'autorisation de faire « tous objets « du genre moyen destinés à l'usage de la table, d'y appliquer de « l'or en bordure et de les peindre de fleurs nuancées de toutes cou- « leurs ». La seule mesure favorable à Sèvres que contînt l'arrêt était l'obligation imposée à tous les entrepreneurs, ceux de Sceaux et Chantilly exceptés, de transporter leur établissement à quinze lieues au moins de Paris. Signifié un mois après sa promulgation aux principaux fabricants, il ne fut pas plus efficace que ceux qui l'avaient précédé, et d'Angivilliers dut même, en 1785, donner à Régnier l'ordre officiel de suspendre toutes poursuites. Par contre, cet arrêt eut pour la Manufacture Royale le fâcheux résultat de faciliter l'exode des ouvriers qui, mal rétribués à Sèvres et presque certains de l'impunité, n'hésitèrent plus à s'engager dans les fabriques particulières où on leur offrait des conditions meilleures.

En réalité, dès ce moment, ceux qui avaient la responsabilité morale de la Manufacture savaient combien serait inutile tout effort pour faire revivre les privilèges dans leur esprit ancien, et leurs protestations apparaissent comme de pure forme. La suppression progressive de tous les avantages accordés par Louis XV à sa Manufacture dut être considérée comme le triomphe définitif des principes des contrôleurs généraux et de M. Calonne en particulier qui avait inscrit dans le plan de réformes proposé à l'Assemblée des notables la suppression de tous les privilèges d'État. Aussi la dernière décision prise par Louis XVI le 17 janvier 1787 au sujet des fabriques de porcelaines, ne fit-elle que confirmer des libertés acquises en fait depuis plusieurs années. Par cet arrêt, que l'on a justement qualifié de « charte d'émancipation des porcelainiers », les manufactures de la

Reine, de Monsieur, du comte d'Artois, du duc d'Angoulême, furent autorisées à fabriquer les objets antérieurement réservés à Sèvres, sauf les ouvrages à fond d'or ou de grand luxe, tels que les tableaux sur porcelaine. Pour les autres établissements, les interdictions anciennes ne demeurèrent effectives que jusqu'au jour où ils auraient fait constater, dans un concours ouvert chaque année à cet effet, la perfection de leur fabrication. C'était là une protection illusoire pour la Manufacture Royale, et M. de Calonne, qui avait rédigé l'arrêt, put penser que son but était définitivement atteint. Une curieuse lettre de M. de Montucla à Régnier montre d'ailleurs clairement dans quel esprit la décision avait été prise. « On ne « nous a pas fait l'honneur, écrit-il le 6 mars 1787, de nous « envoyer encore un seul exemplaire de l'arrêt du Conseil relatif « aux manufactures de porcelaine. M. Régnier devrait en faire prendre « une demi-douzaine d'exemplaires pour voir ce qu'il chante. Enfin, « si nous perdons ce procez, à quoi je m'attendais bien, ce n'a pas été « sans beaucoup écrire, car j'ai bien fait la valeur d'un volume in-« quarto d'écritures faites, refaites, corrigées, augmentées; mais les « idées actuelles de liberté devaient prévaloir. »

D'Angivilliers s'efforça, nous l'avons dit, de pallier l'effet de ces mesures par un redoublement d'activité. Au lendemain de la promulgation de l'arrêt de 1787, il ne se découragea pas, et la correspondance de cette époque le montre renouvelant l'assortiment des pièces exposées chez les grands marchands de Paris, obtenant même du Roi l'abandon de l'hôtel de Ménars pour y établir un dépôt central, projet qui d'ailleurs n'eut pas de suites. Ni la fabrication, ni les ventes ne cessaient d'être actives, et pourtant la situation allait toujours s'aggravant, car, si l'on achetait encore, on ne payait plus. Les gens de la Cour arguaient des retards apportés par le Trésor royal au règlement de leurs pensions pour demander un crédit presque illimité. Chaque mois, les mêmes difficultés renaissaient, en raison de la pénurie de fonds qui ne permettait même pas toujours de distribuer quelques acomptes aux ouvriers : en 1789, M. de Montucla dut personnellement avancer 3 000 livres au caissier pour donner à Thomiré un peu d'argent sur la dette contractée envers lui cinq ans plus tôt. Rien d'ailleurs ne saurait mieux faire comprendre l'inquiétude dans laquelle vivait le personnel, que le mouvement de révolte dont le caissier Barrau faillit être lui-même la victime en novembre 1789 : à l'avis qui leur fut donné à cette époque d'attendre jusqu'au mois suivant le paiement des travaux arriérés, les ouvriers furieux répondirent en détachant une des lanternes de la potence qui la soutenait, et peu s'en fallut que Barrau n'y fût pendu! Le problème du maintien de la Manufacture devenait chaque jour plus difficile à résoudre favorablement, car les essais de réorganisation économique devaient avoir pour résultat immédiat de condamner une partie du personnel à une misère plus terrible encore. La seule réforme efficace eût été de trouver des acheteurs solvables, et celle-là seule était impossible en ce temps où, selon le mot de Montucla, « tout « ce qui tenait au luxe est sabré pour longtemps. Paris s'anéantit « peu à peu, écrivait-il alors; tous les gens opulents s'en vont « planter leurs choux dans leurs terres ».

Gobelet à anses de la laiterie de Rambouillet. — Peinture d'après Lagrenée. — Pâte dure (1788). Haut. 0,11. (Musée de Sèvres, n° 6795.)

Malgré cette situation pénible, Louis XVI ne put se résoudre à abandonner la Manufacture de Sèvres. En 1790, un groupe de financiers lui ayant offert d'acquérir l'établissement dans des conditions avantageuses, il consulta d'Angivilliers sur l'opportunité d'une mesure aussi grave. Le Directeur des Bâtiments n'eut pas de peine à lui persuader que « sa dignité exigeait qu'il essayât, au moins « pendant quelque temps, de maintenir la Manufacture », et le Roi écrivit aussitôt au bas du mémoire qui lui était présenté, les lignes suivantes : « Je garde la Manufacture de Sèvres à mes frais ; mais « je veux qu'on en diminue et règle la dépense, de façon qu'elle ne « dépasse pas 100 000 écus ; et que les mois des ouvriers, à dater « de la fin de cette année, ne passent pas 12 000 livres... On paiera « les dettes sur les produits des ventes, et je ne veux pas qu'il y en « ait, ce qui est très facile au moyen que je fais fournir les fonds sur « les dépenses de mes bâtiments... ». Quelle valeur pratique pouvaient avoir des instructions de ce genre, nous pensons l'avoir suffisamment montré : il était également impossible au Trésor royal de fournir des fonds pour payer les ouvriers et au caissier de liquider les dettes sur le produit des ventes. Ce geste de Louis XVI sauva du moins la Manufacture de la destruction, et le décret rendu par l'Assemblée Nationale le 26 mai 1791 spécifia que ni Sèvres, ni les Gobelins ne seraient confondus avec les biens nationaux, mais qu'ils resteraient à la charge de la liste civile du Roi.

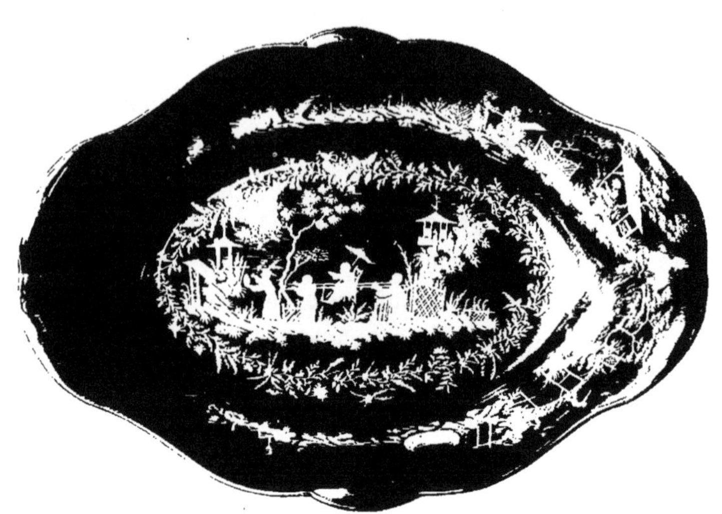

Cuvette décorée en or sur fond noir imitant la laque, par Le Guay. Porcelaine dure (1791). (Musée de Sèvres, nº 5291.)

V

LA MANUFACTURE PENDANT LA RÉVOLUTION
(1790-1800)

La Manufacture fit partie du Domaine de la Couronne jusqu'au 12 août 1792, date à laquelle le ministre des Contributions publiques fut chargé de l'administration des Domaines et Bâtiments de la Liste civile. Pendant les deux années précédentes, l'établissement avait pu, malgré l'abaissement continu du chiffre des ventes, se soutenir grâce à quelques maigres subsides accordés de temps en temps par le Roi. Mais déjà la direction avait perdu presque toute autorité en raison de l'importance prise à Sèvres par un club, composé en majeure partie d'ouvriers de la Manufacture, qui montra tout d'abord son activité en jetant la suspicion sur les chefs de la maison. En mai 1793, ce club provoqua un violent incident par la dénonciation à l'Assemblée Nationale du directeur Régnier, coupable, assurait-il, d'avoir brûlé quelques jours auparavant dans les fours de la Manufacture les fameuses « archives du Comité autrichien », affaire qui eut son écho dans les délibérations de l'Assemblée et qui avait vraisemblablement pour point de départ la destruction du mémoire scandaleux de Mme de Lamotte contre Marie-Antoinette.

Après la chute de la royauté, une mesure immédiate fut prise, qui montre combien on croyait encore à cette époque aux secrets si jalousement défendus de la fabrication de la pâte tendre : sans plus tarder, en effet, on apposa les scellés sur les manuscrits décrivant les procédés, et l'on interdit à quiconque de les ouvrir hors la présence du commissaire des Manufactures que devait incessamment désigner le ministre Clavière. Pour remplir ces fonctions, on nomma bientôt un ancien administrateur de salines, nommé Haudry, qui établit tout d'abord une sorte de conseil composé des chefs d'atelier et chargé de l'administration intérieure de la Manufacture : « Nous avons six « ateliers, disait le manifeste qu'il publia à cette occasion, et nous « devons les regarder comme six frères que nous adoptons pour « chérir avec nous notre vertueux père Roland et notre bonne mère « Patrie. » Cette organisation n'eut d'autre résultat que d'enlever aux administrateurs demeurés en fonctions, Régnier et Hettlinger, le semblant d'autorité qui leur restait encore et de laisser le champ libre à quelques meneurs, à la tête desquels se signala le chef des fours, Henri-Florentin Chanou. Au début de 1793, Haudry, effrayé, semble-t-il, par les difficultés qu'il rencontrait dans l'accomplissement de sa mission, abandonna définitivement l'administration de la Manufacture, qu'il laissa dans un état d'anarchie inquiétante et de plus dans une situation financière d'où il semblait impossible de sortir sans un secours inespéré. A cette date, on devait aux académiciens-chimistes et aux artistes principaux leur traitement depuis le mois de juillet 1791 ; quant aux ouvriers, ils recevaient, au hasard des rentrées de fonds, des acomptes d'autant plus insuffisants que la cherté des vivres grandissait sans cesse. Tous les moyens parurent bons, en ces temps désastreux, pour se procurer quelques subsides. Dans le but de suppléer autant que possible aux ventes annuelles de Versailles et des Tuileries, des loteries, des ventes aux enchères furent organisées, mais l'argent était aussi rare chez les particuliers que dans les caisses de l'État et ces expédients n'apportèrent pas un soulagement appréciable à la misère des artisans de Sèvres. Des mesures radicales furent prises, et c'est à ce moment que, par économie, on supprima les emplois de Bachelier, de Desmarets, de Darcet, conservant seulement Boizot et Lagrenée. La pénurie était au point que, pour exécuter les travaux urgents, on alla jusqu'à dédorer des pièces anciennes richement décorées !

Sur ces entrefaites, Garat devenu ministre prit la Manufacture dans ses attributions : un redoublement de zèle révolutionnaire se manifesta aussitôt dans les Comités qui exigèrent tout d'abord l'abandon de la marque aux deux L entrelacées, en usage depuis quarante années. Par une anomalie assez singulière, en effet, l'emploi des initiales royales s'était perpétué jusqu'alors, et c'est le 17 juillet 1793 seulement que Garat prescrivit de substituer dorénavant à l'emblème choisi par Louis XV, le mot « Sèvres » accompagné des lettres initiales R. F. « République Française ». Peu après, le ministre trouva une nouvelle occasion de signaler l'ardeur de son zèle révolutionnaire, en invitant Régnier à réparer au plus vite la négligence dont il s'était rendu coupable par la conservation à Sèvres des bustes de la famille royale et de certaines pièces allégoriques du régime déchu. Au reçu de cet avis, Régnier entrevit certainement les conséquences fâcheuses que pourrait avoir pour lui tout délai dans la destruction de ce qui avait trait à « l'histoire des tyrans » : aussi, le soir même du jour où cet ordre lui était parvenu, adressa-t-il au ministre la note suivante : « Sept personnes occu-
« pées sans relâche depuis quatre heures sont occupées à casser et
« à briser, et j'espère que demain matin, après avoir fait la plus scru-

« puleuse recherche avec les chefs Le Riche, Roguier et Chanou, « il ne restera plus rien. » — Il ne resta plus rien en effet à Sèvres des précieuses effigies qu'avaient modelées Le Moyne, Pajou, Boizot, etc..., et ces quelques heures de vandalisme nous ont privés d'une partie certainement curieuse de la production de la Manufacture au XVIIIe siècle. Ce geste un peu tardif ne sembla d'ailleurs pas aux plus violents parmi les ouvriers une garantie suffisante du loyalisme de Régnier, et le Comité de Sûreté Générale de Sèvres requit peu après le ministre d'avoir à exécuter la loi, à l'égard des membres de l'administration auxquels il refuserait le certificat de civisme. Composé pour les deux tiers d'ouvriers de l'ancien établissement royal, ce Comité s'empressa de signaler comme suspects les directeurs Régnier et Hettlinger, le caissier Salmon et le chef des ateliers de peinture Caton, qui furent sans délai incarcérés à Sainte-Pélagie.

Buste d'Hettlinger, par Roguier, sculpteur de la M^{fe}. — Terre cuite. (Musée de Sèvres.)

Dans d'aussi déplorables conditions d'existence, la maison était, on le conçoit sans peine, de plus en plus désorganisée. Pour y rétablir un peu d'ordre, la Convention nomma le député Battelier commissaire de la Manufacture; mais celui-ci se montra vite fatigué des incessantes réclamations du Comité de Sèvres et pensa ne pouvoir y échapper sûrement qu'en déléguant ses pouvoirs à l'un des membres les plus turbulents de ce Comité, Chanou, dont nous avons déjà cité le nom. L'administration de celui-ci, qui dura plus d'une année, peut être considérée comme la crise la plus dangereuse qu'ait subie l'établissement : ouvrier habile, mais faible de caractère, au surplus illettré et manquant de toutes les qualités nécessaires dans un emploi aussi difficile, Chanou se fit l'instrument des rancunes de ses anciens camarades et signala son passage par un retour aux plus regrettables errements de l'administration royale. A l'imitation des anciens directeurs, il usa bientôt de la Manufacture comme d'une propriété personnelle, dont il s'efforça de tirer le plus de profits possible. Ses dilapidations finirent par attirer l'attention du Comité : deux délégués envoyés à Sèvres pour vérifier la caisse constatèrent un déficit important. Attaqué déjà par les artistes las de sa tyrannie et par Hettlinger enfin sorti de sa prison, il se défendit avec arrogance et commit la maladresse de menacer, si l'on persistait à demander sa destitution, de détourner les secrets dont il avait la garde. Cette attitude acheva de le perdre, et le Comité de l'Agriculture et des Arts n'hésita plus à envoyer l'un de ses membres, Lhéritier, pour constater la présence des précieuses pièces et pour signifier à Chanou son renvoi définitif.

Un mois après, le 13 pluviôse an III, un arrêté du même Comité modifia de fond en comble l'organisation de la Manufacture, qui fut confiée à trois directeurs disposant d'une autorité égale et recevant un traitement de 6 000 francs. Hettlinger, Salmon l'aîné, François Meyer, chimiste distingué qui s'était fait connaître par ses études sur la préparation des couleurs, formèrent le Conseil de direction, tandis que Lagrenée et Boizot, éloignés un moment par la fantaisie de Chanou qui avait voulu leur substituer Wicart, l'élève de David, reprenaient leurs fonctions anciennes avec le concours nouveau du peintre de fleurs van Spaendonck.

Si on excepte Meyer qui démissionna presque immédiatement, l'autorité demeura entre les mêmes mains jusqu'à la fin du siècle, détenue en fait par Hettlinger, très supérieur par l'intelligence et par les connaissances à son collègue Salmon. La première mesure prise fut de demander à Berthollet un plan complet de travaux : malheureusement la bonne volonté des directeurs, leur désir de rétablir l'ordre dans les ateliers se heurtèrent à des difficultés matérielles sans cesse renaissantes et à l'absence toujours complète de numéraire dans les caisses de la Manufacture. On en était arrivé à cette époque à distribuer des secours en nature, pain, viande, chaussures, aux artistes et aux ouvriers les plus nécessiteux : « Tous les ouvriers « sont épuisés par les besoins, souffrants et malades, écrivaient « les directeurs ; ils ont sacrifié la plupart tout ce qu'ils possédaient « pour se procurer des vivres ; quelques jours encore et ils seront « forcés malgré leur attachement, leurs longs services, de quitter la « maison pour chercher ailleurs le pain qui leur manque... La direc- « tion demande qu'il soit attribué à l'Établissement National des « porcelaines de Sèvres une quantité suffisante de grains ou farine « pour la nourriture par jour de plus de 200 ouvriers. » En réponse à cette supplique, le Comité de Salut Public décida que 60 quintaux de farine « pris dans les magasins de Franciade » seraient délivrés tous les mois au Directeur. Mais cette mesure de générosité n'était point suffisante, et le ministre de l'Intérieur Bénézech put constater en thermidor an IV « que la misère des artistes était telle que beaucoup avaient à rougir de leur nudité ». Prenant en main la cause de ces malheureux et rappelant tout ce que la Manufacture avait déjà livré à la République pour cadeaux diplomatiques ou autres, il réussit à obtenir du Directoire un secours extraordinaire de 207 000 francs qui permit au personnel d'attendre des jours meilleurs, sans lui rendre toutefois la sécurité que lui avait enlevée une longue période de misère.

Il est d'ailleurs permis de se demander si cette somme fut intégralement versée à la Manufacture, car il apparaît bien que la détresse des ouvriers fut à son comble en l'an VII, à l'époque où Dubois, chef de la 4e division du ministère de l'Intérieur, dut faire appel à la complaisance d'un banquier pour obtenir une avance de 5000 francs et distribuer quelques subsides aux plus besogneux. Alors la question se posa une fois de plus, à propos d'une pétition déposée au Conseil des Cinq Cents par le personnel de la Manufacture, de savoir si l'État devait conserver Sèvres. Les commissaires chargés de formuler un avis rédigèrent à cette occasion un chaleureux plaidoyer en faveur de la glorieuse fondation de Louis XV et firent des artistes un émouvant éloge. « C'est le pain « quotidien, dirent-ils, que réclament les artistes et ouvriers de la « Manufacture, et ce n'est qu'au bout de sept mois qu'ils font entendre « leur voix plaintive. Pendant ce long intervalle, ils ont vécu souvent « de la vente d'un modique mobilier et presque toujours sur un « crédit qui honore également les habitants de la commune de Sèvres « et les artistes dans lesquels ils ont eu confiance ; elle prouve la « bonne conduite des uns et la bienfaisante humanité des autres. » Les commissaires conclurent nettement en faveur du maintien de la Manufacture comme propriété nationale, souhaitant qu'elle devînt de plus en plus un laboratoire d'essais appliqué au perfectionnement de l'industrie, devenue si réellement française, de la porcelaine. A la suite de cette enquête, les bureaux du ministère de l'Intérieur étudièrent un nouveau plan de réforme complète qui devait avoir pour premières conséquences la limitation du nombre des ouvriers et la nomination, à la tête de la Manufacture, d'un directeur énergique, capable d'enrayer la désorganisation croissante. Hettlinger, malade, vieilli par les circonstances, sembla incapable d'assumer cette lourde tâche ; Salmon, honnête homme, mais sans initiative, était encore moins désigné pour mener à bien l'œuvre de rénovation que l'on projetait d'accomplir à Sèvres. C'était donc hors de la Manufacture qu'il fallait trouver un homme assez audacieux pour affronter tant de difficultés réunies. Berthollet, consulté sur ce choix délicat, proposa un jeune homme de trente ans, Alexandre Brongniart, le fils de l'architecte de la Bourse, inspecteur des Mines et titulaire depuis trois ans de la chaire d'histoire naturelle au Collège des Quatre-Nations. Lucien Bonaparte ratifia le choix de Berthollet, et le 25 floréal an VIII, Brongniart fut officiellement appelé au poste qu'il allait occuper pendant quarante-sept années, jusqu'à sa mort.

Est-il besoin de dire que la production de ces années troublées se ressentit du désordre croissant et accusa une décadence profonde dans l'art de la porcelaine? Sans parler des déplorables conditions matérielles dans lesquels ils vivaient, les artistes de Sèvres, incertains du lendemain, mal payés, ne trouvaient même pas alors l'occasion d'employer leurs talents, car on ne leur demandait plus de décorer, comme au temps de Louis XV, de somptueux services, mais seulement de produire hâtivement des pièces quelconques, destinées à satisfaire le goût des exportateurs. Hettlinger avait jugé très nettement la situation, lorsqu'en 1793 il proposa au ministre, pour conserver la Manufacture, de se séparer des meilleurs artistes, de ceux qu'il appelait « les matadors en peinture et en sculpture », faisant valoir que leurs œuvres délicates n'étaient plus en harmonie avec le goût du temps, et de se consacrer à une production moyenne qui s'adresserait surtout aux marchands et aux étrangers. L'exode des vieux artistes, de ces hommes qu'un séjour prolongé dans les ateliers de Sèvres avait faits les dépositaires des traditions de la Manufacture, se réalisa d'ailleurs par le fait même des circonstances. Le manque de travaux en chassa un certain nombre, mais ils s'éloignèrent surtout à cause des persécutions dont ils furent l'objet de la part des comités révolutionnaires : leurs longs services dans un établissement royal avaient suffi à les rendre suspects d'attachement au régime déchu, et les vexations, les menaces d'incarcération même dont quelques-uns furent l'objet, effrayèrent les autres qui préférèrent chercher ailleurs une existence plus calme.

Pendant ces années, le chiffre des ventes alla toujours en décroissant depuis 1792 jusqu'en l'an VII, où elles n'atteignirent même pas 42000 francs. Tant que la Cour subsista, le Roi et son entourage firent encore, chaque année, quelques acquisitions — limitées à des pièces de service — soit dans le cours de l'année, soit à l'exposition de Noël transférée, à partir de 1791, de Versailles aux Tuileries. Mais, après la chute de la monarchie, la Manufacture n'eut plus à compter que sur les ventes aux marchands, et ceux-ci, achetant la plupart du temps pour l'étranger, appréciaient médiocrement les décors nouveaux, sans style et mal exécutés, qu'on leur proposait alors et portaient leur choix sur des porcelaines d'ancienne fabrication, décorées dans la manière traditionnelle de Sèvres et appropriées par là au goût de leurs clients. Quant aux commandes officielles, elles cessèrent presque complètement jusqu'à la formation du Directoire; mais il semble qu'à ce moment, après les jours d'épreuve que l'on venait de traverser, les hommes en place aient ressenti le besoin de connaître tous les raffinements du luxe et de goûter un peu la douceur de la vie d'autrefois. En une seule commande, 102 941 francs de porcelaine et de biscuits — cotés en valeur de 1789 — furent choisis pour l'ornementation des salons et de la table des Directeurs; et à la même date les ministres, eux aussi, emplirent de pièces somptueuses et de sculptures dans le goût de Louis XVI les palais qui venaient de leur être affectés. De grands cadeaux diplomatiques, enfin, composés presque uniformément d'un service de 24 couverts et d'un surtout plus ou moins important, furent faits au nom de la République aux ambassadeurs des puissances voisines avec une prodigalité qu'avait toujours ignorée la royauté. Malheureusement toutes ces livraisons n'eurent, pour la Manufacture, d'autre effet que de dégarnir complètement les magasins sans faire rentrer dans ses caisses la valeur des pièces sorties, car le gouvernement s'accorda un crédit illimité, et Talleyrand, entre autres, se refusa absolument à payer les 290 000 francs de porcelaines qu'il avait reçues au

Assiettes décorées d'emblèmes révolutionnaires (1793-1795). (Musée de Sèvres, nos 8068 et 9319.)

compte du ministère des Affaires étrangères. On essaya bien de relever d'une façon factice le chiffre des ventes en organisant à plusieurs reprises, entre 1793 et 1800, des ventes aux enchères ou des loteries : ainsi en 1793, deux vacations eurent lieu dans les magasins de Daguerre et Lignereux, les dépositaires de la Manufacture, et produisirent 90 000 francs, représentant au plus le tiers de la valeur des pièces vendues; mais on s'aperçut vite que les acheteurs étaient tous des marchands qui s'étaient préalablement entendus pour empêcher les objets d'atteindre des prix raisonnables. Quant aux loteries organisées au château de Saint-Cloud dans le but de venir en aide aux ouvriers de Sèvres, des Gobelins et de la Savonnerie, le maigre produit qu'elles donnèrent se trouva absorbé par les frais d'installation et par les prélèvements au profit des entrepreneurs. On en arriva alors à des mesures dont les conséquences devaient être plus graves et se prolonger jusqu'à nos jours : car c'est à ce moment que la Manufacture se vit contrainte, afin de se procurer quelque argent, d'aliéner pour une somme de 33000 francs une énorme quantité de pièces de rebut, qui servirent dans la suite à faire ce genre de contrefaçon qu'on nomme le *surdécor*, d'autant plus difficile à reconnaître que la matière est bien de la véritable porcelaine de Sèvres, et que seuls le caractère des ornements ou la maladresse de l'exécution permettent d'établir l'origine véritable des pièces.

De toutes les ventes, on vit disparaître peu à peu les objets de haut luxe ou d'élégante inutilité qui avaient caractérisé la production de Sèvres sous la monarchie : vases décorés et sculpture devinrent très rares, jusqu'en 1796 tout au moins. Et, à ce sujet, il n'est pas inutile d'indiquer que la sculpture révolutionnaire de Sèvres, dont on a beaucoup parlé, se réduisit en réalité à un petit nombre de groupes et de figures qui sont demeurés connus beaucoup plus en raison des titres sonores qu'on leur avait donnés que de la fréquence de leur reproduction. Il est certain que la Manufacture fabriqua alors, sans doute d'après des maquettes de Boizot, des groupes comme la *France gardant sa constitution*, la *France libre*, la *France guidée par la raison*, la *Liberté présentant les vertus civiques ;* il est établi aussi que la Convention commanda à Sèvres un surtout de dimensions colossales, dont le sujet était le *Despotisme jeté à bas de son piédestal et entraînant la noblesse dans sa chute ;* mais ces pièces de circonstances, dont certaines n'étaient peut-être qu'un gage de loyalisme offert par les ouvriers au gouvernement, ne pouvaient devenir un objet de vente ; elles ne pouvaient davantage entrer dans la composition des services offerts par la République aux souverains ou à leurs représentants. Cette sculpture, par son caractère même, ne convenait absolument qu'à la décoration des palais des ministres : or ceux-ci semblent avoir manifesté un goût beaucoup plus vif pour la sculpture du temps de

Louis XV et de Louis XVI, que pour ces allégories compliquées et froides. Dans l'énorme quantité de pièces qui fut attribuée aux membres du Directoire en 1795, trois groupes seulement représentaient la production contemporaine, et lorsqu'à la fête commémorative de la fondation de la République en l'an VI, on distribua des biscuits de Sèvres à titre de prix, les sujets choisis furent le *Triomphe de la Beauté* et le *Sacrifice d'Iphigénie*. Par un extraordinaire retour vers le passé, on vit alors les œuvres des périodes antérieures retrouver le succès qui les avait accueillies à leur apparition, et entre 1796 et 1800 on mit en vente, avec un égal succès, les groupes et les figurines des caractères les plus différents. Si l'on voulait trouver dans la production de la Manufacture la trace des événements actuels, il faudrait plutôt la chercher dans la reproduction des effigies contemporaines que dans les groupes ou les figures symboliques. Ainsi, en 1792, on fabriqua encore les bustes du Prince Royal et de Madame Royale ; tandis que l'année suivante les personnages représentés furent Brutus, J.-J. Rousseau en romain, Danton, Marat, Lepelletier Saint-Fargeau, Robespierre ; deux ans plus tard, la Manufacture reproduisit les traits des jeunes héros des guerres de la République, Bara et Viala, et à partir de ce moment, les préoccupations guerrières de la fin du siècle se révélèrent par la commande faite à Boizot des bustes des généraux vainqueurs, Joubert, Marceau, Hoche, Bonaparte enfin. Le premier portrait de celui-ci exécuté en biscuit parut à l'occasion de la grande fête donnée en son honneur par le Directoire, le 20 frimaire an VI ; on en offrit alors un exemplaire à tous les ministres, aux ambassadeurs, aux représentants des puissances étrangères. A cette réception solennelle, d'ailleurs, la Manufacture avait apporté un concours effectif par le prêt d'énormes quantités de porcelaines demandées pour le banquet offert au triomphateur.

Une remarque du même ordre peut s'appliquer à tout ce qui

concerne le style des décorations peintes, et il n'y a guère entre les ornementations des dernières années de Louis XVI et celles de la période révolutionnaire d'autre différence que celle d'une exécution médiocre après 1790 et excellente auparavant. Nous avons indiqué plus haut les causes réelles de cette décadence qui s'étendit jusqu'à la fabrication même des pièces : à aucune époque, la porcelaine ne montra tant de défauts, une matière aussi grossière, une couverte aussi terne et sale. La formule de décoration des pièces de service — qui représentèrent alors la part la plus considérable de la production — presque toujours la même, fut caractérisée par une utilisation mesquine des éléments employés auparavant : sur les assiettes, des guirlandes ou de minces rubans de couleurs vives courant sur le marli, alternaient avec de légères fleurettes, roses, jonquilles, bleuets ou pensées. D'autres services présentaient des zones de diverses couleurs, bleu, jaune ardent, vert céladon, ornées aussi de bouquets ou de semis de fleurs. Ce retour au décor floral s'explique fort bien d'ailleurs, non seulement par le goût des acheteurs, mais par l'habileté médiocre des décorateurs demeurés dans les ateliers de Sèvres ;

La Liberté présentant les vertus civiques.
Modèle de 1792. (Haut. 0,50).

et, lorsqu'on lit qu'en 1795 le Comité de Salut public fit don au ministre du Roi de Prusse d'un service valant 47 600 francs et décoré d'après les arabesques de Raphaël, il ne faut pas attribuer le choix de cette ornementation aux artistes contemporains, mais se rappeler que les dessins de ce service avaient été faits dix ans plus tôt sous la direction de l'architecte Masson; la peinture même des pièces datait peut-être de la période royale.

Entre 1790 et 1795, les emblèmes révolutionnaires, faisceaux de licteurs, cocardes tricolores, bonnets phrygiens, se mêlèrent maladroitement aux ornements demeurés de style Louis XVI, et il y a lieu de remarquer ici combien peu les artistes de Sèvres s'assimilèrent la formule de l'art contemporain. Leur éducation, faite pour la plupart à la Manufacture même, ne leur permettait guère de s'adapter aux conceptions nouvelles, et c'est ainsi que, la tourmente passée, ils revinrent tout naturellement, pendant les dernières années du siècle, au genre de décors dont ils avaient l'habitude. Dans les grandes pièces cependant, vases ou objets d'apparat, l'influence de plus en plus forte de l'antiquité grecque et romaine se marqua fortement, laissant prévoir le triomphe des tendances qui s'affirmèrent sous l'Empire : la raison en est dans le fait que, pour les objets importants, la composition, au lieu d'être abandonnée à l'inspiration d'un peintre quelconque, était presque toujours établie par Lagrenée le jeune, sur des formes que dessinait Boizot. Quant aux quelques essais curieux qui datent de cette époque, tels que les décors en ors de divers tons se détachant sur un fond noir imitant la laque de Chine, ils eurent tous pour auteurs quelqu'un de ces vieux artistes dont l'ingéniosité et le goût avaient assuré, depuis un demi-siècle, la supériorité de la Manufacture.

A les considérer dans leur ensemble, ces dix années ne présentent aucun progrès, aucun effort nouveau; bien au contraire, elles portent tous les stigmates d'une décadence profonde de la valeur artistique comme de la main-d'œuvre. Lorsque l'on voit à quel point en était arrivée la production de Sèvres en l'an VII, on comprend mieux encore les raisons qui conduisirent Berthollet à proposer Brongniart pour diriger la Manufacture. Seule une énergie jeune, une activité puissante pouvaient tenter de relever l'établissement désorganisé par l'absence de toute administration régulière. Et l'on s'explique aussi comment les tendances autoritaires du nouveau directeur, l'absolutisme parfois étroit de ses idées, furent peut-être les leviers qui lui permirent de faire rentrer la Manufacture dans une voie normale.

VI

LA MANUFACTURE DE SÈVRES AU XIXe SIÈCLE (1800-1876)

Brongniart fut appelé à la direction de la Manufacture par une lettre de Lucien Bonaparte, ministre de l'Intérieur, en date du 25 floréal an VIII (14 mai 1800). Cette nomination complétait le plan de réforme absolue proposé peu auparavant par Costaz, chef du bureau des Arts et Manufactures, dont l'influence eut alors une action décisive sur les destinées de Sèvres. Nous avons vu combien, jusqu'à ce moment, le gouvernement était demeuré indifférent aux justes réclamations des ouvriers de la Manufacture : tout récemment encore les pétitions adressées, l'une au Conseil des Cinq-Cents, l'autre au Premier Consul lui-même, avaient donné lieu à une enquête sans résultats. Il fallut l'initiative de ce modeste agent du ministre de l'Intérieur pour laisser entrevoir enfin l'issue de la crise redoutable que la Manufacture traversait depuis dix ans. Costaz, après une étude approfondie de la situation financière de l'établissement, avait reconnu que la première mesure à prendre était le licenciement d'un grand nombre d'ouvriers qui, vieillis, devenus incapables d'un travail régulier, grevaient lourdement le budget de la maison, la coutume s'étant perpétuée de leur payer leur traitement complet jusqu'à leur mort, quelles que fussent d'ailleurs la quantité et la valeur de leurs travaux. D'autre part, ayant constaté l'absence de tous progrès récents dans la fabrication, il insista pour que la direction de la Manufacture fût confiée à un chimiste, de qui l'on pourrait exiger, en dehors de ses attributions administratives, des recherches de laboratoire s'appliquant à l'ensemble des matières céramiques et vitriques. Par là il voulait donner à Sèvres un caractère déterminé de « conservatoire des arts céramiques ». Berthollet avait approuvé complètement les propositions hardies de Costaz, et c'est ainsi que, à la date même où Brongniart arriva à Sèvres, 159 ouvriers, sur 220 qu'occupait alors la Manufacture, furent licenciés. Ceux-là seuls qui, âgés de soixante ans, avaient vingt ans de présence dans la maison, furent admis au bénéfice d'une modeste pension annuelle. A la direction, on laissa, en raison de leurs services passés, Hettlinger avec le titre d'administrateur-adjoint, Salmon dans l'emploi de caissier; mais dès ce moment toute l'autorité appartint dans la maison à Alexandre Brongniart, et à lui seul.

Le premier souci du nouvel administrateur fut de rétablir le plus rapidement possible les finances de la Manufacture : en 1800, le passif s'élevait à 255201 francs, dont les trois quarts étaient dus aux artistes et aux ouvriers sur leurs traitements des dernières années. Quant à l'actif représenté par les porcelaines décorées ou en cours d'exécution, Hettlinger et Salmon lui avaient donné, d'après les prix marqués sur les pièces, une valeur de 947761 francs; mais Brongniart, désireux avant tout de connaître la valeur marchande de cette énorme quantité de marchandises, s'empressa de faire procéder à une expertise dont le résultat fut de diminuer de plus de moitié le chiffre annoncé par les anciens directeurs. Pour obtenir immédiatement quelques fonds, Brongniart donna tout d'abord son approbation à l'arrangement qui venait d'être pris avec les banquiers Lemercier et Cie en vue de l'exportation en Russie et en Angleterre de 100000 francs de porcelaines, cédées par la Manufacture avec un rabais de 30 p. 100. Puis il obtint l'autorisation de faire au Louvre, du 25 fructidor an VIII au 8 vendémiaire an IX, une vente aux enchères qui, tous frais payés, laissa 35 000 francs dans la caisse de l'établissement. Cette somme, jointe aux 15000 francs que remit alors le Gouvernement, permit déjà de distribuer quelque argent aux fournisseurs et aux ouvriers les plus nécessiteux.

Alexandre Brongniart (1770-1847). par E. Wattier. (Musée de Sèvres.)

L'année suivante, Costaz assura à la Manufacture une allocation mensuelle de 5 000 francs, mais par contre il ne voulut jamais reconnaître la légitimité de la dette contractée par le Directoire, qui s'était fait livrer 376 000 francs de porcelaines sans verser la moindre somme en paiement. L'impossibilité de récupérer ces créances anciennes explique comment Brongniart, malgré son ordre et son économie, ne parvint que très lentement à éteindre les dettes de la Manufacture : au 1er vendémiaire an XIII, époque à laquelle Sèvres fut rattachée à la liste civile de l'Empereur, elles s'élevaient encore à 109 000 francs, qui furent payés en bons de la Caisse d'Amortissement.

Depuis lors, la Manufacture a vécu, jusqu'en 1870, subventionnée par les listes civiles, sauf en 1848 où elle rentra pour quelques années dans le domaine de l'État, qui assura son fonctionnement normal par l'inscription d'un crédit annuel au budget. La direction financière de Brongniart apparaîtrait comme un exemple d'administration remarquable, s'il n'avait recouru, à plusieurs reprises, à un genre d'opérations désastreuses par la dépréciation dont elles frappent les produits : c'est le système des ventes aux enchères et des ventes globales moyennant un prix d'ensemble. De telles mesures étaient encore admissibles en 1800, car à ce moment il fallait trouver de l'argent ou renoncer à l'exploitation de la Manufacture; mais Brongniart les renouvela de 1816 à 1819, quand il vendit pour 50 000 francs à Irlande, Perez et Jamar une énorme quantité d'objets de pâte tendre, en biscuit, en train d'être décorés ou terminés. Plus tard, en 1826, à l'occasion du transfert du dépôt que la Manufacture avait depuis huit ans 55 rue Sainte-Anne, il organisa une vente aux enchères de « pièces de rebut ou démodées » qui produisit 35 000 francs, accusant une perte de 79 p. 100 sur les prix véritables des objets. Enfin, en 1840, après avoir demandé l'autorisation de supprimer le dépôt de Paris qui, en fait, n'avait jamais été qu'une charge pour la Manufacture, il organisa une dernière vente aux enchères : cette fois la perte fut de 84 p. 100, le produit ayant été de 20 299 francs pour 126 777 francs de marchandises !

On s'explique difficilement les raisons qui déterminèrent Brongniart à aliéner dans d'aussi mauvaises conditions les produits de la Manufacture, et sans doute obéit-il simplement au désir d'éliminer de temps en temps ce qu'il considérait comme imparfait. Mais cette pratique a eu pour effet immédiat de créer dans le public une confusion préjudiciable à la fois à la vente et au bon renom de Sèvres.

Brongniart, d'ailleurs, apporta, dans la direction générale donnée à la maison, des idées très différentes de celles du XVIIIe siècle, idées que l'absence de toute préoccupation financière lui permit de réaliser en grande partie. N'ayant plus, grâce aux subventions des listes civiles, à couvrir les dépenses par le produit des ventes, il s'efforça de donner à la Manufacture ce caractère de « conservatoire des arts céramiques et vitriques » qu'avait préconisé Costaz dans son rapport à Lucien Bonaparte. Il n'accorda jamais qu'une importance secondaire au point de vue commercial, et on ne saurait mieux définir ses idées sur cette question qu'en citant ces deux phrases écrites par lui en 1830 : « Ce n'est pas par la porcelaine « que la Manufacture mettra dans le commerce qu'elle conservera son « influence sur l'industrie : elle la conserverait encore, lors même « qu'elle n'y mettrait pas une pièce; il suffit qu'elle fasse du bruit « en Europe par ses produits de luxe, par ses grandes pièces, pour « que sa réputation s'attache à toute la porcelaine française. C'est « ainsi que la Manufacture de Sèvres, en faisant des pièces que per- « sonne n'achète, a rendu de grands services au commerce de la por- « celaine. » Ces quelques mots constituent tout un programme et déterminent le rôle d'utilité générale que Brongniart avait assigné à l'établissement qu'il dirigeait. Tous ses efforts devaient tendre vers les progrès industriels, et c'est pour bien marquer cette orientation nouvelle qu'en l'an IX il modifia l'organisation intérieure de la maison, en créant à côté des « départements » de la fabrication et de la décoration, celui de la « chimie », chargé de la préparation des couleurs et de la cuisson des peintures. Il ne négligea d'ailleurs rien pour pousser ses collaborateurs dans la voie des recherches, et à plusieurs reprises il accorda des encouragements à ceux qui réussirent. Ainsi, en 1802, Benoît Chanou reçut 200 francs pour ses découvertes de la pâte imitant le bronze et du procédé d'application du bleu de pâte tendre sur la porcelaine dure; l'année suivante, le chimiste Méreaud fut gratifié d'une somme égale à la suite de ses recherches sur les couleurs de peinture sur verre.

Surtout il convient de parler ici des travaux personnels de Brongniart à Sèvres, travaux qui eurent tous pour objet le perfectionnement de la pâte dure, puisque, peu après son arrivée, en 1804, il avait décidé d'abandonner complètement la fabrication de la porcelaine tendre dont l'infériorité au point de vue chimique lui avait peut-être trop facilement fait oublier la réelle valeur artistique. Ses recherches, dans lesquelles il fut aidé successivement par les chimistes Laurent, Malaguti et Salvetat, aboutirent à la publication de deux ouvrages considérables, le *Traité des Arts Céramiques* et le *Catalogue du Musée Céramique*, qui sont demeurés les livres fondamentaux sur ces matières. En ce qui concerne la porcelaine même, il établit la formule définitive de la composition de la pâte dure, formule qui, aujourd'hui encore, est généralement employée pour la fabrication des pièces de service ; il substitua à la glaçure calcaire dont elle était recouverte jusqu'alors la pegmatite qui, se vitrifiant à une température plus élevée, acquiert par là une résistance supérieure. D'autre part, il composa une palette de couleurs vitrifiables extrêmement riche, qui permit d'exécuter avec une scrupuleuse exactitude les copies de tableaux dont le succès fut considérable entre 1815 et 1850. Ces travaux de Brongniart se combinèrent avec les nombreuses études qu'il fit en même temps comme géologue, et les voyages qu'il entreprit successivement à travers tous les pays d'Europe eurent tous un but scientifique, qui était de recueillir des données précises sur la constitution du sous-sol dans les régions qu'il traversait, et un but pratique qui était de noter les procédés dont il constatait l'emploi dans les usines céramiques.

Au point de vue purement administratif, Brongniart organisa chaque chose avec la précision que l'on retrouve dans tous ses actes. Son souci de l'ordre le conduisit à l'élaboration pour chaque service de règlements particuliers dont beaucoup sont demeurés en vigueur jusqu'à nos jours. Parmi ses innovations, l'une des plus utiles fut sans doute l'institution en 1806 de la « Conférence hebdomadaire » dans laquelle il appela tous les chefs à rendre compte de la marche des services placés sous leurs ordres, voulant ainsi créer un lien

Encrier en pâte de biscuit imitant le bronze, avec ornements en or. (H. 0,22). Porcelaine dure (1802). (Musée de Sèvres, n° 2648.)

entre les divers éléments de la maison et stimuler l'activité de chacun par une mutuelle appréciation des travaux entrepris.

Dans ses relations avec l'autorité supérieure, Brongniart demeura l'exécuteur fidèle des instructions qu'il reçut des divers régimes auxquels il fut soumis, pendant les quarante-sept années de son administration. Peut-être, dans cet ordre d'idées, est-il permis de regretter que cet homme, si ferme dans la conduite intérieure de l'établissement, ait fait preuve d'une obéissance trop absolue dans l'exécution de certains ordres et qu'il ait parfois trop complètement oublié les bienfaits du régime précédent. Certainement, si en 1815 il avait opposé quelque résistance au ministre de la Maison du Roi, nous n'aurions pas à déplorer aujourd'hui la destruction, à laquelle il se prêta, de tous les modèles, bustes, figures, médaillons, vases en train d'être décorés, dont le sujet avait trait à la famille de Napoléon. Un tel acte de vandalisme peut encore s'expliquer en 1793, sous la domination des Comités révolutionnaires, mais il prend un caractère particulièrement odieux lorsqu'il est le fait d'un gouvernement régulier. Brongniart, personnellement, devait beaucoup à Bonaparte et l'on eût souhaité trouver chez lui une protestation contre cet acte brutal au lieu de la soumission passive dont il fit preuve dans ces circonstances.

Théière décorée de sujets en biscuits sur fond d'or, d'après Régnier. — Porcelaine dure 1812. (Musée de Sèvres, n° 6160.)

Quant aux œuvres que produisit la Manufacture pendant la longue période qui va de 1800 à 1847, il faut reconnaître que la remarquable perfection matérielle à laquelle la science de Brongniart permit d'atteindre ne s'appliqua généralement qu'à des œuvres d'une valeur artistique tout à fait contestable et n'aboutit jamais à la création d'un style caractérisé, comparable à celui de Vincennes et de Sèvres au siècle précédent. Autant il était nécessaire, sous Louis XV et Louis XVI, d'étudier les œuvres dans leur infinie diversité, autant à cette époque l'ensemble de la production peut être caractérisée par quelques formules, à peine modifiées pendant un demi-siècle. Dès le début de l'Empire, les formes gracieuses du XVIIIe siècle furent abandonnées de parti pris, et remplacées par l'art rigide et froid qui triomphait alors. Le blanc de la porcelaine, suivant une tendance qui s'accentuait depuis un certain temps déjà, disparut complètement sous des fonds de couleurs, des compositions ou de lourdes dorures, auxquelles une exécution impeccable ne parvint pas à donner une réelle valeur artistique. Enfin, une nouvelle génération de décorateurs ne tarda pas à remplacer ceux qui, même en pleine décadence révolutionnaire, avaient conservé quelque chose de l'esprit de l'époque monarchique et qui, du moins, avaient la pratique traditionnelle de leur métier. Les artistes que choisit Brongniart étaient, pour la plupart, des hommes de talent, instruits et habiles, mais peu avertis de tout ce qui avait trait à la technique de la décoration sur porcelaine. Les uns étaient des peintres de figures, les autres se consacraient plus spécialement au décor floral ou ornemental; chacun d'eux restant spécialisé dans un genre particulier : ainsi se généralisa la déplorable méthode qui consiste dans l'emploi de plusieurs mains pour la décoration d'une même pièce, sans se préoccuper de l'harmonie de l'ensemble, impossible à obtenir dans ces conditions. D'autre part, les hommes auxquels Brongniart demanda de nouvelles formes et des décors originaux, Brongniart père, Percier, Isabey et autres artistes de grande valeur, étaient mal préparés à ce genre de travaux qui exigent une connaissance approfondie des ressources et des conditions d'emploi de la matière.

Les premières années de la période impériale furent marquées, nous l'avons dit, par un renouvellement général des formes, aussi bien pour les pièces de service que pour les vases. Les modèles du XVIIIe siècle, en effet, se prêtaient mal au genre de décoration capable de satisfaire le goût du public et surtout de répondre aux intentions de Napoléon, qui semble avoir vu très rapidement le parti qu'il pouvait tirer de Sèvres pour sa renommée. Pendant toute la durée de son règne, il condamna la Manufacture à retracer sans cesse, sur les assiettes aussi bien que sur les grandes pièces décoratives, les principaux faits de son existence. Les formes anciennes n'offraient pas aux décorateurs un champ assez vaste pour le but que se proposait l'Empereur, et c'est pour cela sans doute que l'on emprunta alors à l'art antique des formes très simples qui avaient du moins l'avantage de présenter de larges surfaces faciles à orner. Brongniart père fut appelé à donner ainsi dès 1801 le profil du vase *Cordelier*, puis avant 1805 le vase *Œuf*, le vase *Fuseau*, le vase *Floréal*. A la même époque, Percier dessina le vase qui a gardé son nom, tandis que, peu d'années après, parurent le vase *étrusque à rouleaux* (1809), le vase *étrusque cylindré*, le vase *carafe étrusque* (1810), déjà plus compliqués et plus lourds. Sur ces formes d'une hauteur moyenne d'un mètre, entièrement couvertes de fonds assez ternes, verts, bleus ou brun écaille, surchargées souvent de bronzes, les meilleurs artistes de la Manufacture, Swebach, Georget, Mlle Jacquotot, Béranger, Degault, etc... peignirent inlassablement, dans des cartels occupant en général le tiers de la hauteur du vase, des scènes de la vie de l'Empereur : la bataille d'Austerlitz, la revue de l'Empereur sous les murs de Vienne, l'entrée de l'Empereur dans Berlin, etc. Ces pièces atteignaient souvent des prix énormes; pour n'en citer que deux, nous indiquerons que le vase représentant le « Mariage de Napoléon », d'après le dessin de Zix, fut compté 30 000 francs, et celui représentant « les Trophées d'art de l'armée d'Italie apportés au Musée Napoléon du Louvre », peinture de Béranger, 40 000 francs.

Les mêmes idées présidèrent au choix des sujets servant à l'ornementation des services de table. Les formes d'abord avaient été simplifiées autant que possible : uniformément rondes, sans aucun découpage venant rompre la ligne sèche des bords, les assiettes, elles aussi, ne laissèrent plus rien transparaître de la blancheur de la porcelaine, des marlis de couleurs sombres, surchargés de dorures, entourant en général des scènes extrêmement réduites, des vues, des paysages. En 1803, par exemple, Swebach peignit la bataille de Marengo au centre d'une assiette dont le marli était décoré de trophées par Percier, et à la même époque, il travailla avec Caron et

Vase « étrusque à rouleaux », représentant l'arrivée à Paris des objets d'art rapportés d'Italie. — Sujet principal par Béranger. — Porcelaine dure 1813. (Haut. 1m,00). (Musée de Sèvres, n° 1823.)

Drolling à un service, destiné à l'Avoyer du canton de Berne, reproduisant des paysages contenus dans le livre de Delaborde. Quant aux pièces commandées pour la Maison de l'Empereur, elles furent, comme les vases, consacrées à la glorification du maître, et ornées de vues rappelant les faits guerriers, politiques ou administratifs de

Napoléon. Le service égyptien, terminé en 1808, était décoré de vues d'Égypte d'après les dessins de Denon, et les bords d'assiettes représentaient des hiéroglyphes scrupuleusement dessinés d'après les originaux. Cette habitude de transcription remplaçant les compositions aimables du passé devint à ce point une règle dans la

La bataille de Marengo, par Swebach. — Porcelaine dure (1803).
(Musée de Sèvres, n° 1792.)

maison que le goût de l'arrangement se perdit peu à peu et que les artistes les plus délicats devinrent de simples copistes, remarquables seulement par leur habileté.

Le succès des peintures sur plaques de porcelaines, que l'on a vu s'affirmer depuis 1780, aboutit sous l'Empire à un genre qui apparaît aujourd'hui comme une conception absolument fausse : celui des meubles ornés, en tout ou en partie, de porcelaines décorées. Napoléon Ier semble avoir particulièrement apprécié les tables composées suivant ce principe, et c'est sur son ordre même qu'en 1806 on établit le projet de trois meubles de cette espèce, dont l'un était consacré aux grands capitaines de l'antiquité, tandis que l'autre, demeuré le plus célèbre, devait immortaliser la gloire des vainqueurs de la campagne de 1805. La « Table des Maréchaux », exécutée de 1808 à 1810 d'après le projet de Percier, représentait, sur une plaque ronde d'un mètre de diamètre, l'Empereur en grand costume occupant le centre d'une étoile, entre les rayons de laquelle étaient reproduits les traits des treize généraux ayant pris part à la campagne. Pour cette œuvre considérable, Isabey, chargé de la peinture des portraits, reçut 9000 francs, et de plus on mit un appartement de la Manufacture à sa disposition pour qu'il pût travailler plus commodément; les bronzes ciselés par Thomire coûtèrent 4 000 francs, et la table, livrée en 1810 au Gouvernement pour 35 000 francs, demeura aux Tuileries jusqu'à la chute de l'Empire, époque à laquelle elle disparut dans des circonstances mal connues.

La sculpture, à cette époque, devait nécessairement — et plus directement encore que la peinture — être mise par Napoléon au service de sa gloire. Cependant, jusqu'au moment où Boizot quitta Sèvres en 1809, la Manufacture produisit encore quelques groupes, les *Musiciennes* entre autres, et des figures copiées ou inspirées de l'antique, qui rappelèrent la tradition ancienne de la maison. Boizot, avec son extraordinaire faculté d'assimilation, s'était adapté au goût du jour. Il exécuta aussi en 1802 un buste de Bonaparte au moment même où l'on modelait à Sèvres la « statuette équestre du Premier Consul », d'après Carle Vernet. Sous l'Empire, les effigies de Napoléon par Chaudet, le buste de Marie-Louise, la statuette du Roi de Rome couché, par Bosio, furent presque, en dehors de la froide composition des *Trois Grâces* de Chaudet, les seuls ouvrages d'auteurs modernes fréquemment reproduits pendant ces dix années. On ne saurait en effet comparer au biscuit ancien les grands surtouts de table que l'on exécuta pour compléter les services de table dont nous avons parlé, et dans lesquels le biscuit, souvent teinté en bleu, en noir, en couleur bronze, ne fut plus seulement employé, comme au XVIIIe siècle, à la reproduction de scènes ou de figures, mais servit de plus en plus à la composition de pièces décoratives.

Pendule en biscuit avec parties dorées. (Haut. 0,56). — Modèle de Percier. (Musée de Sèvres, n° 13022).

Les premières applications du biscuit à des objets de ce genre furent la « Pendule de Percier » de pur style Empire, et l'écritoire égyptien, en pâte colorée avec parties dorées. Mais bientôt, à côté de ces objets de dimensions moyennes, on vit paraître des pièces comme le surtout du Service olympique dont le motif central représentait *Napoléon Ier sur un char de triomphe traîné par quatre chevaux* ; les figures secondaires étaient des réductions des principales statues antiques du Louvre. Plus bizarre encore fut le surtout du Service égyptien, directement inspiré par la manie archéologique du jour : c'était une énorme construction, longue de plusieurs mètres, représentant au centre le temple de Philæ, auquel étaient reliés par des colonnades deux autres temples et deux môles de même style ; les espaces demeurés libres étaient ornés de figures de Memnons et de Sphinx ! Dans le même ordre d'idées, il faut encore citer la *Colonne Triomphale de la Grande Armée*, et le *Candélabre de l'Impératrice*, haut de 2m,35, établi d'après les dessins de

Brongniart père. N'avait-on pas eu le projet, en 1806, de reproduire en biscuit le château des Tuileries et l'Arc de Triomphe de Fontaine? De semblables aberrations montrent la décadence profonde du goût et sont les premières manifestations de la tendance à laquelle la Manufacture s'abandonna pendant tout le XIXe siècle, lorsqu'elle fit servir la porcelaine à des usages auxquels elle n'est point appropriée.

Cependant, malgré tous leurs défauts, malgré leur faible intérêt au point de vue purement artistique, les œuvres qui sortirent de Sèvres entre 1800 et 1815 offraient du moins certaines qualités, grâce aux artistes qui avaient encore à cette époque une certaine influence. Leur imitation de l'antiquité égyptienne ou étrusque n'eut certes rien de la grâce du XVIIIe siècle, mais elle se signala généralement par un certain souci d'exactitude qui conserve aux œuvres une valeur relative. D'autre part, le parti pris de faire servir toutes choses à la glorification de l'Empereur donna une orientation aux artistes, et il faut reconnaître, toutes réserves faites d'ailleurs sur le principe même de la décoration céramique à cette date, que Swebach, Drolling et d'autres ont produit parfois des compositions heureuses. Enfin les meilleurs d'entre eux n'étaient pas encore constamment réduits à l'emploi de copistes qu'on leur imposa dans la suite, et pouvaient parfois faire preuve d'une certaine initiative et de qualités personnelles.

La chute de l'Empire fut l'occasion pour la Manufacture d'une série d'incidents qui se rattachent à l'occupation de Paris par les armées alliées en 1815. A cette époque, en effet, l'armée allemande s'empara de l'établissement qui, d'abord transformé en ambulance, fut bientôt considéré comme prise de guerre par les Prussiens : un officier d'intendance en prit possession, avec l'ordre de saisir l'argent en caisse et de s'assurer au jour le jour du produit des ventes. Le dommage n'eût pas été bien sérieux, s'il s'était borné à cela, mais l'armée avait besoin d'argent et l'état-major prussien pensa bientôt à tirer parti de son occupation. Brongniart fut brusquement avisé d'avoir à dresser l'inventaire exact de tous les objets en état d'être vendus et de les faire transporter à Paris pour être dispersés aux enchères. Il parvint heureusement à retarder l'exécution de cette mesure désastreuse, en faisant valoir le peu de bénéfices qui résulterait de cette opération dans un moment aussi troublé et il amena même l'état-major prussien à accepter le principe d'une indemnité en argent, équivalente au produit que l'on pouvait escompter de la liquidation projetée. Après de longs pourparlers, le chiffre de l'indemnité fut fixé à 100 000 francs, auxquels devait s'ajouter la valeur de toutes les pièces ayant trait à l'histoire de Napoléon, pièces dont le transfert à Berlin fut immédiatement effectué. A la suite d'interventions diverses, Brongniart obtint en définitive que la remise de la Manufacture au roi Louis XVIII aurait lieu contre le versement de 40 000 francs en argent et de 10 000 francs en porcelaines, sans déduction des 76 000 francs de pièces que les officiers prussiens avaient précédemment choisies pour leur usage personnel dans les magasins de Sèvres. L'établissement ainsi rançonné n'eut d'ailleurs point à souffrir autrement de l'occupation prussienne, et dès la signature de la convention, il rentra sous l'autorité du ministre de la Maison du Roi. Une sauvegarde lui fut assurée par M. de Müffling, gouverneur prussien de la Ville de Paris, jusqu'au moment de la libération complète du territoire, et Brongniart semble n'avoir eu qu'à se louer des procédés des officiers prussiens chargés d'assurer l'ordre à Sèvres ; on peut même trouver qu'il leur manifesta sa gratitude d'une façon exagérée le jour où il adressa comme souvenir au baron de Müffling une tasse, sur laquelle il avait fait peindre le portrait du général Blücher. « Le général Blücher est cher aux « Prussiens, lui répondit M. de Müffling en le remerciant, et les Fran- « çais lui rendront justice un jour... »

A partir de la Restauration, la corruption des styles qui avaient caractérisé la période impériale s'accentua constamment, et un curieux indice de l'évolution qui se produisit alors parmi les artistes de Sèvres nous est fourni par des croquis conservés à la Manufacture et

Coupe dite « des sens ». — Décor de Mme Ducluzeau, d'après Alex. Évariste Fragonard. Porcelaine dure (1825). — (Haut. 0,45, Larg. 0,95). (Musée de Sèvres, n° 8157.)

montrant l'arrangement des expositions qui, à l'exemple du XVIIIe siècle, eurent lieu chaque année au Louvre depuis 1816. Dans les années qui suivirent la chute de l'Empire, le nombre des formes nouvelles fut très restreint : parmi les vases, on ne peut guère citer comme pièces importantes que le *vase Socibius* et le *vase Campanien de Luynes* de 1826. Les décors se rattachèrent aux mêmes genres d'ornementation que précédemment, mais, l'élément fourni par l'épopée napoléonienne faisant défaut, il fallut s'ingénier à découvrir sans cesse des sujets nouveaux, et c'est alors que se multiplièrent, dans la décoration des services notamment, ces suites de compositions bizarres, dont les spécimens qui nous restent font regretter que tant d'habileté n'ait pas trouvé un emploi plus judicieux. Le « service iconographique antique », par exemple, était composé d'assiettes au centre desquelles était peint en camée le portrait d'un homme illustre d'Athènes ou de Rome; le « Service des Oiseaux d'Amérique », celui des « Arts Industriels », celui des « Vues historiques de France » et tant d'autres, différents par les sujets représentés, restaient identiques par la disposition du décor. Le même genre d'ornementation s'appliqua plus fâcheusement encore à la décoration de certaines pièces dont le succès datait du XVIIIe siècle, les *déjeuners*, comprenant une tasse, une cafetière et un pot à crème réunis sur un plateau, que l'on couvrit à cette époque de peintures dont les titres suffisent à faire entrevoir le mauvais goût et l'adaptation ridicule à des pièces d'usage domestique : les « Peines et plaisirs de l'Amour[1] », l' « Apothéose d'Henri IV », l' « Alliance d'armes de Du Guesclin et d'Olivier de Clisson », etc... Des sujets du même ordre — par exemple, Michel-Ange aveugle enseignant ses élèves au Vatican, — étaient reproduits sur les vases, à côté de quelques allégories politiques rappelant les compositions de la période antérieure, comme le « Retour de Charles X à Paris à la suite du Sacre » ou « Louis XIV prenant les rênes du char de l'État ».

Un développement considérable fut alors donné aux objets mobiliers formés de plaques en porcelaine, dont la production avait été jusque-là presque complètement limitée à des tables de dimensions diverses. Celles-ci d'ailleurs ne furent pas abandonnées et les plus importantes de cette période représentèrent la « Restauration du Musée

[1] La décoration du plateau de ce déjeuner est ainsi décrite dans le catalogue de l'Exposition de 1821 : « Vénus envoie sur la Terre les Amours de différents caractères exer« cer sur les âmes leurs diverses influences. Les Amours sages sont blonds, n'ont au« cun instrument de tourments et sont principalement envoyés par les Grâces. Les « Amours violents sont bruns, emportent des chaînes pesantes et d'autres instruments « de tourments. Deux Amours de caractères opposés veulent entraîner dans leur parti « un jeune Amour encore sans caractère. Deux autres écrivent les noms des victimes « de l'amour violent et des héros de l'amour réciproque... »

Royal » et l'« Inauguration de la statue d'Henri IV ». Mais on semble avoir apprécié surtout les coffrets, les bureaux, les armoires à bijoux, les pendules enfin qui le plus souvent rappelèrent par

L'Amour et Psyché. — Peinture sur plaque par Mme Jacquotot, d'après le baron Gérard. Porcelaine dure (1824). — (Haut. 0,60, Larg. 0,43). (Musée de Sèvres, n° 7259.)

leur forme générale la pendule de Percier, exécutée non plus en biscuit avec des ornements en relief, mais décorée de sujets peints. L'une de ces pendules, vraiment monumentale par ses proportions, est demeurée célèbre sous le nom de *pendule géographique* : elle atteignait 2m,20 de haut, et son cadran tournant avait la forme d'un bouclier attaché à une gaîne supportant les bustes d'Apollon et de Diane ; ce bouclier représentait en douze tableaux les lieux de la terre où il est midi, quand il est deux heures, quatre heures, six heures, etc., à Paris... Sa valeur était de 12000 francs!

Enfin il faut signaler, pour donner une idée complète de la production de la Manufacture entre 1815 et 1830, l'importance prise à ce moment par les copies de tableaux sur grandes plaques de porcelaine. Les progrès de la fabrication ayant permis d'obtenir par le procédé du coulage des plaques absolument unies atteignant 1m,60 sur 1 mètre, les meilleurs artistes de la maison, Georget, Constantin, Béranger, Langlacé, surtout Mme Ducluzeau et Mme Jaquotot, ne furent plus occupés qu'à reproduire sur ces plaques les principaux chefs-d'œuvre du Louvre, dans le but de conserver ainsi des témoins inaltérables d'œuvres d'art appelées à être détériorées par le temps. Le premier grand travail de ce genre avait été la reproduction en grandeur naturelle du portrait de Napoléon Ier par Gérard; dans la suite, et jusqu'en 1850, quelques copies de tableaux parurent chaque année aux expositions. En 1830 même, on n'hésita pas à envoyer Constantin à Rome, avec mission d'exécuter sur porcelaine une transcription fidèle de certaines œuvres des musées italiens. Il faut bien reconnaître que les artistes dont nous avons parlé apportèrent dans ces travaux une indiscutable perfection et firent preuve d'extraordinaires qualités d'interprétation consciencieuse : au point de vue de l'exécution, rien d'aussi parfait n'est peut-être sorti des ateliers de Sèvres, mais, pour en apprécier la valeur intrinsèque, il faudrait d'abord accepter le principe décoratif dont ces œuvres étaient la manifestation. Elles avaient d'ailleurs un autre grave défaut, qui était leur prix de revient, peu en rapport, semble-t-il, avec l'intérêt qu'elles pouvaient offrir : ainsi les copies des deux tableaux de Raphaël, la *Messe de Bolsena*, par Constantin, et la *Vierge au Voile*, par Mme Jacquotot, coûtèrent l'une 27000 et l'autre 35000 francs!

Quant à la sculpture en biscuit, on assiste après l'Empire à la décadence définitive de cet art, et la collection des statues équestres des Rois de France que Brachard, premier sculpteur de la Manufacture, modela presque entièrement, nous apparaît aujourd'hui comme une collection d'effigies parfaitement ridicules. La sculpture ornementale ne valut guère mieux et les grands surtouts d'alors, surchargés de palmiers, de lourdes guirlandes de fleurs et de fruits, ne présentèrent même plus l'intérêt des motifs principaux du *Service Olympique* ou du *Service Égyptien*. L'influence romantique se marqua de bonne heure dans la composition de certaines pièces de style pseudo-gothique, aussi fausses d'ailleurs par l'interprétation du style lui-même que par l'adaptation que l'on en fit à des pendules, à des bibliothèques ou à des coffres à bijoux.

Saint Louis au pont de Taillebourg. — Composition d'Eugène Delacroix. — Vitrail de la chapelle de Dreux.

A cette époque fut créé l'atelier de peinture sur verre qui devait fonctionner jusqu'en 1852. L'idée de cette fondation appartient à Brongniart qui, dans le programme de travaux adopté en 1800, avait inscrit l'étude des couleurs destinées à ce genre de décoration, en faveur duquel un essai de rénovation était tenté par quelques praticiens. Dès 1802, il s'était livré à diverses recherches à ce sujet et, lorsqu'il organisa le Musée Céramique, il prit soin d'y faire entrer des échantillons de toutes les matières employées dans la verrerie. Les procédés que lui apporta en 1824 un des décorateurs de la Manufacture, Pierre Robert, le conduisirent à l'organisation d'un atelier de peinture sur verre, dont les travaux parurent pour la première fois à l'exposition de 1827. On y put voir diverses glaces peintes depuis 1824 d'après les procédés de Robert, ainsi qu'un fragment de vitrail, copié sur une verrière de la Sainte-Chapelle et exécuté, à la manière du XIIIe siècle, par juxtaposition de verres colorés dans la masse. A partir de 1828, l'atelier de peinture sur verre, placé sous la direction de Pierre Robert, puis en 1832 de Louis Robert, exposa chaque année d'importants vitraux destinés pour la plupart aux chapelles des résidences royales, Compiègne, Amboise, Randan, Eu, Carheil, aux caveaux de Dreux, au Musée du Louvre.

Les meilleurs artistes du temps de Louis-Philippe furent appelés à fournir des cartons à cet atelier : en 1830, l'architecte Le Bas établit ainsi un projet de vitrail pour Notre-Dame-de-Lorette ; à la décoration du château d'Eu travaillèrent successivement Paul Delaroche, Chenavard, Wattier, Ziegler, Decaisne, Deveria ; pour les vitraux de la chapelle de Dreux, on fit appel au talent de Delacroix pour les figures et de Violet-le-Duc pour les ornements[1]. Entre 1830 et 1840, Chenavard semble avoir été le principal artiste attaché à l'atelier de peinture sur verre, — c'est à lui notamment que fut demandée la composition d'une grande verrière ($6^m,65$ sur $3^m,43$) exécutée en 1838 pour montrer les ressources de l'art du vitrail et représentant le *Renouvellement des Arts et des Sciences à l'époque de la Renaissance*, — tandis qu'après 1840 les travaux importants furent confiés à Achille Deveria dont les meilleures œuvres en ce

[1] Beaucoup de ces cartons sont demeurés dans les collections de la Manufacture et constituent de précieux documents pour l'histoire de l'art de ce temps.

genre sont peut-être l'*Annonciation* et l'*Assomption*, placées dans l'église Saint-Louis de Versailles.

Cet atelier fut supprimé en 1852. Il n'y a pas lieu de le regretter, car la peinture sur verre de Sèvres ne correspondit jamais à un genre de décoration bien défini, et le jugement que M. de Lasteyrie porta en 1850 sur cette fabrication détermine ce qu'il y avait d'artificiel et d'incomplet dans cette création : « En reconnaissant à chacun « son mérite, il nous est impossible, disait-il, de ne pas nous élever « contre cette peinture d'un genre bâtard qui veut tenir le milieu « entre le tableau à l'huile et le vitrail, sans pouvoir jamais atteindre « l'éclat de l'un ni les qualités de l'autre »...

Si l'on prétendait donner une idée de la production artistique de Sèvres entre 1830 et 1848, on pourrait presque se borner à reprendre l'énumération des pièces dont avons déjà parlé. Le caractère des décorations demeura le même et les sujets n'offrirent d'autre particularité qu'une exagération des défauts déjà signalés. Toutefois le style général des pièces rendit plus manifestes encore la décadence du goût et la disparition de tout principe de composition ; nous ne saurions mieux définir le caractère de cette époque qu'en citant ce jugement de Georges Vogt qui traduit excellemment l'impression donnée par les œuvres : « Sous le règne de Louis-Philippe, les vases sont « surchargés des ornements les plus variés ; des figures, des bas-reliefs, « des chimères, des animaux, des mascarons, des guirlandes de fleurs « et de fruits, des cabochons se heurtent sur leurs surfaces dans une « ordonnance qui nous paraît aujourd'hui des plus étranges ; toutes « les couleurs à la disposition de l'artiste se trouvent réunies sur la « même pièce ; il n'y a plus ni harmonie, ni unité dans la composi- « tion ni dans la coloration[1] ». De plus en plus, la Manufacture s'en-

[1] Georges Vogt. *La Porcelaine*. Bibliothèque de l'enseignement du dessin.

ferma dans une imitation maladroite des styles du passé : Fragonard et Chenavard composèrent alors des surtouts, des meubles, des guéridons Renaissance, arabes, romans ou mauresques, pour aboutir à la création de pièces comme la pendule turque à musique ! La sculpture ne trouva plus dans cette période d'autre emploi que l'ornementa-

Assiette du service des Départements. — Porcelaine dure (1828).
(Musée de Sèvres, n° 12861.)

tion de grandes pièces telles que le *vase de Phidias*, haut de 2m,38, le *Vase Renaissance* de Fragonard, ou la *Cheminée de Fontainebleau.*

La direction de Brongniart apparaîtrait donc dans l'histoire de la Manufacture comme un temps de véritable décadence si l'on bornait l'examen des œuvres à la valeur d'art qu'elles représentent ; mais ses travaux eurent heureusement pour résultat des progrès considérables au point de vue de la fabrication. Nous avons eu occasion de signaler déjà quelques-uns des perfectionnements acquis grâce à ses patientes recherches : il faut ajouter à cette liste déjà longue l'emploi généralisé du procédé du coulage proposé vers 1820 par Régnier, chef des fours et pâtes, pour la fabrication des grandes plaques de porcelaine. A la collaboration de celui-ci avec Brongniart, on doit encore la construction des premiers tours à calibrer, employés au tournage des assiettes et des pièces de platerie ronde, ainsi que certains arrangements ingénieux d'encastage grâce auxquels il devint possible d'utiliser beaucoup mieux la capacité d'un four. Il convient aussi de signaler ici l'introduction dans la Manufacture de la fabrication de certaines poteries moins fines que la porcelaine, mais par cela même mieux appropriées aux besoins de la production courante. C'est ainsi qu'en 1827 Brongniart accueillit M. de Saint-Amand, auteur de travaux sur la fabrication de la faïence fine à la manière anglaise; des locaux furent mis à sa disposition et, bien que ses essais fussent faits sous sa responsabilité personnelle, Brongniart tint à montrer toute l'importance qu'il leur donnait en exposant les résultats obtenus, à côté des produits de la Manufacture. Avec le même souci d'aider au développement de tous les arts du feu, il organisa en 1845 un atelier d'émaillage sur métaux qui fonctionna jusqu'en 1872 et qui, sous la direction habile de Mayer, produisit des travaux intéressants à la fois par leur perfection technique et par

Atelier d'émaux sur métaux. — Cassolette décorée d'émaux sur cuivre, par Gobert. (Musée de Sèvres, n° 7504.) (Haut. 0,60).

leurs dimensions. Une des tentatives les plus curieuses qui soient sorties de cet atelier est certainement la décoration en émaux appliquée à des plaques de fer atteignant 1m,50 de hauteur et décorées de grandes figures comme les *Quatre Évangélistes* ou la *Madone du Grand-Duc*, peintes par Bonnet et Apoil.

Fidèle au but qu'il s'était lui-même marqué, Brongniart voulut encore en 1820 compléter son œuvre d'enseignement industriel par la création d'une « École royale de peinture en couleurs vitrifiables ». Il avait formé le dessein de donner là à des jeunes gens déjà munis d'une éducation artistique assez complète une instruction professionnelle qui les mît à même d'employer ces couleurs sur porcelaine, sur métal ou sur verre. L'expérience lui avait montré, en effet, combien l'absence des notions les plus élémentaires concernant l'usage de ces couleurs décourageait rapidement les meilleurs artistes, et il avait conçu l'espoir de préparer, pour le plus grand bien de l'industrie, une génération de jeunes artistes que ces difficultés techniques n'entraveraient plus. Une école fut donc installée à Paris, à côté de l'atelier qui fonctionnait déjà au dépôt de la Manufacture, 18, rue de Rivoli; mais les élèves se présentèrent en petit nombre et l'institution ne donna jamais les résultats qu'on en pouvait attendre. Il y avait longtemps qu'elle avait cessé d'exister réellement, lorsqu'en 1840 Brongniart lui-même proposa de la supprimer officiellement, en même temps que le dépôt de Paris qui, lui aussi, n'avait été pour la Manufacture qu'une charge inutile.

Brongniart mourut à Sèvres en octobre 1847, mais il avait pris le soin de se préparer un successeur. Deux ans plus tôt, en effet, il avait fait nommer à l'emploi d'administrateur-adjoint Ebelmen, savant éminent sorti comme lui du corps des mines et déjà connu par des travaux remarquables. La Révolution de 1848 fit rentrer la Manufacture, rendue à l'État, dans les attributions du ministre de l'Agriculture et du Commerce dont le premier soin fut de nommer un Conseil de Perfectionnement des Manufactures nationales, ayant Albert de Luynes pour président et Fernand de Lasteyrie pour rapporteur. Sur les indications de ce Conseil, Ebelmen entreprit une réforme complète de la maison. Après la longue direction de Brongniart, il sembla

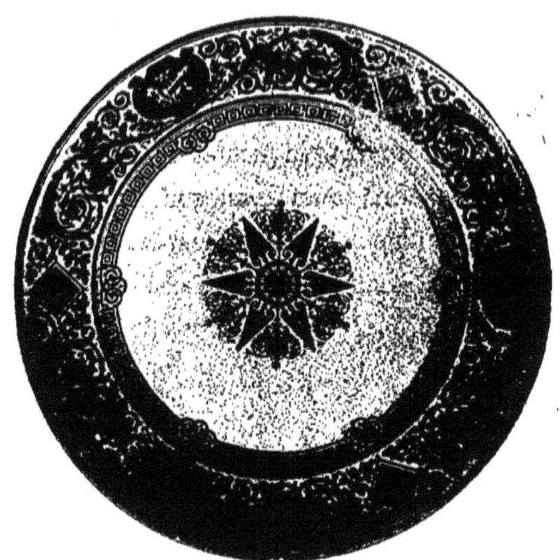

Assiette du service du château de Fontainebleau. — Porcelaine dure (1838).
(Musée de Sèvres, 12541.)

urgent de faire dans le personnel une sélection semblable à celle réalisée en 1800. Régnier, le chef des fours et pâtes, fut remplacé par Vital-Roux dont le nom demeure attaché au perfectionnement des procédés de cuisson de la porcelaine à la houille ; Willermet, chef des ateliers de peinture, fut mis à la retraite et eut pour successeur Louis Robert, tandis qu'un emploi nouveau, celui d'artiste en chef, était confié au décorateur Diéterle. Beaucoup des peintres appelés par Brongniart à Sèvres furent, eux aussi, remplacés par une génération nouvelle d'artistes, Mérigot, Cabau, Hamon, Robert, Paul Avisse comme décorateurs, Klagmann à la sculpture. Malheureusement Ebelmen mourut en pleine activité en 1852, et ce qu'il avait réalisé pendant les quatre années de sa direction fait doublement regretter sa fin prématurée, car il promettait de mener à bien de grandes choses. Au point de vue scientifique, ses travaux les plus importants portèrent sur des synthèses minéralogiques d'un intérêt considérable pour le développement de la décoration au grand feu. Il avait entrepris d'autre part de rétablir la fabrication de l'ancienne porcelaine tendre, abandonnée par Brongniart en 1804. Enfin, on lui doit le perfectionnement des procédés du coulage, employé seulement jusqu'alors à la fabrication des plaques et des instruments de chimie, et qu'il appliqua au façonnage de deux genres de pièces également difficiles à obtenir : les objets extra-minces, tasses, soucoupes, pièces découpées à l'imitation du Japon, et les pièces de grandes dimensions comme le *Vase de Klagmann* et la *Coupe du Travail* de $1^{m},14$ de diamètre, de Feuchère.

Nous avons indiqué le concours prêté par le Conseil de perfectionnement des Manufactures nationales à l'œuvre entreprise par Ebelmen. Le rapport rédigé par M. de Lasteyrie en 1850 paraît en effet la critique la plus juste qui puisse être faite de la production de Sèvres pendant la première moitié du XIXe siècle. A côté des éloges décernés à toutes les tentatives nouvelles, il avait signalé dès ce moment l'erreur fondamentale que constituait le fait de peindre un tableau sur la panse d'un vase et le non-sens que l'on commettait en dissimulant entièrement la belle matière de la porcelaine sous des fonds de couleur et sous des décors opaques.

La Manufacture rentra en 1852 dans la dépendance de la maison de l'Empereur. L'illustre physicien Regnault, déjà membre à cette époque de l'Académie des Sciences et officier de la Légion d'honneur, fut nommé à l'emploi devenu vacant par la mort d'Ebelmen ; il conserva pendant tout le règne de Napoléon III la direction de Sèvres, jusqu'au jour où la mort de son fils, le peintre Henri Regnault, vint le frapper cruellement et le décida à abandonner toute fonction publique.

Entre 1852 et 1870, se place la période la plus critiquable de la production de Sèvres. Regnault, absorbé par ses travaux de physique, parvenu à une situation considérable, se désintéressa constamment de la direction artistique qu'il abandonna à Diéterle d'abord, puis à Nicolle qui arriva en 1856 avec le titre d'administrateur-adjoint. Tout l'effort de Regnault, secondé par Salvetat, porta donc sur des perfectionnements techniques qui furent d'ailleurs appréciables durant ces vingt années. A ce point de vue, il faut tout d'abord indiquer les nombreux essais tentés pour obtenir des décors de grand feu : on trouva alors la formule d'un certain nombre de couvertes colorées capables de se développer au feu de four ; surtout on perfectionna le procédé de décoration par les pâtes colorées. L'idée de ce procédé avait été donnée par Riocreux, le conservateur des collections : il consistait essentiellement dans le fait de mélanger à de la pâte une faible proportion d'oxydes colorants et de décorer la porcelaine crue en déposant cette matière au pinceau en épaisseur variable suivant l'intensité des tons à obtenir. Ce procédé se prêtait à un genre de décoration imitant le camée — fréquemment utilisé depuis lors — que l'on obtient en dessinant des ornements ou des figures avec de la pâte blanche sur une pièce recouverte préalablement d'une couche de pâte colorée. Confiées à d'habiles praticiens comme Gély, Gobert, Cabau, Barriat, Mme Escallier, les pâtes colorées donnèrent des effets agréables et les pièces décorées par ce moyen constituent le seul intérêt de la production à cette époque. On voulut aussi donner aux pâtes colorées une autre destination, d'un effet beaucoup plus contestable et qui rappelait les essais de biscuits colorés faits sous le premier Empire. Comme ceux-ci, les pâtes colorées dans la masse, imitant le marbre ou certaines pierres, eurent le grave défaut de donner à la porcelaine un aspect douteux et de lui enlever les qualités qui font son charme.

Les essais de reconstitution de la pâte tendre qu'avait entrepris

Ebelmen furent continués sous Regnault qui s'efforça, non plus de retrouver la formule des anciennes porcelaines tendres, mais d'en composer une nouvelle ayant des qualités identiques. Il fut loin de réussir dans cette voie et ce qui nous est resté des produits de ce genre montre avec quelle facilité les chimistes de Sèvres estimèrent avoir atteint le but. Jamais ils ne furent en état de reproduire le bel émail ancien, dans lequel les couleurs se fondaient si complètement, et leurs fonds roses, bleus ou verts ne rivalisèrent jamais avec les teintes limpides du xviiie siècle.

Vase « bijou » décoré en pâtes d'application, par Gély. (Musée de Sèvres, n° 7596). Porcelaine dure (1865.)

Les études de Regnault et Salvetat portèrent encore — et c'est là un des résultats les plus intéressants de leurs travaux — sur les effets que peuvent donner les mêmes oxydes colorants suivant la composition chimique de l'atmosphère à laquelle la pièce est exposée pendant la cuisson : on sait en effet qu'un même oxyde, cuisant en feu réducteur ou en feu oxydant, cuisant en courant d'air ou en gazette close, produit des colorations absolument différentes. L'observation de ces phénomènes, poursuivie avec grand soin depuis lors, a notablement étendu les moyens d'action dont disposent les décorateurs de grand feu.

Enfin, répondant au vœu du Conseil de perfectionnement, la Manufacture organisa un atelier de faïences qui fonctionna officiellement de 1852 à 1872. Sous Brongniart, à plusieurs reprises des études avaient été entreprises sur les matières céramiques autres que la porcelaine. La création de 1852 ne fut donc en fait que la reconnaissance officielle du concours que la Manufacture devait prêter au perfectionnement de la céramique en général. Cet atelier produisit d'ailleurs des œuvres intéressantes, d'abord de grands objets comme le porte-bouquet dont nous donnons la reproduction, puis des terres cuites décorées d'engobes colorées et de nielles à la manière des faïences d'Oiron. Il disparut en 1872, à l'époque où la nécessité de réaliser des économies se joignit au besoin de consacrer tous les efforts du personnel à une régénération devenue indispensable.

Atelier de faïence émaillée. — Enfants porte-bouquets, par Larue (1863). (Haut. 1,50). (Musée de Sèvres, n° 12991.)

La Manufacture prit part sous le second Empire à de nombreuses expositions, à Londres en 1851, à Paris en 1855, de nouveau à Londres en 1862, et à l'Exposition universelle de 1867. Par une tendance qui mérite d'être notée et qui montre à quel point les efforts étaient alors uniquement tournés vers les perfectionnements techniques, tous les rapports faits à la suite de ces expositions laissèrent de côté la partie d'art, à laquelle seule on s'attachait un siècle auparavant. Celle-ci d'ailleurs manquait d'intérêt et, à ce point de vue, la Manufacture souffrit du malaise qui affecta tous les arts sous Napoléon III. Dans un remarquable rapport qui sert de préface au compte rendu des travaux d'art industriel exposés à Londres en 1862, Prosper Mérimée a fait ressortir la faiblesse générale des productions artistiques à la date où il écrivait : il montrait la relation qui a existé de tout temps entre le « grand art » et les arts mineurs, et établissait un rapprochement curieux entre la pauvreté de conception des artistes d'alors et le manque d'idées originales qui se manifestait dans l'ameublement, l'orfèvrerie, aussi bien que dans la céramique, etc... L'absence de style caractérisé, le goût croissant des reconstitutions devaient conduire fatalement, selon lui, à un art de pure imitation, sans aucun profit pour l'École française.

Cet appauvrissement de l'art français se marqua profondément dans les produits de la Manufacture et, devant les copies bâtardes de tous les styles antérieurs auxquelles elle se livra, on en vient à regretter presque les compositions de la Restauration ou de Louis-Philippe. A l'époque où nous sommes arrivés, à côté de la tendance de plus en plus marquée vers les tours de force de fabrication — pièces colossales ou objets tellement minces et fragiles que leur conception même semble un défi à la logique — on ne saurait guère citer de formes nouvelles, mais seulement la reprise de beaucoup de celles du XVIIIe siècle. Quant à la décoration en couleurs, on vit encore s'accentuer, s'il est possible, les défauts dont elle était marquée depuis le début du XIXe siècle. Les mêmes traditions persistaient et l'on en était encore aux sujets plus ou moins baroques dessinés et peints sur la panse des vases ; mais tandis que sous Brongniart ces compositions étaient franchement de petits tableaux limités par un encadrement, elles s'étalèrent alors sur toute la surface des vases, sans tenir compte de la forme, sans souci de l'harmonie que l'on doit toujours chercher entre les dimensions de la pièce et son décor.

Au lendemain de la guerre franco-allemande, Regnault fut remplacé par Louis Robert, un des plus anciens praticiens de la Manufacture, successivement chef de l'atelier de peinture sur verre et chef de tous les ateliers de décoration. La Manufacture eut à subir presque aussitôt un assaut redoutable, de la part de ceux qui voyaient dans sa suppression une sérieuse économie à réaliser, le budget de Sèvres étant passé sous l'Empire de 350 000 à 580 000 francs. A ceux-ci se joignirent certains fabricants de céramique qui demandèrent qu'une partie des fonds alloués à l'entretien de la maison leur fût distribuée pour leur permettre d'entreprendre des essais et de perfectionner par leurs propres moyens les procédés de fabrication et de décoration. Le gouvernement ne céda pas aux sollicitations intéressées des industriels, mais, fidèle à la tradition qui avait maintenu la Manufacture en 1793 et en 1848, il pensa qu'un nouveau plan de réformes devait être élaboré. Jules Simon, alors ministre de l'Instruction publique et des Beaux-Arts, nomma, le 26 juillet 1872, une Commission composée de Charles Blanc, de l'architecte Duc, de Guillaume, directeur de l'École des Beaux-Arts, du peintre Mazerolle et d'Adrien Dubouché, qu'il chargea de définir les principes fondamentaux de la décoration céramique. M. Duc, désigné comme rapporteur de cette commission, indiqua en premier lieu les vices dont souffrait la Manufacture. « Les produits actuels, dit-il dans ce premier rapport, « sauf quelques exceptions qu'il serait injuste de ne pas noter, ne « présentent pas non seulement les qualités de l'ancienne céramique « au point de vue décoratif, mais attestent plusieurs défauts sensibles. « Les formes sont souvent languissantes, leur dessin ne fait pas suffi- « samment sentir ces oppositions fines, inattendues et originales qu'on « trouve si fréquemment dans la céramique antique, qu'elle soit de « style grec, indou, persan, chinois ou arabe. Pour la décoration « coloriée... elle est aujourd'hui absolument sans ordonnance; de « larges surfaces vagues sont abandonnées le plus souvent à des feuil- « lages qui les couvrent sans aucune division ornementale. De là..

« résulte un effet indéterminé qui n'apporte à la vue aucune jouissance « et la fatigue comme un effort impuissant et maladif ».

La Commission de perfectionnement, augmentée de plusieurs

Coupe ajourée. (Haut. 0,22). — Porcelaine dure (1862). (Musée de Sèvres, n° 7591.)

membres choisis parmi les céramistes et les décorateurs, se livra pendant trois années à un examen rigoureux des résultats obtenus et fournit d'utiles indications sur le but à poursuivre. M. Duc, chargé en 1875 de rédiger le rapport définitif, résuma les observations formulées au cours des années précédentes. Deux critiques générales dominent cet important travail : « *La science de la Céramique a moins de progrès à faire que l'Art. Les artistes, qui n'ont rien à gagner au point de vue du métier, manquent de l'instruction générale qui leur ferait acquérir les notions de ce qui est utile à la décoration céramique.* » La Commission proscrivit tout d'abord d'une façon absolue tout décor où il serait fait emploi de la perspective, et ainsi se trouvèrent condamnés la plupart des genres employés jusqu'alors. Elle recommanda aux artistes l'étude des divers arts anciens et modernes en leur signalant les qualités caractéristiques de l'art de chaque temps. Elle établit ce grand principe, si complètement méconnu depuis trois quarts de siècle, que le décor doit toujours respecter la forme de la chose décorée, et demanda, pour assurer un recrutement d'artistes préparés à leur rôle, d'organiser dans la Manufacture même une école où des jeunes gens recevraient un enseignement spécial appliqué à la céramique.

Ayant ainsi assuré la formation de praticiens habiles, la Commission pensa qu'il était aussi nécessaire d'activer l'échange des idées entre les artistes de la Manufacture et ceux du dehors, plus directement mêlés au mouvement de l'art : pour cela elle proposa l'organisation d'un *prix de Sèvres* qui, décerné tous les ans, devait donner lieu à un concours entre tous les artistes pour la création de la forme et du décor d'un objet déterminé. L'œuvre primée serait exécutée par la Manufacture. Comme complément de l'instruction esthétique des artistes, la Commission demanda enfin l'installation du Musée céramique suivant un principe un peu différent de celui adopté par Brongniart, qui en avait plutôt fait une collection technologique qu'un musée, négligeant de parti-pris le point de vue esthétique pour donner toute l'importance au point de vue purement technique.

La conclusion du rapport de M. Duc vaut d'être citée : « La « Manufacture de Sèvres possède dans son sein tous les éléments « nécessaires pour la maintenir au niveau de sa réputation européenne. « La fabrication est supérieure, la science est arrivée à un haut degré « de perfection et peut fournir à tous les besoins de l'art céramique

« sous le double rapport de la matière, des émaux et des couleurs, « mais elle doit faire de nouveaux efforts pour l'avenir. Les artistes « ont pour la plupart une virtuosité qui ne peut être surpassée. Ils « possèdent presque toutes ces qualités naturelles de goût, de grâce « et de délicatesse qui sont l'apanage de notre tempérament national. « L'éducation et l'instruction seules manquent à cet ensemble de « brillantes qualités : il y a beaucoup à faire dans ce sens. »

Dans quelles conditions, dans quelle mesure les conclusions de la Commission de perfectionnement furent-elles suivies de résultats, c'est ce qui nous reste à indiquer en étudiant le développement de la Manufacture au cours des trente dernières années. Mais ici s'arrête, en réalité, la période historique de l'existence de cet établissement : les réformes profondes qu'on apporta à cette époque dans son organisation ont encore leur répercussion sur la production actuelle : celle-ci ne saurait donc être jugée au même point de vue que les œuvres de la période antérieure.

Le Baiser donné et le Baiser rendu. — Modèles de 1765.

TABLE DES GRAVURES

TABLE DES MATIÈRES

ÉVREUX, IMPRIMERIE CH. HÉRISSEY ET FILS

Jardinière. — Modèle de J. Chéret (1882), décoré par Lucas en 1884. (Long. 0,90).

I

LA MANUFACTURE DE 1876 A 1890. — DIRECTIONS LAUTH ET DECK LA PORCELAINE DURE NOUVELLE

La date de 1876 correspond non seulement à l'installation définitive de la Manufacture dans les bâtiments qu'elle occupe actuellement, mais encore à une période nouvelle de son histoire. Depuis 1872, en effet, l'on se préoccupait très vivement de l'orientation à donner à l'établissement arrêté dans son développement depuis Brongniart et Ebelmen. Les rapports de Duc et de Lameire avaient signalé le mal et montré que l'infériorité de la production, sa monotonie étaient en grande partie le résultat d'une éducation artistique trop négligée par les peintres et les sculpteurs de la Manufacture qui exécutaient avec une habileté toujours égale des compositions sans originalité. Fréquemment la presse donnait à la Manufacture de violents assauts et lui reprochait toutes les fautes de goût qu'avait pu lui faire commettre sa soumission trop absolue aux fantaisies de la cour impériale. On insistait sur le manque d'ensemble des pièces qui sortaient de Sèvres et dans lesquelles se révélait trop nettement la fâcheuse collaboration de plusieurs artistes à une même pièce sur laquelle l'un copiait un tableau quelconque, tandis qu'un autre y peignait des fleurs et un troisième des ornements, sans lien, sans une idée générale adoptée d'avance. Et l'on attribuait généralement cette décadence artistique à la prédominance des chimistes sur les artistes dans la direction de la Manufacture. Au XVIIIe siècle, disait-on, les savants étaient considérés comme devant apporter leur concours aux peintres et aux doreurs pour leur fournir les moyens les plus parfaits de décorer la porcelaine ; aujourd'hui les artistes semblent n'avoir d'autre mission que de mettre en valeur les découvertes des chimistes et les tours de force de la fabrication. Le désarroi s'était accentué encore depuis la suppression de l'emploi d'artiste en chef, à la fin de l'Empire. L'administrateur Robert, nommé en 1871 lorsque Regnault se retira, était, il est vrai, un artiste : mais, vieilli dans la maison, successivement chef de l'atelier de peinture sur verre et des ateliers de décoration, il n'avait certainement pas l'autorité nécessaire pour modifier un état de choses qui menaçait de conduire la Manufacture à sa ruine. De son côté, le Conseil de perfectionnement, qui n'avait pas cessé de se réunir depuis 1872, s'efforçait de créer cet état d'esprit nouveau par lequel la maison devait être régénérée, mais ses leçons venaient de trop haut et manquaient de ce souci pratique qui les eût rendues immédiatement applicables. Le rapport de M. Duc, écrit en 1875, constitue sans doute un remarquable traité d'esthétique appliquée à la céramique ; mais il suffit de le parcourir pour se rendre compte du peu d'influence qu'il pouvait avoir sur des artistes à qui l'on n'avait même pas demandé leur opinion. En réalité, il devenait de plus en plus nécessaire à la Manufacture d'avoir une direction effective, quotidienne, confiée à un homme de talent et de goût ; les décorateurs avaient besoin, non pas qu'on leur énonce dans une langue surannée les grands principes d'après lesquels ils devaient composer et peindre, mais que l'on coordonne leurs efforts, qu'on leur signale les fautes à éviter et les pratiques défectueuses à abandonner. Il fallait mettre à leur tête un homme capable de corriger leurs compositions, de leur interdire « les inventions bizarres dans lesquelles ils se jettent, avec l'espoir d'y trouver l'originalité ».

C'est pour réaliser ce programme que fut rétabli en 1876 le poste de directeur des travaux d'art : on y appela Carrier-Belleuse, et le choix était particulièrement heureux de cet artiste délicat, dont le souple talent s'appliquait avec un égal succès au portrait, à la figure et aux grandes compositions décoratives. Peintre et sculpteur, possédant à un haut degré le sentiment de la composition harmonieuse, il avait toutes les qualités qui devaient rajeunir la production de Sèvres. Son influence se fit sentir dès 1878 où les pièces exposées par la Manufacture manifestèrent déjà un progrès sur la période précédente ; les critiques, certes, furent encore nombreuses, mais quelques éloges montrèrent que le jugement du public devenait moins sévère et que l'on espérait une orientation nouvelle. La Commission de perfectionnement, de son côté, dût reconnaître que de réels progrès avaient été obtenus grâce à une meilleure application des éléments décoratifs qui concourent à l'ornementation des vases. Toutefois il avait été encore trop sacrifié à ce besoin de la difficulté de fabrication vaincue, qui fut si longtemps une des plaies de la Manufacture : ainsi le grand vase de Neptune, forme de M. Nicolle, qui, aujourd'hui encore, occupe la place d'honneur dans le Musée Céramique, ne présentait guère d'autre intérêt que ses dimensions, $3^{m},15$ de hauteur sur $1^{m},17$ de diamètre. Mais, à côté de ces tours de force, deux pièces curieuses attiraient l'attention par leurs belles proportions et leurs décorations originales : c'était le vase Mayeux, d'une ligne ample et pure, et le vase Chéret destiné au foyer de l'Opéra. Œuvres l'un et l'autre d'artistes étrangers à la Manufacture, ils étaient le résultat du concours annuel institué en 1875 sous le nom de prix de Sèvres. On avait pensé qu'il serait intéressant de proposer chaque année aux artistes, attachés ou non à Sèvres, la composition d'une pièce considérable, l'exécution de l'œuvre primée étant assurée, en même temps qu'une somme de 3000 francs, au lauréat de ce concours. Les résultats furent parfois intéressants et l'on peut regretter à certains points de vue que l'on ait abandonné cette création de l'ancien Conseil de perfectionnement.

Vase feuille d'eau. (Haut. 0,55). Décor en peinture par H. Lambert sur porcelaine tendre de Regnault (1872). (Musée de Sèvres.)

Les pièces les plus nombreuses figurant à cette Exposition, cependant, étaient encore décorées soit par le procédé des pâtes d'application, soit par des peintures au feu de moufle. Il est curieux de voir combien le premier de ces procédés souleva de critiques à cette époque, et de constater d'ailleurs, si l'on examine de près les reproches qu'on lui adressa, que ceux-ci atteignaient moins le mode de décoration lui-même que la façon de l'employer. Les fautes de goût étaient encore fréquentes, malgré l'influence de Carrier-Belleuse : on recherchait trop souvent des fonds de couleurs sourdes, sans franchise, qui donnaient aux pâtes des transparences fausses. Toutefois il était impossible de méconnaître la valeur de pièces comme le vase des Éléments, décoré par Gobert sur une forme de Carrier-Belleuse, ou bien l'heureux usage des pâtes d'application dans les décors nou-

Porcelaine dure (1878). — Vase des éléments (Haut. 1,15). Forme de Carrier-Belleuse. Décor en pâtes d'application par Gobert. (Musée de Sèvres.)

veaux, dits de demi-grand feu : c'est ainsi qu'un vase de Lambert était orné de fleurs dont le contour avait été réservé dans le fond teinté, puis peintes avec des couleurs de moufle.

Nombreuses aussi étaient les pièces entièrement décorées en peinture : et c'est là surtout que se retrouvaient avec une persistance fâcheuse les errements du passé. Un « vase œuf » était décoré d'un médaillon d'après Lemoyne, tandis que sur un autre se développait une ronde d'enfants; deux encore représentaient des compositions en « ton nature et modelé ». Enfin, une « interprétation » de l'embarquement pour Cythère, payée 12000 francs à Abel Schilt qui l'avait exécutée sur une plaque de porcelaine de $0^m,67$ sur $0^m,87$, apparaissait là comme la dernière manifestation d'un genre condamné, car on s'apercevait enfin de l'erreur commise depuis si longtemps par ceux qui prétendaient peindre sur la porcelaine comme sur une toile. Pour les vases décorés, l'on reprochait avec raison aux artistes de détruire la ligne par un modelé trop accentué donné aux figures, ou, lorsque l'ornementation était empruntée à la flore, par une imitation trop servile de la nature. Les éloges allèrent par contre aux compositions en camaïeu, plus simples, mieux appropriées à la forme à orner. L'habileté des artistes apparaissait une fois de plus comme leur plus grand défaut, parce qu'elle n'était pas mise au service d'hommes assez instruits, assez maîtres de leurs compositions.

Quant à la sculpture en biscuit, si négligée depuis cinquante ans, elle ne se manifesta guère à l'Exposition de 1878 que par des reproductions de modèles du XVIIIe siècle ; on vit ainsi reparaître la « Fête du bon vieillard », le « Couronnement de la Rosière », l' « Amour » de Falconet, le « Surtout de Bacchus ». Une seule pièce moderne vint indiquer l'idée de donner une importance nouvelle à la sculpture : c'était la réduction du « Messie et deux anges agenouillés » de Carrier-Belleuse.

Au lendemain de l'Exposition, il parut nécessaire d'apporter d'importantes modifications dans le personnel de la Manufacture. Les réformes à appliquer rendaient en effet indispensable la présence à la tête de l'établissement d'un homme énergique et décidé à faire table rase de toutes les idées fausses, de toutes les traditions erronées qui entravaient son évolution. L'illustre Berthelot fut sollicité de prendre la direction de Sèvres, mais il n'accepta point le périlleux honneur de donner à la Manufacture une vie nouvelle, et Charles

Lauth fut désigné pour la succession de Robert. Il n'ignorait rien des difficultés qu'il allait rencontrer dans la réalisation de ses idées, difficultés dont la principale était la résistance probable d'un personnel habitué depuis longtemps à l'indépendance, abandonné à sa fantaisie et dont il paraissait bien difficile de coordonner les efforts : mais il arrivait à Sèvres avec un plan de travail bien arrêté, et surtout avec l'ambition de réussir. Cinq jours après sa nomination, il réunit les artistes et les ouvriers, et leur dit tout ce qu'il attendait de leur dévouement.

Vase Floréal. (Haut. 0,60). — Figures de Brunel, d'après Carrier-Belleuse ; ornements de Bonnuit, d'après Avisse, (1884). (Musée de Sèvres.)

La Manufacture comprenait alors un personnel de 162 artistes, ouvriers ou employés, et absorbait un budget annuel de 567 000 francs, dont 120 000 francs seulement rentraient dans les caisses de l'État par suite des ventes. L'organisation générale était la division des travaux en trois départements, sous l'autorité d'un administrateur, secondé par un chef des services administratifs et sept employés. Le département des fours et pâtes occupait 79 sculpteurs, modeleurs, tourneurs, employés au moulin ou aux fours ; celui de la décoration et du montage était composé de 65 personnes, dont 24 peintres ; enfin, celui des laboratoires et moufles, chargé de toutes les études techniques, en même temps que de la fabrication des couleurs et de la cuisson des peintures, n'employait que cinq personnes. L'autorité du directeur des travaux d'art s'étendait sur les deux premiers départements, son initiative devant s'appliquer aussi bien à la création des formes ou au choix des modèles de sculpture qu'à la composition et à l'exécution des décors.

Charles Lauth s'efforça tout d'abord d'obtenir une certaine unité dans les efforts de chacun : pour cela, il provoqua de fréquentes réunions des chefs de service ; ainsi tout fut étudié et discuté au cours de la première année. En ce qui concerne le département de la chimie, de nombreux essais de pâtes, de couvertes, de couleurs furent prescrits, et le chimiste Salvetat dut, reprenant une pratique abandonnée depuis Brongniart, consigner sur un registre les procédés de fabrication employés alors. Au point de vue artistique, on s'aperçut que les formes, nouvelles ou modifiées, s'étaient multipliées au cours du XIXe siècle : une sévère revision permit de désigner celles que l'on devait continuer à fabriquer et d'éliminer les autres. Et, pour vivre le moins possible sur le passé, Carrier-Belleuse fut chargé de composer de nouveaux profils de vases, des pièces originales : il chercha, par l'adjonction de figures modelées, d'anses sculptées, de motifs décoratifs en relief, à renouveler l'aspect des produits de Sèvres, et ses modèles furent tous conçus dans un but particulier. Certains, de formes un peu compliquées, ornés de sculptures ou de gravures, ne demandaient selon lui que la beauté de la matière elle-même et n'avaient besoin que d'un revêtement coloré pour prendre toute leur valeur ; d'autres, au contraire, étaient composés en vue de la décoration et présentaient de vastes champs que les peintres pouvaient orner selon leur inspiration. En ce qui concerne les décors, une surveillance constante fut apportée à leur exécution : trop longtemps les artistes avaient été abandonnés à leur fantaisie, et, dédaigneux des règles essentielles du décor céramique, négligeant l'appropriation de ce décor à la forme de l'objet, avaient considéré la porcelaine comme un support quelconque pour leurs compositions plus ou moins réussies.

Carrier-Belleuse d'ailleurs avait appelé auprès de lui un certain nombre de ses élèves pour collaborer à cette rénovation des modèles, et c'est à ce titre que Rodin fut attaché pendant deux ans à la Manufacture avec un salaire de 1800 francs par an. Le maître avait pressenti toute la valeur de son élève et il chercha alors avec lui un nouveau procédé de décoration par la gravure dans la pâte de porcelaine. Une note insérée dans un procès-verbal montre, dans un style un peu naïf, l'estime et la confiance que Rodin inspirait déjà à cette époque. « ... Carrier répond que Rodin est un « artiste de beaucoup de mérite et d'un « talent fort souple, qu'en conséquence « on doit trouver les moyens de le « mettre à même d'appliquer son talent « à des choses nouvelles : pour cela il « cherche dans ce moment à le faire graver dans la pâte, et, comme il « dessine dans la perfection, le jour où il aura trouvé le côté pratique, « ce qui ne tardera pas, on aura créé un nouveau genre de travail, « sorte de gravure de figures sur porcelaine, d'une exécution et d'un « aspect très intéressants. » Rodin continua ces essais jusqu'en 1882 : ils furent au point de vue de l'exécution d'une réussite incomplète, mais on y retrouve encore, malgré l'imperfection des résultats, de saisissantes compositions d'un caractère profondément original.

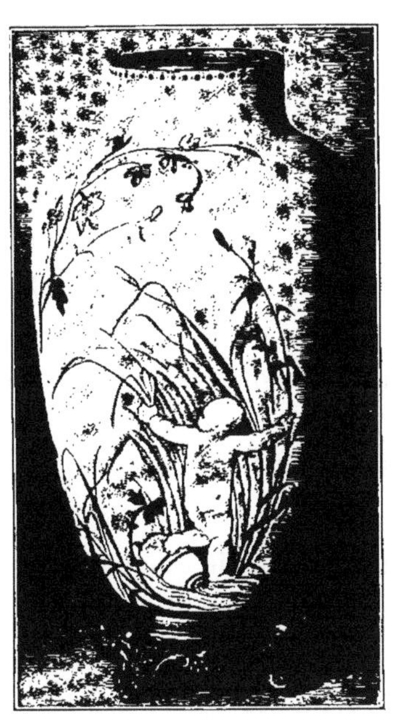

« L'Hiver ». — Composition et exécution en pâtes sur pâtes, par A. Rodin. (1881). (Musée de Sèvres.)

Tandis qu'il réalisait ces réformes d'ordre général et parvenait à rendre à la Manufacture une activité qu'elle ne connaissait plus depuis longtemps, Lauth poursuivait dans son laboratoire, avec la collaboration de Georges Vogt, une série d'expériences personnelles qui devaient bientôt jeter un vif éclat sur Sèvres. Le Conseil de perfectionnement avait défini en 1875, par la voix de Théodore Deck, les défauts de la porcelaine dure employée depuis 1800, et indiqué les qualités d'une porcelaine nouvelle dont il restait à trouver la composition. Il s'agissait de découvrir une pâte analogue à celles de la Chine et capable de supporter des émaux colorés et des couleurs de fond de demi-grand feu ; il s'agissait aussi de rechercher le mode d'emploi des rouges flammés d'une si remarquable variété de tons. Ebelmen et Salvetat avaient, par de nombreuses expériences, montré les différences de composition de la porcelaine chinoise et de la porcelaine dure de Brongniart; Salvetat avait même composé, après 1870, une pâte, dite pâte japonaise, qui répondait exactement au type cherché; mais il n'avait réussi, ni à préparer une couverte appropriée à cette pâte, ni à en déterminer les conditions de cuisson.

Lauth et Vogt reprirent les expériences de leurs prédécesseurs et, dès 1880, ils trouvèrent la formule d'une pâte et d'une couverte répondant absolument aux desiderata du Conseil de perfectionnement. Celui-ci, appelé en 1882 à examiner les échantillons de cette porcelaine dite « nouvelle », résuma ainsi ses qualités : « Essen-
« tiellement kaolinique, la porcelaine nouvelle est solide, elle
« résiste à l'acier, elle est blanche et transparente. La pâte, d'une
« grande plasticité, remplit toutes les conditions désirables pour le
« moulage et pour le modelage. Sa cuisson se fait régulièrement
« et s'opère complète à une température sensiblement inférieure à
« la température qu'il faut développer pour cuire la porcelaine
« dure. La couverte blanche, bien glacée, d'une transparence par-

« faite... donne à la nouvelle porcelaine la douceur des pâtes « tendres... Sa propriété de cuire « complètement à un feu relativement moins destructeur (que celui « de la pâte dure) permet, pour la « décorer au grand feu, l'emploi « d'un certain nombre de couleurs « qui se détruiraient et disparaîtraient au feu de cuisson de la « porcelaine dure. Pour apprécier « l'importance de ce fait, il suffira « de mentionner que, parmi ces « couleurs, se trouvent la plupart « de celles qui dérivent du cuivre « et que l'une est précisément le « rouge qui donne les flambés et « les tons merveilleux si longtemps « enviés aux Chinois. »

Cassolette des Quatre Saisons. (Haut. 1,35). Modèle de Carrier-Belleuse, (1884). (Musée de Sèvres.)

En présence de résultats si importants pour l'industrie céramique, le Conseil de perfectionnement décida que les produits nouveaux seraient envoyés à la première exposition publique de céramique organisée à Paris, et que les procédés de fabrication seraient tenus secrets jusque-là. C'est en 1884, à une Exposition de l'Union Centrale des Arts décoratifs, que parurent dans leur ensemble les applications si parfaites et si variées de la « porcelaine nouvelle ».

Il est intéressant de constater à cette occasion combien ce succès amena à la Manufacture, tant décriée encore en 1878, non seulement des défenseurs, mais des panégyristes ardents : on ne l'attaqua même plus, et sa conservation apparut aussi nécessaire que sa destruction avait été jugée indispensable quelques années auparavant. C'est qu'en réalité, un effort considérable avait été fait pendant ces cinq années, et presque tout, dans les 700 pièces exposées au Palais de l'Industrie en 1884, présentait une valeur exceptionnelle. Carrier-Belleuse avait complètement renouvelé les formes des vases ; il s'était attaché de plus en plus à l'union de la sculpture avec la peinture, et avait déjà rendu une réelle importance au biscuit. Quant aux décorateurs, la porcelaine nouvelle avait soulevé parmi eux un réel enthousiasme et ils avaient eu hâte d'utiliser dans ses emplois différents cette matière qui joignait à la plasticité et à la solidité de la porcelaine dure toutes les ressources de la porcelaine tendre en ce qui concerne la décoration. Des 320 pièces de cette matière nouvelle qui figurèrent au Palais de l'Industrie, presque toutes étaient des formes imaginées par Carrier-Belleuse : vase Fizen, vase de Mycène, vase Saïgon, vase de Nola, vase carré aux Chimères, gourde d'Asti, vase Pigalle, buire de Blois, formes parfois un peu tourmentées, mais toujours élégantes et composées avec la préoccupation d'offrir au décorateur un champ facile à orner. Aujourd'hui ces objets nous paraissent surchargés de détails et d'un galbe parfois indécis : les formes simples auxquelles on est revenu ne nous laissent peut-être pas apprécier à leur juste valeur les créations de 1884 ; mais n'était-ce pas déjà un énorme progrès, dans cette Manufacture depuis si longtemps immobilisée, d'avoir cherché quelque chose de nouveau et d'avoir trouvé souvent de jolis éléments décoratifs ? Certes l'écritoire Carrier-Belleuse, comme le vase Chéret (prix de Sèvres de 1882) n'étaient pas à l'abri des critiques et ne présentaient peut-être pas un accord parfait entre la destination des objets et les ressources ornementales dont on avait disposé : mais du moins on y sentait une conception originale et le souci de faire valoir la matière précieuse que doit toujours être la porcelaine.

Au point de vue du décor en couleurs, on n'avait négligé aucune des ressources qu'offrait la pâte nouvelle, et d'abord, toutes les nuances avaient été employées pour les fonds, bleus, roses, marrons, céladons, jaunes, etc. ; quant aux motifs de la décoration, beaucoup étaient exécutés en émaux rehaussés d'or. Malheureusement, dans le choix des compositions plus que dans leur exécution toujours excellente, persistaient encore les vieilles tendances des artistes de la maison ; car, si la direction était modifiée, les hommes étaient les mêmes, et il devait être difficile de leur faire abandonner des genres qu'ils avaient pratiqués toute leur vie. L'on trouve encore à cette date beaucoup de pièces décorées de rondes d'enfants, de figures, de paysages, même de reproductions de tableaux! Cependant il est à remarquer que le décor floral et les ornements prenaient une place plus considérable que dans le passé et étaient exécutés avec un souci plus grand de l'effet décoratif à atteindre.

La pâte nouvelle Lauth-Vogt était également propre à la reproduction de la sculpture, et même elle donnait au biscuit une teinte légèrement ambrée plus agréable d'aspect que celle de la pâte dure. Pour faire bien apprécier cette différence, la Manufacture exposa un certain nombre de modèles exécutés deux fois, en pâte dure et en pâte nouvelle. Malheureusement peu de sujets modernes aidèrent à ramener l'attention sur le biscuit : absorbés par de constantes recherches de formes, Carrier et ses collaborateurs n'avaient pas eu le loisir d'apporter de nouvelles compositions pour le biscuit, et c'est encore à des modèles du XVIIIe siècle que l'on avait demandé de faire valoir les qualités de la nouvelle pâte de sculpture. Seules, quelques œuvres personnelles de Carrier-Belleuse mettaient une note originale dans cette série de sujets trop connus : c'est alors, en effet, que furent exposés pour la première fois la *République* (figure et buste), *Minerve*, et le grand surtout de table

La Ronde d'enfants, modèle de Dalou. — Vase exécuté en 1893 en « grosse porcelaine » de Deck. Haut. 0.80. (Musée de Sèvres.)

des Chasses, composé de trois groupes : le *Départ*, le *Triomphe* et le *Retour*.

Au moyen de la pâte dure ancienne avait été exécuté d'autre part un nombre de pièces considérable, dont beaucoup étaient décorées par le procédé des pâtes d'application auquel on avait reproché en 1878 de ne pas fournir la variété d'effets qu'on espérait. C'est ainsi qu'avait été reproduit le projet de Joseph Chéret, lauréat du prix de Sèvres de 1879, dont le sujet était la composition d'un vase commémoratif du passage de Vénus devant le soleil, vase destiné à l'ornementation du grand vestibule de la Bibliothèque Nationale. D'autres pièces, de dimensions plus modestes, étaient signées Belet, Gély, Taxile Doat, qui avec son extraordinaire fécondité avait imaginé et exécuté à lui seul plus de 50 pièces. Par contre, un modèle de Carrier-Belleuse, la Jardinière Philibert-Delorme, grande vasque soutenue par quatre enfants, avait reçu une décoration en couleurs de grand feu sur couverte; tandis que, pour quelques vases et plus particulièrement pour les pièces de service, on avait encore fait appel aux ressources de la palette de feu de moufle.

Ainsi l'Exposition de l'Union centrale présentait bien réellement la totalité des procédés en usage, car on y trouvait encore une série de petites pièces, qui semblèrent alors d'une grande originalité, « décorées au grand feu de couvertes colorées par le rouge de cuivre et capricieusement flambées de vert et de gris ». Et pour bien montrer que la porcelaine nouvelle avait toutes les qualités de la porcelaine chinoise, que la palette d'émaux de Sèvres n'avait rien à envier à ceux de l'Extrême-Orient, on exposa la copie exacte d'une assiette chinoise du Musée, dite l'assiette aux septs bordures, et considérée jusque-là comme inimitable.

Le succès fut très grand et presque unanime. Chose curieuse, le public sembla plus frappé par les effets des flammés que par les décors nouveaux. En effet, pour apprécier la supériorité de ceux-ci sur les décors de pâte dure, pour voir la transparence plus profonde des couleurs, le chatoiement si vif des émaux, il eût fallu apporter déjà quelque attention à cette étude, tandis que l'originalité des flammés aux effets inattendus, aux teintes violentes et parfois bizarres, frappe du premier coup l'œil le moins exercé. On alla même trop loin — comme toujours — dans la louange, et la lecture de certains panégyriques aurait pu donner, à des esprits peu avertis des revirements rapides de la critique, l'impression qu'aucun progrès ne restait à poursuivre et que tous les procédés anciens devaient être abandonnés. Lauth n'écouta pas ces dangereux conseils et, l'exposition close, il reprit la suite de ses expériences, notamment en ce qui concerne les procédés de cuisson de la porcelaine. Ses études amenèrent de sérieux progrès dans la construction des fours qui furent édifiés entre 1880 et 1886 dans la nouvelle Manufacture, sur les plans de MM. Vogt et Auscher : c'est à Sèvres que les fours à flamme renversée furent utilisés pour la première fois et consacrés à la cuisson de la porcelaine Lauth-Vogt. Dans le même ordre d'idées, la nécessité de contrôler aussi exactement que possible la température intérieure des fours conduisit à l'étude si importante des mesures pyrométriques[1]. Enfin Lauth reprit, avec le concours de Dutailly, les essais de reconstitution de la pâte tendre abandonnée par Brongniart, reconstitution vainement tentée depuis lors.

La Manufacture paraissait en pleine activité, préparant de longue date sa participation à la prochaine Exposition universelle, lorsque, en 1887, des événements imprévus vinrent y jeter le trouble à l'instigation d'une partie du personnel. Une campagne violente éclata dans la presse contre le régime institué en 1881 par l'administrateur et supporté avec une impatience chaque jour plus marquée par les artistes, qui se plaignaient d'être astreints depuis cette date à une présence régulière dans les ateliers, tandis que le système ancien du travail aux pièces leur permettait de travailler à leur guise, sans contrôle, pourvu qu'ils fournissent à la Manufacture des travaux représentant la valeur de leur traitement annuel. Ils demandèrent donc instamment le retour au régime aboli, grâce auquel ils devaient

[1] *Mesures pyrométriques à hautes températures*, par Lauth et Vogt. Bulletin de la Société chimique de Paris, 1886. II.

retrouver une liberté particulièrement précieuse au moment où les industriels sollicitaient leur concours en vue de l'Exposition Universelle. Quelques maladresses administratives, imputables à des sous-ordres, achevèrent d'exaspérer le personnel. Charles Lauth, fatigué, découragé par cette brusque explosion de rancunes qu'il jugeait ne pas avoir méritées, offrit sa démission au ministre.

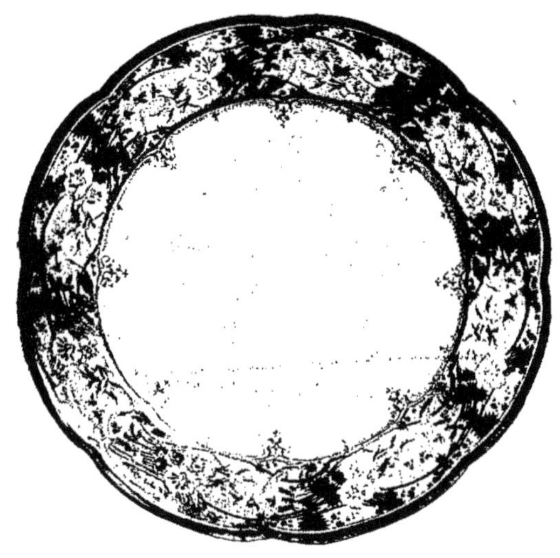

Composition d'Habert-Dys. — Exécution en peinture sur porcelaine nouvelle par Bonnuit (1888). (Musée de Sèvres.)

Vers la même époque disparut Carrier-Belleuse, enlevé après douze années d'efforts et de succès. J. Chéret l'avait suppléé pendant quelques mois; mais sa succession effective revint à Gobert, excellent artiste de la Manufacture, malheureusement peu préparé aux délicates fonctions qu'il allait occuper. Sa nomination fut en réalité une satisfaction donnée aux artistes de la maison, flattés de voir l'un d'eux occuper ce poste considérable. Quant à la succession de Lauth, elle échut à Théodore Deck, auprès de qui on plaça, avec le titre d'administrateur-adjoint, Champfleury, conservateur du Musée céramique depuis quinze années, collectionneur érudit et fin lettré.

Théodore Deck arrivait à Sèvres vers la fin d'une carrière laborieuse, avec le prestige justifié d'un novateur. Dans ses ateliers du boulevard Saint-Jacques, avec les artistes distingués qu'il avait su grouper autour de lui et qui tous étaient devenus ses collaborateurs, il avait retrouvé patiemment toutes les ressources des faïences orientales : technicien et artiste, il s'était également intéressé à la recherche des secrets de fabrication et des effets décoratifs originaux. Depuis 1880, il s'efforçait d'appliquer ses connaissances à la porcelaine, cherchant par là à créer de nouvelles ressources à sa fabrication : du premier coup, il avait atteint la reproduction des flammés que Sèvres parvint à faire à la même date. Aussi la Manufacture lui apparut-elle en 1887 comme le champ d'expériences où il pourrait poursuivre la réalisation de tout ce que lui avaient suggéré sa longue expérience et son esprit toujours en éveil. Il n'y passa que quatre années, terrassé par la maladie le 15 mai 1891. Ce laps de temps fut évidemment trop court pour que son passage ait laissé une trace bien profonde dans l'existence de la maison. Toutefois il faut noter les deux points sur lesquels portèrent ses recherches : reconstitution d'une pâte tendre véritable, et création d'une porcelaine destinée à l'exécution de grandes pièces pour la décoration extérieure.

Deck considérait que Sèvres ouvrirait une voie nouvelle en fabriquant une matière capable de résister aux intempéries, capable surtout d'être utilisée pour des pièces importantes ; d'autre part, frappé de la difficulté à laquelle se heurtaient les artistes lorsqu'ils essayaient de traduire eux-mêmes leurs compositions dans la pâte, il chercha une porcelaine qui restât plastique pendant un temps appréciable, permettant au modeleur de travailler en pleine matière et d'y laisser cette trace personnelle, ce charme particulier qu'un traducteur, si fidèle soit-il, efface toujours. La « grosse porcelaine », ou grès porcelanique, parut pour la première fois à l'Exposition Universelle de 1889 : elle y remporta, il faut l'avouer, un médiocre succès. On trouva qu'elle ressemblait trop à la faïence, sans en avoir l'émail gras et la richesse de tons. De plus la matière nouvelle, que l'on n'avait pas eu le loisir d'étudier assez minutieusement, avait été employée à la reproduction de modèles dont plusieurs étaient les premiers essais de Deck et qui furent peu appréciés. Deux pièces cependant, également originales, auraient dû retenir l'attention du public, car c'étaient la « Ronde d'enfants » et l' « Age d'or » modelés par Dalou sur deux formes de vases très simples : dans le premier, d'admirables enfants se détachant en haut relief soutiennent de lourdes guirlandes, tandis que sur le second Dalou a évoqué, avec un relief moins accentué, quelques scènes de la vie heureuse.

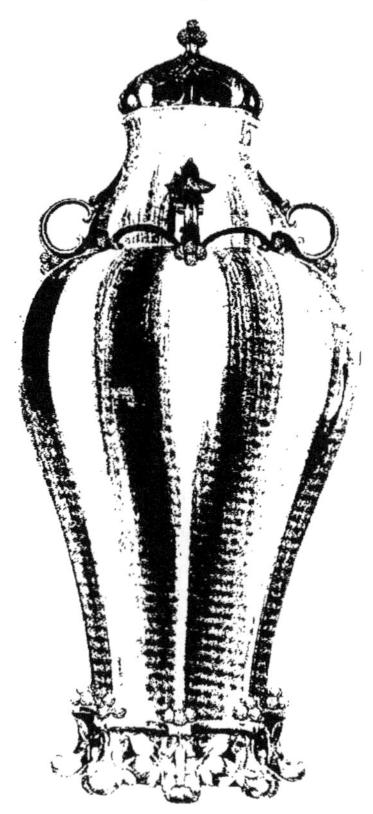

Vase d'Auxerre à couvertes flammées (Haut. 0,90).

La nouvelle porcelaine tendre, ou porcelaine siliceuse, fut accueillie avec une faveur plus grande : on y retrouvait la vivacité et la pureté de couleurs que ne donnaient ni l'ancienne pâte dure, ni même la pâte nouvelle Lauth-Vogt, et de plus elle présentait l'avantage d'une plasticité relative qui permettait de l'employer à la confection de grandes pièces. Deck était parvenu à la décorer par l'application d'émaux transparents, notamment de céladons et de turquoises pour lesquels il remit en honneur un procédé de décoration employé autrefois sur faïence et dont il tira des effets nouveaux. Ce procédé consistait dans le fait de graver en creux ou de modeler en relief des motifs variés que l'on recouvrait ensuite d'un émail coloré : l'accumulation de cet émail dans les creux, sa minceur sur les reliefs suffisaient à produire des oppositions d'une harmonie délicate.

Quant à la porcelaine nouvelle de Lauth, elle paya en 1889 le succès qu'elle avait remporté cinq ans plus tôt. Au cours de la campagne qui amena la démission de Lauth, ses adversaires étaient allés jusqu'à mettre en doute la valeur réelle de cette composition. Il n'en fallut pas plus aux détracteurs de Sèvres pour proclamer la faillite de la porcelaine nouvelle, pour prétendre que cette matière n'était pas d'un maniement sûr et que les résultats en étaient trop incertains pour qu'elle devînt d'un usage courant. Aujourd'hui une expérience de vingt-cinq années et un emploi généralisé de la pâte nouvelle permettent de juger combien ces critiques étaient peu justifiées ; mais, à l'époque dont nous parlons, elles prirent une importance d'autant plus grande que la lutte était ouverte entre les partisans de l'ancienne direction et ceux de la nouvelle. On opposa les résultats de la porcelaine Lauth-Vogt déjà connue, déjà appréciée depuis plusieurs années, aux essais de la pâte siliceuse qui apparut comme la conquête définitive de la matière rebelle ; on attribua à celle-ci toutes les qualités et tous les avantages que cinq ans plus tôt l'on escomptait de la pâte nouvelle. La suite a suffisamment prouvé que la véritable découverte pratique datait de 1880.

Au point de vue décoratif, l'Exposition de 1889 présenta le grave défaut de n'apporter rien de nouveau. Toutes les formes étaient encore celles imaginées par Carrier-Belleuse qui, dans ses dernières années, était arrivé à des conceptions peu appropriées à la porcelaine, à des pièces fines et délicates qui donnaient souvent l'impression de modèles composés pour la reproduction en métal. D'autre part, on reprocha avec raison à Sèvres de faire trop grand ou trop petit ; en effet, la multiplicité des bibelots d'étagère aux formes mièvres, aux décors d'une exécution trop minutieuse, ne pouvait

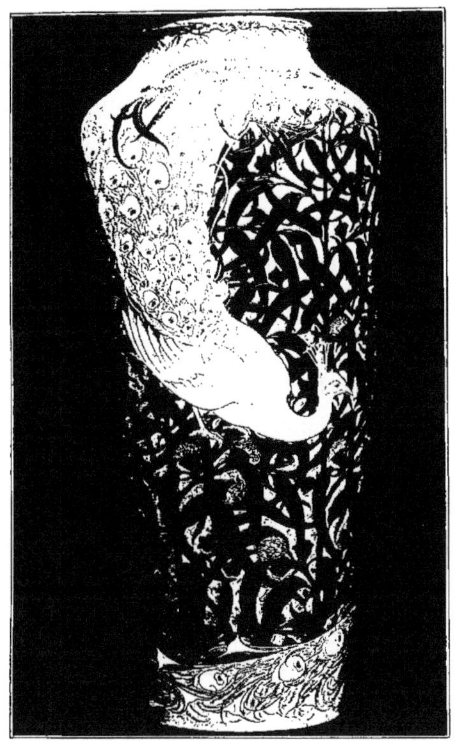

Vase de Chelles (Haut. 0,80). — Composition et exécution de Gébleux en pâtes colorées et couleurs sous couverte de grand feu (1903).

davantage satisfaire les amateurs que les pièces colossales où reparaissait ce besoin de la difficulté, du tour de force de fabrication si funeste à la Manufacture dans le passé. De très vives critiques s'élevèrent ainsi contre la reproduction en biscuit d'un *Groupe de Paons*, de Caïn, qui ne présentait même pas l'avantage d'apporter un progrès sous le rapport de la fabrication, puisqu'il était fait de plusieurs pièces ajustées ensemble après cuisson. D'ailleurs, le prix de revient de pièces de ce genre aurait dû suffire à en arrêter l'exécution, sans parler de l'erreur que représentait l'emploi de la porcelaine dans des travaux aussi peu en rapport avec les ressources qu'elle offre. Les résultats des prix de Sèvres, décernés annuellement, puis tous les deux ans à partir de 1875, soulevèrent des critiques du même ordre : les sujets proposés par le Jury avaient été parfois assez mal appropriés à la céramique pour que la Manufacture ait dû renoncer à l'exécution des œuvres primées, et il faut reconnaître que cette institution qui a absorbé en quinze années la somme de 264.000 francs n'a pas, malgré son réel intérêt, toujours justifié les sacrifices qu'elle a coûtés. On avait espéré que ce concours ouvert à tous créerait dans le personnel de la Manufacture une profitable émulation et que d'autre part il révélerait certains artistes que Sèvres pourrait avoir intérêt à s'attacher; en fait, deux décorateurs de la maison prirent seuls part à ces concours, et les bénéficiaires du prix, quand le Jury le décerna, furent des artistes déjà connus comme Mayeux, Lameire, Chéret ou Louis Carrier-Belleuse. Quant aux objets primés, les Expositions de 1878 et de 1884 avaient présenté au public les vases du Louvre, ceux destinés au foyer de l'Opéra, au vestibule de la Bibliothèque Nationale. En 1889, la Manufacture exposa le dernier prix de Sèvres qui ait été exécuté, la « Torchère d'apparat » composée par Louis Carrier-Belleuse, pièce d'une complication très grande, d'une fabrication et d'un montage difficiles, dont tout le talent de l'auteur ne parvint pas à faire accepter la composition.

En ce qui concerne le décor peint, l'Exposition de Sèvres se signala par un progrès considérable qui ne fut peut-être pas assez remarqué et qui avait pour point de départ l'abandon presque absolu de la figure colorée dans l'ornementation des vases. Depuis bien longtemps on se plaignait de la fausse application de la peinture à la décoration céramique, et il y avait quinze ans que la Commission de perfectionnement avait signalé cette erreur : mais, en dépit de tous les efforts, on se heurtait, nous l'avons dit, à la résistance des artistes habitués à ce genre de travail. Cela est si vrai que Carrier-Belleuse, malgré son autorité, n'était pas parvenu à éliminer com-

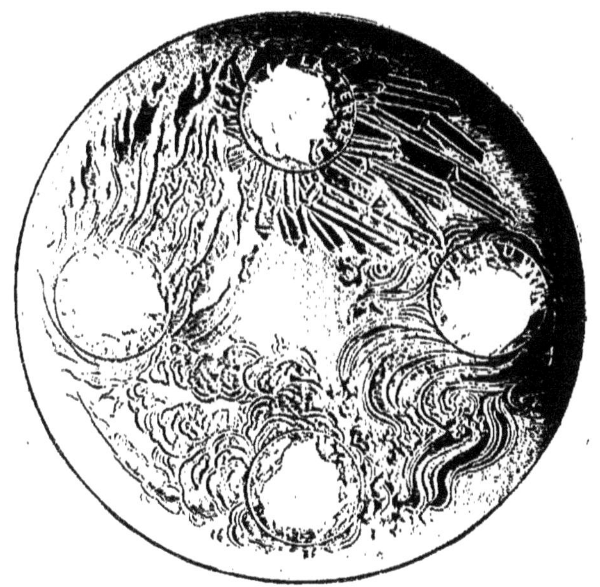

Les Quatre Éléments. — Composition et exécution de Taxile Doat.
Porcelaine nouvelle (1898).

plètement ce genre fâcheux. Cependant, vers 1889, une nouvelle génération de décorateurs formés à l'École de la Manufacture, d'une habileté manuelle peut-être inférieure à celle de leurs devanciers, mais certainement plus instruits de tout ce qui touche à la composition, manifestèrent des tendances très nettes vers un système de décoration plus respectueux de la forme et de la matière. Le décor floral, plus librement traité que par le passé, obtenu soit à l'aide des pâtes colorées, soit à l'aide de l'émail lorsqu'était employée la porcelaine nouvelle, occupa désormais une large place dans leurs productions. Ils n'abandonnèrent d'ailleurs pas complètement la figure; mais elle apparut surtout sous la forme de pâtes blanches sur fonds colorés. Réduite à ses dimensions logiques, enfermée dans des médaillons ou limitée à un bandeau ne couvrant qu'une partie du vase, elle prit un caractère de fantaisie charmante dans les compositions de Taxile Doat, au talent si souple, à l'imagination si souvent heureuse, de Gobert, qui apporta dans l'exécution de ces pièces l'habileté des vieux praticiens de Sèvres, de Rodin enfin qui avait continué à s'intéresser à la céramique et qui exposa diverses pièces d'une rare puissance décorative.

L'ensemble de l'Exposition de 1889 était digne d'intérêt ; et, si elle fut froidement accueillie, ce n'est peut-être pas dans une infériorité réelle des œuvres exposées qu'il faut chercher la cause véritable de son insuccès. C'est l'institution même de l'établissement d'Etat qui était depuis quelques années violemment combattue, et la campagne poursuivie de longue date par ses ennemis ne tendait à rien moins qu'à sa suppression. On discutait beaucoup pour savoir si la Manufacture était en décadence, sans vouloir tenir compte du champ considérable ouvert à l'activité des céramistes par Lauth, Vogt et même Deck, au cours des dix dernières années. On niait les services rendus par Sèvres à l'industrie et on lui reprochait surtout de se substituer à elle dans la fabrication de pièces usuelles et de vases à bon marché, grief encore moins justifié que tous les autres, car la Manufacture s'était plainte assez souvent d'être condamnée à la production de plus en plus considérable d'objets courants destinés à être accordés en prix à d'innombrables sociétés. D'autre part, à l'intérieur même de la maison, la situation était aggravée, depuis bien des années, par la division existant entre les divers éléments du personnel et par le désaccord plus profond chaque jour entre la direction administrative et la direction artistique.

Ces critiques ne tardèrent pas à avoir leur répercussion au Parlement, et l'émotion fut vive à Sèvres lorsqu'on apprit qu'au cours de l'examen du budget de 1891, la Commission, par une mesure radicale, avait voté la suppression des crédits accordés aux Manufactures nationales, arguant de leur inutilité à l'heure actuelle. Cette brusque décision conduisit à une étude plus juste de la question, et la Commission du budget, dont le rapporteur était Antonin Proust, finit par se mettre d'accord avec Léon Bourgeois, alors ministre de l'Instruction publique, pour réorganiser les Manufactures et non plus pour les supprimer. Dans le laps de temps qui s'écoula entre le vote de la Commission et la discussion générale du budget, de nombreux avis furent émis sur les conditions de vie nouvelle à donner à Sèvres. L'un des plus intéressants fut celui des porcelainiers du Limousin et du Berry qui se prononcèrent pour le maintien de la Manufacture, dont la marque et le vieux renom étaient utiles au prestige de l'industrie française : ils demandèrent toutefois que l'établissement devînt accessible aux industriels français chaque fois qu'il leur serait impossible de mener à bien par leurs seuls moyens des recherches intéressantes, et émirent le vœu qu'une partie de ses ressources fût affectée à la création, à Limoges et à Vierzon, d'écoles professionnelles pour les ouvriers et les contremaîtres de l'industrie. En fait, le véritable grief des fabricants à l'égard de Sèvres résidait dans un apparent oubli de sa mission d'enseignement à la fois technique et artistique, et ils faisaient valoir que ses dernières découvertes, porcelaine nouvelle, grosse porcelaine, porcelaine tendre de Deck, trouvaient leur principal emploi dans la fabrication des objets de fantaisie, tandis que toute recherche de perfectionnement de la porlaine d'usage semblait abandonnée. Au point de vue artistique, les détracteurs de la Manufacture prétendaient que, bien loin d'être un guide, elle ne pouvait, par ses productions sans style et son absence de direction précise, que fausser les idées de ceux qui se mettraient à son école. Dans la discussion du budget de 1891, M. Aynard se fit le porte-parole convaincu de ceux qui ne voulaient voir dans les Manufactures nationales que des établissements vieillis, inférieurs par leurs résultats aux productions de l'industrie privée; mais, dans sa défense de Sèvres, Léon Bourgeois sut, par la promesse d'une réorganisation complète des services des Beaux-Arts, calmer toutes les rancunes et obtenir du Parlement la conservation des Manufactures. Même, peu s'en fallut que, au moment du vote de ce même budget qui pendant quelque temps n'avait plus compris de crédits pour Sèvres et les Gobelins, Eugène Baudin, député de Vierzon, n'obtînt une augmentation des sommes affectées à la Manufacture; du moins n'eut-il pas de peine à faire accepter le rétablissement du crédit primitif de 624.000 francs, sur lequel la Commission du budget, en souvenir de sa décision première, avait proposé une réduction de 50.000 francs.

Si l'utilité de la Manufacture était encore loin d'être incontestée, son maintien était pour le moins assuré. On lui donnait le temps de prouver sa vitalité par ses services : c'était tout ce que demandaient ceux qui avaient foi en son avenir.

Les Souris et l'Escargot. — Modèle de Gardet (1893). (Long. 0,25.)

II

LA MANUFACTURE DE SÈVRES DANS LA PÉRIODE CONTEMPORAINE
LA RÉORGANISATION DE 1891. — L'EXPOSITION UNIVERSELLE DE 1900.

Ces discussions passionnées, ces critiques souvent injustes avaient montré à quel point s'imposait une réforme complète du régime de la Manufacture : Léon Bourgeois l'accomplit par un règlement en date du 15 décembre 1891 dont il confia l'application à Émile Baumgart, nommé administrateur après la mort de Théodore Deck. Le grand principe de cette réorganisation fut de transformer Sèvres en « un centre d'enseignement capable de former, en vue de l'intérêt général, des artistes et des ouvriers d'art ». A la fois établissement artistique, laboratoire de recherches scientifiques et école d'application, la Manufacture fut appelée à coordonner tous les efforts pour répondre à cette destination complexe. Deux grandes directions réunirent dès lors les divers services auxquels manquaient jusque-là la cohésion indispensable, et la direction d'art, qui dans la pensée de Léon Bourgeois devait rester prépondérante, reçut pour mission d'appliquer les ressources variées de l'ornementation, « non pas seulement à la porcelaine, mais aux divers produits de l'art céramique ». Quant à la direction des travaux techniques, elle eut à s'occuper à la fois des recherches scientifiques et de la fabrication. Le soin de maintenir l'unité de vues entre ces deux grands services indépendants, mais appelés cependant à se prêter un concours de toutes les heures, revint à l'administrateur, chef véritable de tout le personnel et responsable envers le Ministre de la gestion de l'établissement. En outre, pour répondre aux vœux des céramistes, ce plan de réforme eut pour conclusion la création d'une École de Céramique non plus destinée, comme celle existant depuis un demi-siècle à Sèvres, à former des artistes pour la Manufacture, mais à fournir à l'industrie des jeunes gens forts d'une instruction technique et artistique complète, et capables d'apporter à la production privée le concours de leur talent et de leur habileté.

Au point de vue du personnel, une modification considérable fut introduite dans le régime des ateliers. L'un des griefs formulés contre Sèvres avait été de transformer des artistes en fonctionnaires, et d'annihiler par là en eux toute initiative, toute poursuite d'une idée neuve pour laisser subsister seulement une habileté manuelle plus nuisible qu'utile. Le règlement de 1891, tenant compte de cette critique souvent justifiée, stipula que désormais les ouvriers d'art et les artistes cesseraient d'être soumis au régime de la loi de 1851 et d'avoir droit à une pension après trente années de service. Par suite, ils ne furent plus engagés que pour des périodes renouvelables d'année en année, et la direction d'art resta libre aussi bien de se séparer de ceux dont la production ne répondrait plus aux besoins de la maison que d'appeler des hommes nouveaux, capables d'apporter plus d'originalité et de variété dans la composition décorative.

Cet ensemble de dispositions, précisées en plusieurs points en 1905 par un règlement dû à l'initiative de M. Dujardin-Beaumetz, est encore en vigueur aujourd'hui : il serait donc difficile d'en apprécier la valeur exacte et l'influence heureuse sur les destinées de la

Manufacture, si l'Exposition Universelle de 1900 n'avait été pour celle-ci l'occasion d'une manifestation considérable où chacun put juger les résultats déjà obtenus et escompter ceux que l'on doit attendre de l'avenir.

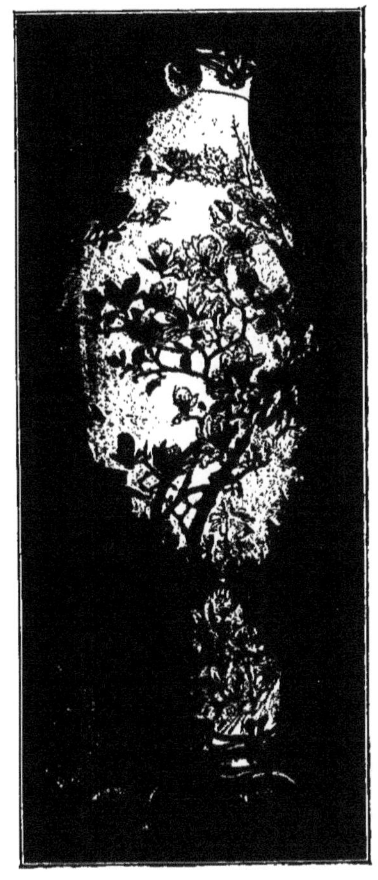

Vase de Blois. — Composition et exécution en couleurs sous couverte de grand feu par Fournier (1904). (Haut. 2,00). (Musée de la Ville de Paris.)

La nouvelle direction de la Manufacture, composée d'Émile Baumgart comme administrateur, de Georges Vogt comme directeur des travaux techniques et du sculpteur Coutan comme directeur des travaux d'art, s'était mise activement à l'œuvre et avait élaboré dès 1892 un plan de travail, inspiré à la fois par les critiques et par les vœux formulés au cours de la campagne des années précédentes. Pour en indiquer les tendances, on ne saurait mieux faire que d'emprunter au livre de M. Baumgart sur l'Exposition de 1900[1], le texte même de ce programme :

1° Perfectionnement de la fabrication de la porcelaine dure de Sèvres ;

2° Décoration de la porcelaine dure au grand feu de four ;

3° Remplacement des modèles anciens par des formes ne comportant aucun artifice de montage ;

[1] *La Manufacture Nationale de Sèvres à l'exposition universelle de 1900*, par E. Baumgart. — Paris, Librairie Centrale des Beaux-Arts.

4° Recherche de motifs de décoration appropriés aux formes et composés d'éléments empruntés à la nature ;

5° Extension de la série des couvertes colorées de grand feu ;

6° Modification dans les procédés de décoration de la porcelaine dure nouvelle ;

7° Reconstitution de la porcelaine tendre, avec emploi de formes modernes et de décors en harmonie avec ces formes ;

8° Développement des applications du grès à la construction et à la décoration intérieure de l'habitation.

La réalisation de ce programme devait apparaître à l'Exposition Universelle de 1900, en vue de laquelle des études très sérieuses furent commencées six ans auparavant. Coutan, absorbé par ses travaux personnels, dut abandonner en 1895 la direction artistique de Sèvres, sentant qu'il ne pouvait consacrer à la Manufacture l'activité indispensable pour mener à bien l'œuvre entreprise. Le maître graveur Chaplain qui lui succéda dut, pour les mêmes raisons, remettre à son tour, après peu de mois, les destinées de la Manufacture entre les mains d'Alexandre Sandier, depuis quelque temps chef des ateliers de décoration, qui apporta dans l'accomplissement de sa mission, outre l'originalité d'un talent très personnel, la conviction d'un chef d'école et une foi profonde dans les destinées de l'art moderne. Il ne craignit pas de rompre d'une façon absolue avec toutes les traditions de Sèvres, et la première impression de ceux qui visitèrent l'Exposition de 1900 fut bien celle d'un abandon complet du passé de la Manufacture. On n'y trouva plus en effet une seule forme ancienne et tout, dans la composition des décors comme dans leur interprétation, donna le sentiment très net que la direction d'art, longtemps hésitante, avait enfin su choisir une voie nouvelle et s'y maintenir malgré tous les obstacles. Certains trouvèrent audacieux ce parti pris de négliger ce qu'avaient fait les hommes des générations précédentes, mais n'était-ce pas respecter absolument l'esprit de la nouvelle organisation que de prouver la vitalité de Sèvres et de justifier son maintien par des tentatives hardies?

C'est ainsi qu'au point de vue des formes, un principe rationnel guida M. Sandier dans la composition de celles qu'il fit exécuter : l'abandon des artifices de construction appelés à dissimuler par un

Cafetière. — Forme d'Alex. Sandier. Décoration en couleurs de grand feu sur couverte, par L. Trager (1901). (Musée de la Ville de Paris.)

montage savant les divers morceaux, pied, culot, panse, collet, qui constituaient autrefois un vase. Par là il se trouva amené à l'élimination radicale des formes mouvementées en usage depuis Brongniart et à l'adoption de formes simples, aux bases solides, tirant tout leur charme de la netteté du profil et de la pureté de la ligne. Une révolution aussi considérable s'opéra, au point de vue de la décoration, grâce aux procédés nouveaux que les laboratoires mirent à la disposition des artistes. Enfin une grande préoccupation de l'harmonie entre la forme et le décor, le principe de ne faire appel qu'à des procédés vraiment céramiques modifièrent absolument l'aspect des produits de Sèvres sur lesquels ne se retrouvèrent heureusement plus les surcharges d'ornements, et les couleurs sans éclat qui depuis si longtemps dépréciaient les compositions de la Manufacture.

Quatre matières figurèrent à l'Exposition de 1900 : l'ancienne porcelaine dure, la porcelaine dure nouvelle Lauth-Vogt, la porcelaine tendre et le grès. En reconstituant la pâte tendre du XVIIIe siècle par de minutieuses analyses de pièces anciennes, Vogt était parvenu à réaliser ce que tous les chimistes de la Manufacture avaient tenté en vain depuis 1850 : au lieu de chercher une pâte kaolinique dont l'aspect fût aussi semblable que possible à celui de la porcelaine tendre du XVIIIe siècle, il avait reproduit la composition chimique de celle-ci et retrouvé le degré exact de sa cuisson. Pour la première fois, en 1900, on put admirer, dans des formes nouvelles et avec des décors modernes, cette matière aux tonalités si riches, aux émaux si brillants, dont Brongniart avait proscrit la fabrication pendant un demi-siècle.

Un grand effort, d'autre part, avait été fait pour le perfectionnement de la porcelaine dure, matière sans défauts au point de vue de la fabrication, mais offrant des ressources jusque-là bien limitées aux décorateurs. De grandes pièces blanches, un vase de deux mètres de haut notamment, des types de pièces de service d'une façon irréprochable, apportèrent une nouvelle preuve de la perfection matérielle à laquelle il est possible d'arriver avec la porcelaine dure. Toutefois le grand intérêt de l'exposition résida plus encore dans les procédés de décoration que l'on était parvenu à mettre en usage. Longtemps, en effet, on avait dû considérer la pâte dure comme impossible à décorer au grand feu par tout autre procédé que celui des pâtes d'application auquel on faisait de nombreux reproches, et l'un des griefs des industriels contre la Manufacture était justement de n'avoir, dans cette voie, trouvé aucun perfectionnement. Ils purent se convaincre en 1900 que leurs desiderata avaient été écoutés, car les laboratoires de la Manufacture avaient créé, au cours des années précédentes, deux séries complètes de couleurs au grand feu : les unes destinées à être appliquées directement sur la pâte crue que l'on recouvre ensuite d'émail, la pièce ne passant ainsi qu'une fois au feu et sortant du four toute décorée, les autres destinées à être posées sur la couverte déjà cuite, de façon à se mélanger intimement avec elle par un second passage au feu de four et à prendre une transparence et un éclat auxquels nulle peinture de moufle ne peut parvenir. Pour en faire apprécier la réelle beauté et aussi la variété, ces procédés de décoration avaient été généralement appliqués à de grands vases ornés soit de fleurs, soit d'animaux, paons et autres oiseaux aux tons vifs. Des pièces de service, décorées de la même façon, apportèrent en outre aux céramistes la certitude de pouvoir désormais donner à leurs compositions une inaltérabilité absolue, puisque ces couleurs forment avec la couverte un amalgame indissoluble : c'était là, au point de vue industriel, le progrès cherché depuis bien des années. Les fabricants n'ont peut-être pas encore tiré tout le profit que l'on pouvait escompter de cette découverte : mais la responsabilité en revient sans doute moins à eux qu'au public, toujours hésitant à accueillir les nouveautés, et que les décors de grand feu, plus clairs, plus légers que ceux auxquels il était accoutumé, déconcertent encore trop souvent.

En porcelaine dure nouvelle, les résultats étaient également intéressants. La Manufacture avait pu façonner avec cette matière des pièces telles que la réduction de la frise composée par Joseph Blanc pour le Grand-Palais, exécutée par M. Drouet en gravure, pâtes et couvertes colorées. Il y avait aussi des vases décorés par le procédé nouveau des couvertes juxtaposées, et celui exécuté en pâtes d'applications, sur lequel Taxile Doat avait fait figurer les médaillons des cités provençales parmi des branchages d'orangers ingénieusement groupés. Pour la première fois enfin, Sèvres montra en 1900 l'emploi des couvertes cristallisées sur des pièces de diverses formes. On sait ce que sont ces couvertes et comment elles furent réalisées : longtemps considérées comme un défaut ou un accident de cuisson, on ne leur accorda une valeur que le jour où, étudiées scientifiquement, elles permirent d'atteindre des colorations variées et des effets différents suivant le métal qu'on leur incorporait. Les premiers essais, basés sur cette connaissance exacte des résultats que l'on pouvait obtenir, sortirent en 1885 du laboratoire de Lauth, mais la fabrication n'en devint pas régulière à ce moment et le procédé fut appliqué à la décoration de pièces diverses une dizaine d'années plus tard seulement. La variété des nuances que l'on arrive à produire, l'imprévu de certaines juxtapositions de tons, l'éclat des cristaux qui semblent sortir de la matière, donnent un charme tout particulier aux objets décorés par ce moyen, et l'on est parvenu aujourd'hui à un emploi presque certain de ces matières délicates. Elles présentent, toutefois, un défaut au point de vue céramique, équivalent à celui qui a fait négliger trop vite par les amateurs les flammés de cuivre, — celui de ne pas ouvrir une voie nouvelle aux décorateurs. Il ne semble

Vase de Montchanin décoré de couvertes cristallisées roses. — Monture en fer forgé de Brandt (1906).

pas, en effet, par suite des conditions mêmes de production des couvertes cristallisées, qu'on puisse jamais se servir de celles-ci pour former un dessin précis, car elles ne se développent qu'à la condition de couler ou de s'étaler. Leur emploi se trouve donc limité à des effets intéressants, sans pouvoir, en l'état actuel du moins, constituer un décor proprement dit.

L'emploi de cette même porcelaine, légèrement modifiée dans sa composition en vue de l'usage auquel on l'appelait, avait été d'autre part généralisé pour l'exécution en biscuit de pièces modelées. En 1889 déjà, un certain nombre d'œuvres du XVIIIe siècle avaient été reproduites au moyen de la pâte nouvelle dont la coloration ambrée parut alors particulièrement appropriée à la sculpture. En 1900, l'intérêt de cette partie de l'Exposition s'augmenta de l'attrait d'œuvres toutes inédites, car dans ce domaine aussi on avait respecté le principe général de ne soumettre à l'appréciation du public que des œuvres nouvelles. Divers modèles avaient donc été commandés à des artistes en vue de la reproduction en biscuit; d'autres avaient été choisis parmi les œuvres exposées au Salon les années précédentes. Dans la première catégorie quatre grandes pièces décoratives, par les difficultés d'exécution qu'elles présentaient, mirent en valeur la facilité d'emploi de la pâte nouvelle. C'était d'abord un riche surtout de table composé par Frémiet et formé de six grands groupes différents, — les chars de Diane et de Minerve, les groupes de Persée et d'Hercule, de l'Amour et du Centaure, — dont la finesse de modelé, la délicatesse des détails semblaient un défi porté au céramiste par l'accumulation de difficultés qu'elles l'appelaient à vaincre. C'étaient ensuite, dans des proportions plus modestes, les « Baigneuses d'Aubé », composition d'un joli mouvement, d'un sentiment plus intime, — et le surtout des « Chasses », dans lequel le maître animalier Gardet avait entrevu une nouvelle occasion de prouver ses qualités de fine observation et de juste notation de la vie. C'était enfin le « Jeu de l'Écharpe », d'Agathon Léonard, dont les gracieuses figurines conservent un sentiment profond de cette poésie du geste qui inspira les artistes helléniques. A côté de ces surtouts faits spécialement pour la Manufacture, de nombreuses reproductions d'œuvres connues formaient déjà une collection précieuse de modèles modernes : depuis

Les Enfants aux grenouilles.
Modèle de Max Blondat (1906). (Haut. 0,60. Larg. 0.60.)

lors celle-ci s'est considérablement augmentée, grâce à une organisation récente qui permet de faire participer les artistes au succès de leurs ouvrages. En 1900 encore, l'acquisition des modèles était limitée par les ressources peu élevées dont la Manufacture pouvait disposer pour cet emploi, et la production se trouvait ainsi restreinte, soit à de rares commandes, soit à la réduction d'œuvres acquises par l'État. Maintenant, au contraire, les artistes prêtent leurs modèles gratuitement dans la plupart des cas, mais ils reçoivent sur le produit des ventes le quart de la somme payée par les acheteurs. De cette façon, l'auteur se trouve directement intéressé au succès de son œuvre, et Sèvres peut entreprendre la reproduction d'un nombre de modèles beaucoup plus considérable que par le passé, puisqu'il n'a pas à payer d'avance la valeur de ces modèles.

A côté des progrès réalisés dans la production de la porcelaine sous ses formes les plus diverses, la Manufacture enfin, fidèle à son programme de 1892, avait poursuivi le perfectionnement du grès-cérame dans ses applications à la décoration architecturale. Il y avait longtemps que des essais avaient été tentés pour donner à cette matière une place plus grande dans la construction, mais sans que l'on soit parvenu à la rendre d'un usage vraiment pratique. Le problème à résoudre était, en effet, complexe, car il s'agissait de trouver d'abord une pâte assez plastique pour être commodément façonnée, et ensuite d'adapter à celle-ci une série de couleurs et de couvertes de grand feu propres à la décorer. En 1894, Georges Vogt estima être assez sûr de ses compositions pour accepter l'idée d'édifier six ans plus tard un pavillon entièrement construit avec des matériaux céramiques. Par suite du manque de ressources, on dut renoncer à l'exécution intégrale de ce monument dont le projet avait été étudié par MM. Coutan et Risler, mais du moins diverses applications permirent de montrer toutes les ressources que l'on pouvait tirer de l'emploi du grès-cérame. En dehors des vases modelés par Massoule, Cros, Binet, et des reproductions d'œuvres de Frémiet, de Peter, de Gardet, il avait en effet été utilisé sous quatre formes très différentes par leur destination. Comme exemple de l'application du grès-cérame à la décoration extérieure des monuments, la Manufacture avait exécuté la frise de la façade du Grand-Palais sur l'avenue d'Antin, où, couvrant une surface de quatre cents mètres carrés, se développait toute la composition de « l'Histoire de l'Art » de Joseph Blanc, traduite par les sculpteurs Baralis, Sicard et Fagel, travail énorme dont la Manufacture parvint cependant à terminer les 4500 pièces en moins de dix-huit mois. La coloration harmonieuse de cette frise avait été obtenue par l'emploi des couvertes colorées de grand feu composées antérieurement pour la décoration de la porcelaine dure nouvelle, et dont Georges Vogt avait prévu l'utilisation lorsqu'il avait établi la formule du grès-cérame. D'autre part, le projet de pavillon céramique dont nous avons parlé plus haut n'avait pas été complètement abandonné et la Manufacture en construisit une travée en façade d'un palais de l'Esplanade des Invalides : réédifiée aujourd'hui dans le square de Saint-Germain-des-Prés, elle présente, dans un cadre architectural largement établi, une œuvre charmante de Coutan, symbolisant la Céramique. Tandis que, dans la frise du Grand-Palais, le grès n'intervenait qu'à titre de décor combiné avec d'autres matériaux, ici au contraire il constituait l'élément même de la construction, et la complication ornementale de l'architecture était une nouvelle preuve de sa facile accommodation à toutes les nécessités de l'art de bâtir. Dans un ordre d'idées différent, un petit édifice composé par Alex. Sandier montrait l'emploi du grès pour l'ornementation des jardins : c'était une fontaine, formée d'une colonne de 7 mètres de haut traversant une vasque, et ornée de trois gracieuses figures d'Alfred Boucher : un grand bassin entouré de six coquilles plus petites recevait l'eau tombant de la vasque supérieure. D'une tonalité douce, se mariant bien avec les frondaisons du Cours-la-Reine, ce monument dont toute la décoration, les trois figures de Boucher exceptées, était empruntée au règne végétal ou au règne animal, apportait une idée nouvelle aussi bien au point de vue de sa conception décorative que de son exécution matérielle et montrait, à côté des applications du grès-cérame à la construction, le parti que l'on en pouvait tirer pour la décoration proprement dite. Enfin, l'emploi du grès à l'intérieur des habitations était représenté par la cheminée monumentale due au talent de l'architecte Paul Sédille :

là des couleurs plus fines, un modelé plus délicat donnaient à la

Travée d'un palais d'exposition des produits de Sèvres. — Grès cérame, 1900.
Ch. Risler, architecte. Coutan, sculpteur. (Square Saint-Germain-des-Prés.)

matière un peu frustre du grès une valeur particulière et l'harmonie de tons de l'ensemble laissait entrevoir l'infinie variété des effets que l'on peut exiger de lui.

Ainsi donc, rénovation complète des formes et des décors, généralisation de l'emploi du grès-cérame dans la construction, création de deux séries de couleurs de grand feu pour la porcelaine dure, reconstitution de la porcelaine tendre ancienne, reproduction en biscuit de sculptures modernes, tel fut le bilan de l'exposition de la Manufacture en 1900. En dehors des résultats acquis, c'étaient les preuves manifestes d'un élan considérable donné à la maison, trop longtemps enlisée dans la voie où l'avait poussée Brongniart. On a pu regretter l'absolutisme de la réforme qui a fait renier à la Manufacture tout son passé : mais, dans la vie des institutions, il arrive un moment où, sous peine de les voir périr, ceux qui en ont la charge doivent s'abstraire d'un passé parfois trop lourd de renom et de services. Aujourd'hui, rajeunie, lancée dans une voie nouvelle, la Manufacture peut, sans crainte de retomber dans l'erreur ancienne, élargir à nouveau son programme et reprendre l'emploi de certains procédés qu'elle avait momentanément proscrits : elle doit, en effet, être à la fois un laboratoire d'essais incessants et le conservatoire des arts céramiques. Mais il était indispensable, dans la crise qu'elle a traversée, qu'elle sût faire peu de cas des qualités qu'on ne lui a jamais contestées, pour consacrer toutes ses forces à la poursuite d'idées nouvelles, au double point de vue de la fabrication et de la décoration.

Depuis 1900, de précieuses découvertes ont encore étendu le champ d'action de la Manufacture de porcelaine de Sèvres et la nouvelle pâte, dont la formule définitive a été trouvée tout récemment par Georges Vogt, apportera sans doute au fabricant comme au décorateur des ressources considérables; mais peut-être est-il encore trop tôt pour en parler et vaut-il mieux laisser au temps le soin d'en mettre en valeur toutes les qualités.

Les ateliers de la Manufacture. — Vue prise du parc de Saint-Cloud.

III

ORGANISATION MATÉRIELLE ET ADMINISTRATIVE DE LA MANUFACTURE

Lorsque, le 17 novembre 1876, le Maréchal de Mac-Mahon inaugura les nouveaux bâtiments de la Manufacture, enclavée maintenant dans le parc de Saint-Cloud, il y avait déjà de bien longues années que le transfert en avait été décidé. En effet, depuis la constitution du Musée Céramique installé par Brongniart dans les combles des bâtiments de Louis XV, la plupart des services de la Manufacture se trouvaient fort à l'étroit et le premier projet de reconstruction, ou plutôt d'agrandissement, dont on retrouve la trace, date de l'époque même où Brongniart, estimant son œuvre achevée, sollicita du Gouvernement le moyen d'installer d'une façon plus convenable les collections qu'il avait réunies. Pour répondre à ce désir, Visconti, consulté par Louis-Philippe en 1847, proposa d'édifier, sur les terrains qui séparaient alors la Manufacture de la route de Paris, deux grands bâtiments formant ailes aux extrémités du corps de logis existant ; transformation facile, ces terrains n'ayant d'autre destination que l'agrément des ouvriers dont la plupart y possédaient un petit jardin. Et dans ces constructions nouvelles, il eût été possible d'aménager le Musée et les services trop resserrés dans les locaux anciens. A d'autres points de vue, le projet était séduisant, car il laissait la Manufacture dans son cadre, au milieu de son parc superbe : la chute de la royauté le fit entrer dans l'oubli. Aussi, lorsque, dix ans plus tard, l'état de délabrement des vieux bâtiments peu entretenus depuis longtemps amena la Maison de l'Empereur à étudier de nouveau la question, c'est à un projet tout différent que l'on s'arrêta. Abandonnant l'ancien domaine de Lulli, les plans de 1858 établissaient la Manufacture sur un emplacement situé entre le pavillon de Breteuil et la Seine, et pris sur le jardin-fleuriste du parc de Saint-Cloud. Ils comportaient un groupe de bâtiments d'une importance égale à celle des constructions actuelles, mais dont l'ordonnance était toute différente : le Musée céramique, au lieu d'être parallèle au fleuve et de dissimuler au premier abord les ateliers, devait être construit au pied du vallonnement que domine le pavillon de Breteuil et être relié par une large avenue au quinconce avoisinant le pont de Sèvres, tandis que la Manufacture proprement dite se serait étendue sur la gauche de cette avenue. Cette disposition ne fut pas définitivement adoptée par

Vase d'Argenteuil (Haut. 0.50). — Composition et exécution en couleurs de grand feu sur couvert par Lasserre (1902). (Musée de la Ville de Paris.)

le Conseil général des Bâtiments civils qui chargea en 1861 M. Laudin d'exécuter le plan actuel. La construction, faute d'argent, en fut souvent retardée et, au moment de la guerre franco-allemande, seul le bâtiment du Musée était complètement édifié : il servit en 1871 à l'installation des 9e et 10e Conseils de guerre. Ensuite la construction se poursuivit avec une lenteur telle que, au moment de l'inauguration officielle de 1876, la plupart des services étaient encore loin d'être organisés dans les nouveaux bâtiments. Pendant six ans encore une partie des ouvriers dut continuer à travailler à l'ancienne Manufacture et la fabrication des pâtes commença à fonctionner dans le Bas-Sèvres en 1883 seulement.

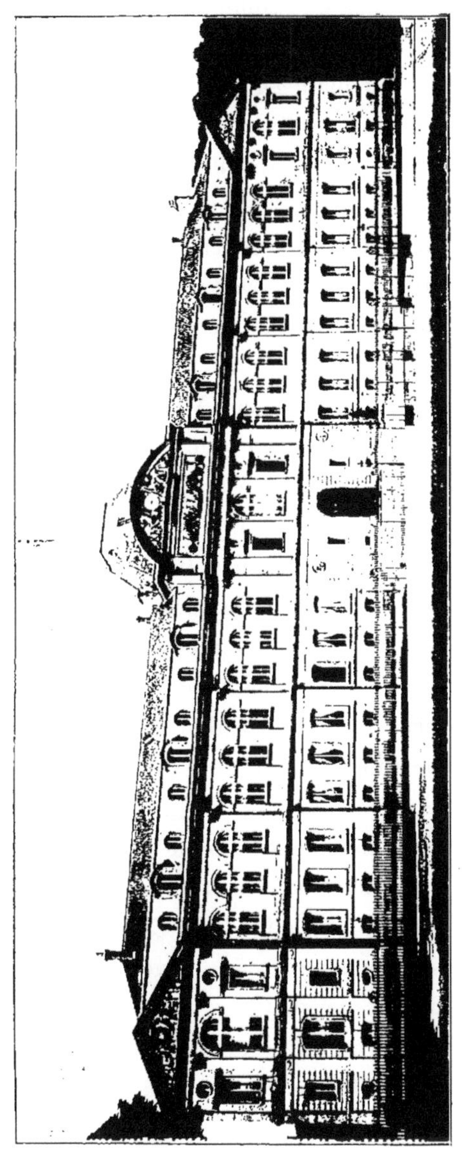

La Manufacture nationale de Sèvres. — Façade principale.

L'ensemble de ces constructions, sans valeur artistique, souvent incommodes et peu appropriées à leur destination, avait absorbé en vingt années une somme supérieure à dix millions de francs !

La Manufacture occupe actuellement 42000 mètres superficiels de terrain. Le plan général des bâtiments représente un quadrilatère ayant le hall des fours et les ateliers de grand coulage pour centre; trois corps de bâtiments parallèles contiennent les divers ateliers et l'école de céramique; en arrière, s'élèvent des constructions annexes, dépôts, bûchers, logements du haut personnel. Aucune recherche architecturale n'égaie ces tristes logis d'où toute élégance semble avoir été bannie et dont rien ne laisse soupçonner la destination artistique. A l'arrangement sans grand caractère déjà de la Manufacture de Louis XV, l'architecte Laudin n'est parvenu à substituer que la banale ordonnance d'une usine moderne.

Au point de vue de l'organisation administrative, la Manufacture est, nous l'avons indiqué plus haut, placée sous la direction d'un administrateur, assisté d'un directeur des travaux d'art et d'un directeur des travaux scientifiques et techniques : toutes les décisions importantes sont délibérées en un Conseil d'administration comprenant ces trois personnes. La direction technique englobe deux services — la fabrication et les laboratoires — qui emploient 105 personnes dont 32 ouvriers d'art, mouleurs-réparateurs, sculpteurs et émailleurs ; la direction d'art n'occupe que 58 personnes parmi lesquelles on compte 31 peintres ou doreurs ; les services généraux enfin, administration, magasins, surveillants, Musée, etc., comprennent 33 employés. C'est un ensemble de 196 personnes inscrites chaque année au budget pour une somme de 493 000 francs. Les achats de matières premières, l'entretien des machines, etc., absorbent en outre 141 000 francs. La Manufacture coûte donc en moyenne 634 000 francs, mais l'État récupère presque entièrement cette somme, car la valeur des ventes, des dons et des fournitures aux Ambassades et Palais Nationaux s'élève à tout près de

600 000 francs. La Manufacture ne possède malheureusement pas l'autonomie budgétaire qui lui permettrait de profiter de ses recettes pour entreprendre des essais intéressants ; à l'heure actuelle, en effet, le produit de ses ventes rentre directement dans les caisses de l'État sans qu'elle en tire aucun avantage, et elle se trouve dans une situation profondément illogique, disposant d'une somme égale chaque année pour assurer une production sujette à des variations très appréciables.

Vases modernes. — Formes d'Alexandre Sandier. — Décors de grand feu.

IV

LA DIRECTION DES TRAVAUX SCIENTIFIQUES ET TECHNIQUES LES LABORATOIRES. — LES ATELIERS DE FABRICATION

Dans toute usine céramique, l'importance des laboratoires est capitale : à Sèvres, elle s'accroît encore par le fait qu'il ne s'agit pas seulement de maintenir cette égalité dans la production des matières premières qui assurera au décorateur des résultats toujours semblables, mais encore de poursuivre constamment la recherche de progrès nouveaux, profitables à l'ensemble de l'industrie porcelainière. Si les artistes de Vincennes et Sèvres ont la meilleure part dans la renommée de la maison, il ne faut pas oublier ceux dont la science et le travail ont permis d'exécuter les chefs-d'œuvre que certaines époques ont produits, et, en admirant tous les beaux objets qui furent créés au XVIIIe siècle, on ne doit pas perdre de vue qu'ils sont le résultat aussi bien des découvertes des Hellot, des Macquer, des Montigny que du goût et de l'ingéniosité de

Bachelier ou de Duplessis. Le chimiste et l'artiste sont inséparables l'un de l'autre en céramique ; leur accord est indispensable à la production et l'artiste ne peut réaliser ses idées qu'autant que le chimiste lui en fournit les moyens. Ainsi s'explique l'importance prise à Sèvres, au XIXe siècle, par ce service auquel on a reproché parfois de dominer trop complètement la direction artistique. Depuis Brongniart, en effet, la Manufacture a été pendant quatre-vingt-dix ans confiée, presque sans interruption, à des chimistes qui ont rendu d'indiscutables services pour tout ce qui touche au perfectionnement de la matière même ; mais peut-être aussi leurs préoccupations purement scientifiques furent-elles cause de cette décadence artistique qui a failli entraîner la disparition de l'établissement. L'organisation actuelle, qui charge un administrateur de maintenir l'équilibre entre la direction technique et la direction d'art présente certainement à ce point de vue de sérieuses garanties.

Les laboratoires ont reçu une destination précise le jour où Brongniart fonda le « département de la chimie » chargé de tous les essais de porcelaine, de la fabrication des couleurs, de la préparation des ors et de la surveillance des cuissons de peinture, et leur mission ainsi déterminée n'a guère varié depuis un siècle. Les résultats de cette organisation ont été fructueux, et il suffit, pour s'en convaincre, de rappeler les travaux de Brongniart, d'Ebelmen, de Regnault, de Lauth, de Vogt et Giraud. Comme consécration de ses quarante-sept années de labeur dans les laboratoires de Sèvres, Brongniart a publié ce « Traité des Arts Céramiques », dont nous avons parlé plus haut, et qui reste le manuel de tous ceux qui s'adonnent aux arts de la terre et du feu. Sa composition de la porcelaine dure est demeurée le type le plus parfait de la porcelaine d'usage et ses recherches sur les couleurs vitrifiables ont conduit à l'établissement d'une palette de couleurs de moufle aussi complète que possible. Après lui, Ebelmen, disparu trop vite, consacra son activité à des recherches minéralogiques qui devaient trouver plus tard leur application dans la composition des couleurs de grand feu; Regnault perfectionna certaines pâtes et étudia d'intéressants instruments de laboratoire; depuis, Lauth et Vogt créèrent la porcelaine dure nouvelle, répondant à un type particulier applicable

Néron. — Modèle de Théodore Rivière (1904). — Sculpture à couvertes colorées (Haut. 0,25).

à la fabrication des pièces décoratives. Aujourd'hui enfin, le souci incessant d'étendre les moyens de production aboutit à la découverte de la pâte Vogt qui semble posséder toutes les qualités d'aspect de l'ancienne pâte tendre, jointes à une facilité de composition et de façonnage qui manquait totalement à celle-ci. Tous ces travaux, auxquels viennent s'ajouter les études récentes sur le grès, sur les couleurs de grand feu, etc., constituent sans doute la meilleure participation de la Manufacture au développement industriel de notre pays, car ces procédés sont mis, aussitôt que les résultats en sont bien établis, à la disposition des fabricants français. Ceux-ci peuvent non seulement avoir connaissance des formules nouvelles que l'on doit aux patientes recherches des chimistes de Sèvres, mais encore la faculté leur est donnée de poursuivre par eux-mêmes des essais dans les laboratoires de la Manufacture. Depuis 1879 en effet, les industriels peuvent faire appel au concours de la direction technique de Sèvres de deux façons, soit en venant faire personnellement des recherches qu'il leur serait presque toujours impossible de poursuivre par leurs seuls moyens, soit en lui confiant des analyses de matières premières ou en lui demandant des indications sur l'usage que l'on peut faire d'une argile, des plans pour la construction de fours ou même d'usines, des formules de couleurs. Par là, la Manufacture assure un service identique à celui des laboratoires d'essais du Conservatoire des Arts et Métiers, mais à Sèvres toutes ces études sont faites à titre gratuit, et il faut peut-être le regretter, car bien souvent elles portent sur des matières impropres à tout usage que l'on hésiterait davantage à soumettre à l'analyse si une rétribution était exigée pour ces consultations.

En dehors de ce service scientifique qui répond à des besoins généraux, le directeur technique de la Manufacture a la haute main sur la fabrication chargée d'appliquer les expériences des laboratoires. Pour en définir les attributions complexes, il nous reste à suivre la série des transformations que subissent les matières premières constituant la porcelaine avant de devenir une pièce prête à recevoir une décoration.

La première phase de la fabrication consiste dans la préparation des pâtes. Celles-ci, nous l'avons dit, sont composées de trois éléments mélangés en proportions variables suivant les qualités de la porcelaine que l'on veut obtenir. Le kaolin, argile infusible qui donne à la pâte sa plasticité, se présente, au sortir de la carrière, à l'état de petits blocs blancs et friables ; le feldspath, élément qui, en fondant à haute température, donne à la porcelaine sa demi-transparence, est, par contre, une roche très dure ; le quartz enfin, matière dégraissante, a lui aussi l'aspect de débris pierreux. Ces matériaux à l'état brut sont inutilisables et doivent être préalablement soumis à une préparation destinée à les purifier et à les amener à un état de très grande ténuité.

Le kaolin, tel qu'il est envoyé des centres d'extraction, Limousin, Bretagne ou Pyrénées, a pour principal défaut de contenir du sable : on le débarrasse de ces impuretés en le jetant dans de grandes cuves à demi-remplies d'eau où de grandes palettes mues mécaniquement amènent une rapide désagrégation de la masse argileuse. Lorsque le délayage est complet, une partie des déchets sableux que contenait le kaolin se dépose d'elle-même au fond de la cuve. Pour enlever le surplus, on laisse lentement écouler le mélange de kaolin et d'eau à travers des tamis, puis par une suite de conduits disposés en chicane dans lesquels les impuretés achèvent de se déposer, tandis que les fines molécules d'argile, plus légères, sont entraînées vers un grand récipient. Il n'y a plus alors qu'à enlever au kaolin nettoyé l'excès d'eau qu'il contient : ce résultat est atteint, après décantation, à l'aide d'un filtre-presse d'où l'argile sort à l'état de plaques pâteuses qu'un séjour dans des salles surchauffées achève de dessécher.

Le travail que doivent subir les feldspaths et les quartz avant d'être employés est tout différent. Ces matières sont en effet à peu près pures à l'état naturel, mais il faut les soumettre à un broyage qui permette de les incorporer au kaolin. On commence par chauffer au rouge les fragments de roches pour les rendre friables ; écrasés ensuite grossièrement sur un moulin à meules verticales, ils sont enfin réduits à l'état de poudre par des broyeurs à galets, machines qui se composent essentiellement d'un cylindre en fonte monté sur un axe et garni intérieurement d'un revêtement en grès ou en porcelaine. Le feldspath ou le quartz sont mélangés dans ce

Dépôt des grandes pièces de sculpture

cylindre avec trois fois leur poids de galets durs ; puis, l'appareil étant à moitié rempli d'eau et hermétiquement clos, on le fait tourner sur son axe pendant quelques heures. Il suffit alors de séparer les matières de l'eau pour les recueillir dans un état de très grande division.

Ainsi préparés, les éléments de la pâte sont portés dans des greniers très secs où ils restent jusqu'au moment où on doit les employer. Le mélange se fait alors dans l'eau et avec des quantités d'argile, de feldspath et de quartz variant suivant la pâte que l'on prépare. La pâte dure de Brongniart, par exemple, est composée de kaolin 65 p. 100, feldspath 15 p. 100, quartz 14, 5 p. 100, craie 5, 5 p. 100, tandis que la pâte nouvelle Lauth-Vogt contient 44 p. 100 de kaolin argileux et 56 p. 100 de pegmatite[1]. Après cuisson, les qualités de l'une et de l'autre sont très différentes : la première, riche en alumine, est très résistante aux variations de température ; son point de cuisson approche de 1 400 degrés, et les couvertes dures qu'elle supporte la rendent incomparable pour les pièces d'usage ; mais la seconde lui est très supérieure chaque fois qu'il s'agit de pièces à décorer, puisqu'elle permet d'employer, en outre des couvertes et des couleurs de grand feu, les émaux avec toute leur variété de coloris. On comprend dès lors quels soins doivent être apportés à ce dosage dont dépendent les qualités de la pâte. Le mélange des matières premières étant aussi parfait que possible, il ne reste plus qu'à raffermir la pâte ainsi constituée au moyen du filtre-presse, et à lui faire subir enfin un malaxage qui lui donne l'homogénéité physique nécessaire. Ce pétrissage se faisait autrefois au pied, l'ouvrier écrasant la pâte placée sur une aire ; aujourd'hui le même résultat est atteint à l'aide d'une machine, appelée, en souvenir du procédé ancien, « marcheuse de pâte » et formée de deux lourds troncs de cônes cannelés qui, montés sur un axe, roulent sur la pâte et l'écrasent en tous sens.

La préparation des pâtes à grès est identique à celle des pâtes à

[1] Le pegmatite est une roche qui contient en moyenne 75 p. 100 de feldspath et 25 p. 100 de quartz.

porcelaine : les éléments seuls, argile de Saint-Amand-en-Puisaye, argile de Randonnai et sable de Decize, sont différents. Pour la

Grand atelier de fabrication. — Les tourneurs.

fabrication des terres à casetterie, au contraire, un matériel spécial est indispensable. Les casettes, destinées à protéger à l'intérieur du four la porcelaine contre la violence du feu, sont constituées par une argile plastique de première qualité, à laquelle on mélange une certaine quantité de poudre de casettes cuites finement broyée. Le nettoyage de cette argile, la pulvérisation des casettes, le mélange des deux matières, n'ont pas besoin d'être faits avec la même perfection que pour la porcelaine ; aussi emploie-t-on dans cette fabrication des machines identiques à celles en usage dans les briquetteries.

Préparation des pâtes à porcelaines, des pâtes à grès, des terres à casetterie, telles sont les opérations qu'effectue le « moulin », chargé en outre de la fabrication des couvertes ; mais celles-ci étant à Sèvres exclusivement feldspathiques, leur broyage s'effectue de la même façon que celui du feldspath entrant dans la composition de la pâte.

Toutes les pâtes sont, autant que possible, préparées quelque temps avant qu'on en fasse usage ; il semble en effet que, pendant le *pourrissage*, certaines réactions chimiques se produisent qui augmentent leur plasticité. Les pâtes sont donc déposées dans des cuves, jusqu'au moment où on en aura besoin pour fournir à la consommation journalière des ateliers. Avant de les remettre aux ouvriers, elles seront encore longuement battues à la main, pour en chasser les moindres bulles d'air, qui apparaîtraient après la cuisson sous forme de cloques rendant la pièce inutilisable. Ce travail s'effectue dans le « grand atelier de fabrication » même, avant de procéder au *façonnage* ou transformation de la pâte en une pièce prête à entrer dans le four.

La Manufacture de Sèvres a recours pour le façonnage à trois procédés différents : le tournage, le moulage et le coulage. Les deux premiers sont appliqués à la fabrication des pièces de services, des vases de petites dimensions, de la sculpture ; le troisième est employé à la fabrication des grands vases ou des pièces de forme difficile à reproduire par d'autres moyens. Dans le *grand atelier* qui occupe tout le premier étage d'un des bâtiments latéraux de la Manufacture, sont placés d'un côté les tourneurs, de l'autre les mouleurs-répareurs, séparés par de hauts gradins servant au séchage des pièces avant la cuisson. Quant au coulage, qui exige un matériel compliqué et encombrant, il est installé dans un atelier du rez-de-chaussée, placé parallèlement à la façade du Musée céramique.

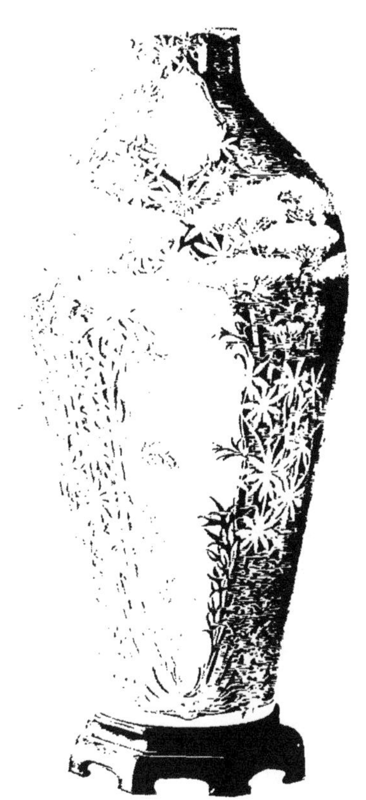

Vase de Nesles (H. 0,50). Composition de Mlle Rault. — Exécution en pâtes colorées par Pihan (1906).

Le façonnage au tour est aujourd'hui beaucoup moins employé que dans le passé, par suite de l'extension donnée au moulage et surtout au coulage qui permettent de réaliser une production à la fois moins coûteuse et plus régulière. Ainsi les tourneurs qui, en 1850, étaient au nombre de quinze sont réduits à cinq à l'heure actuelle et fournissent largement aux besoins de la Manufacture. Leur travail, l'un des plus élégants de l'industrie humaine, comprend deux opérations successives : l'*ébauchage*, dont le but est de créer, par un façonnage de la pâte molle sur le tour, une forme approchée de celle que l'on veut avoir, et le *tournassage* grâce auquel la pièce prend son aspect définitif. Afin de pouvoir terminer sa pièce, le tourneur laisse l'ébauche sécher pendant quelques jours et acquérir une certaine solidité, puis il la replace sur le tour et la dégrossit à l'aide de petits outils d'acier ; il lui donne enfin le profil exact en appliquant sur sa surface des petits calibres qui reproduisent les saillies, les courbes et les moulures du modèle. Une exposition plus ou moins prolongée sur les gradins de l'atelier permet à la pièce de se débarrasser de son excès d'eau : elle est alors prête à subir un premier passage au four ou à être décorée sur cru.

L'emploi du tournage étant nécessairement limité à la fabrication des pièces rondes, un autre procédé doit intervenir chaque fois que l'on veut obtenir des objets de formes différentes ou ornés de reliefs. Le *moulage* consiste dans l'application de la pâte sur les parois d'un moule formé d'une matière absorbante, le plâtre en général, et représentant en creux la forme à reproduire. L'utilisation la plus importante de ce procédé est la sculpture en biscuit qui a pris au cours de ces dernières années un développement considérable. Pendant le XIXe siècle, la fabrication du biscuit, si variée et si riche de modèles charmants au XVIIIe siècle, s'était ralentie : détournée de sa destination véritable, cette matière délicate n'avait plus guère servi qu'à l'édition par grandes quantités, sous forme de bustes ou de médaillons, de l'effigie des souverains et de leur famille ; on était allé jusqu'à l'appliquer à la construction d'énormes pièces comme le surtout Égyptien ou à la décoration des meubles bizarres qui furent exécutés en si grand nombre sous la direction de Brongniart. Dans ces arrangements, le biscuit n'apparaissait plus qu'à titre secondaire, pour créer des oppositions de couleurs avec les éléments voisins richement décorés, et il perdait ainsi tout son caractère et sa finesse. Carrier-Belleuse, pendant sa direction, s'efforça d'abord de renouer la tradition en reprenant la fabrication des modèles du XVIIIe siècle, puis de donner une vie nouvelle à cet art gracieux par la reproduction d'œuvres modernes ; mais l'atelier des biscuits n'a repris une activité véritable que vers 1895 et surtout depuis 1900, grâce au mode d'acquisition des modèles dont nous avons indiqué le principe.

Les mouleurs-répareurs sont, à l'heure actuelle, au nombre de vingt-huit, produisant chaque année environ deux mille biscuits pour une valeur supérieure à 250 000 francs. Leur travail est excessivement délicat et exige non seulement une habileté consommée, mais encore des notions de dessin et de modelage qui font de ces ouvriers de véritables artistes. Avant de leur être confié, tout modèle nouveau

Grand atelier de fabrication. — Les mouleurs-répareurs.

est remis à l'atelier des mouleurs en plâtre qui le divisent en autant de parties qu'il doit y avoir de moules différents. Le soin apporté à la façon de ceux-ci a une importance considérable pour la réussite de la pièce elle-même. Il faut songer en effet que certains groupes fabriqués couramment à Sèvres comportent 80 ou 100 morceaux différents, entraînant la fabrication d'autant de moules. Tous ces tronçons doivent s'ajuster parfaitement pour éviter des déformations qui dénatureraient le caractère de l'œuvre originale, et cela nécessite une précision absolue dans cette opération préliminaire. Huit mouleurs en plâtre sont constamment employés à ce travail délicat, sous la direction de deux sculpteurs chargés du découpage des modèles.

Coq (Haut. 0,10).
Modèle de Ytiga-Noumata (1905).

Lorsqu'un biscuit est commandé au mouleur-répareur, celui-ci reçoit, en même temps que la série des creux ou moules nécessaires à l'exécution de la pièce, le modèle primitif fourni par le sculpteur, pour éviter autant que possible qu'il ne modifie le caractère de l'œuvre originale : il doit être constamment guidé dans son travail par le souci de donner une transcription fidèle, et non une interprétation du modèle qui lui est confié. Au point de vue matériel, la première opération consiste dans le moulage des éléments que comporte la pièce à reproduire : l'ouvrier prépare d'abord une *croûte*, c'est-à-dire une masse de pâte amenée à l'aide d'un rouleau à une épaisseur égale, puis il applique cette croûte dans les creux des moules par une pression régulière des doigts ; enfin, à l'aide de pâte délayée dans l'eau, il rapproche les pièces estampées séparément : celles-ci en séchant légèrement se détachent d'elles-mêmes des parois du moule. Il n'y aurait plus alors qu'à faire disparaître la trace des collages, si la pression opérée pour rapprocher les divers éléments n'avait pour effet de rendre la pâte plus dense dans les points de jonction et d'amener après cuisson la formation d'un bourrelet accentuant les lignes des collages. Pour remédier à cet inconvénient, on est con-

Poule (Haut. 0,10)
Modèle de Ytiga-Noumata (1905).

traint de creuser dans la pâte encore humide un sillon, large souvent d'un centimètre, que l'on rebouche ensuite avec de la pâte molle : le répareur doit alors modeler à la main cette partie de la pièce, et l'on comprend combien ce travail présente d'aléas s'il est confié à un artisan maladroit qui peut facilement rendre méconnaissable le modèle proposé.

Lorsque les diverses parties de la figure ou du groupe sont rapprochées avec toutes les précautions nécessaires, le répareur établit le *supportage* de sa pièce, c'est-à-dire qu'il dresse autour de celle-ci des armatures provisoires destinées à empêcher les déformations que le passage au feu pourrait entraîner. En effet, la pâte se ramollit suffisamment au cours de la cuisson pour que les parties de la pièce qui ne sont pas absolument d'aplomb aient une tendance à s'infléchir. Dans une figure, par exemple, le mouvement fait généralement qu'une partie du corps se trouve en porte-à-faux : il faut alors soutenir cette partie au moyen d'étais, constitués par une pâte de même composition que celle de la pièce elle-même pour éviter des inégalités de retrait : après la cuisson, ces baguettes de biscuit, isolées de la sculpture par un mélange d'alumine et de gomme, se détachent facilement sans laisser de traces.

Autrefois le titre de *répareurs* s'appliquait surtout aux modeleurs d'ornements, tandis que les artistes chargés de la reproduction des figures étaient appelés *sculpteurs*; les premiers étaient alors plus nombreux que les seconds, en raison de la grande quantité de pièces que l'on décorait dans la pâte. Ce travail est maintenant très réduit par suite de l'emploi des formes simples dont le goût s'est généralisé depuis quinze ans, et le réparage proprement dit ne s'applique plus guère qu'à deux opérations : le *garnissage* et le *découpage*. On appelle « garnir » le fait de rapprocher au moyen de la barbotine les éléments d'une pièce que sa forme ne permet pas de fabriquer en une fois : ainsi la garniture d'une cafetière comprend le bec et l'anse que l'ouvrier adapte ensuite sur le corps de l'objet. Ces collages doivent être soigneusement faits pour ne pas éclater au feu, et lorsqu'il s'agit de pièces tournées, il faut toujours, dans cette opération, tenir compte de la tendance de la pâte à revenir sur elle-même dans

Coupe de Juvisy découpée. — Émaux transparents.
(Musée de la ville de Paris.)

le sens opposé à celui dans lequel elle a été tournée, c'est-à-dire que les garnitures, pour être verticales après cuisson, doivent être posées sur la pâte crue suivant une direction légèrement oblique et variable selon l'ouvrier qui a fabriqué la pièce.

Le découpage est un travail tout différent, confié à Sèvres à des femmes dont les mains délicates exécutent ces légères pièces de service, imitées de l'Extrême-Orient, qu'entoure un fragile réseau de porcelaine, ou bien encore ces coupes, ces tasses d'un si gracieux effet où des motifs réservés dans la pâte et remplis d'émaux colorés apparaissent après cuisson sous la forme de dessins transparents. Les pièces qui doivent présenter un ajourage sont façonnées dans des moules portant en gravure légère le tracé du dessin à reproduire ; après un séchage suffisant pour permettre de manier l'objet

Grand atelier de fabrication. — Le façonnage des assiettes.

sans un trop grand risque de casse, les ouvrières détachent au moyen de petites lames très effilées les parcelles de pâte appelées à disparaître : le moindre mouvement un peu vif suffit à anéantir le labeur de plusieurs jours, et l'on croira sans peine que le déchet d'une fabrication de ce genre est considérable.

Ces divers services, à l'exception de l'atelier de découpage isolé, en raison de la fragilité des objets qui y sont fabriqués, sont réunis dans le grand atelier et ses annexes. Là aussi est installée la fabrication des assiettes et des plats, obtenue aujourd'hui mécaniquement par le procédé du *calibrage*, qui est une combinaison du tournage et du moulage. L'ouvrier dispose de trois tours : sur le premier un tambour en peau lui sert à former une croûte de pâte qu'il dépose sur le second appareil, composé d'un tour portant un moule en plâtre qui donne la forme intérieure de l'assiette ou du plat. Le tourneur applique régulièrement la pâte de façon qu'elle adhère bien au moule, puis il transporte celui-ci et l'ébauche sur le troisième tour au-dessus duquel est placé un calibre en acier reproduisant exactement le profil extérieur de l'objet à exécuter : ce calibre, mobile sur un axe vertical, peut être amené à une distance du moule telle que l'espace libre représente exactement l'épaisseur que doit avoir la pièce. Lorsque celle-ci est terminée, on la laisse sécher lentement sur son moule : le plâtre absorbe l'excès d'eau de la pâte et la pièce se détache d'elle-même de son support.

Comme on vient de le voir, le grand atelier réunirait les divers modes de fabrication de la porcelaine s'il ne nous restait à décrire un procédé qui, pratiquement appliqué à Sèvres d'abord, a été pour l'industrie le point de départ de perfectionnements indéfinis. Le *coulage*, employé à la Manufacture à la seule fabrication des grands vases ou des pièces de forme irrégulière, a pris dans l'industrie un développement qui tend à le substituer aussi souvent que possible au tournage et au moulage. Il présente, en effet, l'avantage de permettre la fabrication complète de pièces qui autrefois nécessitaient l'ajustage toujours périlleux de plusieurs parties, les cafetières ou les théières, par exemple, pour lesquelles le garnissage était cause d'un déchet important. Ce procédé est, comme le moulage, basé sur la propriété que possède le plâtre d'absorber rapidement l'excès d'eau contenu dans une pâte mise en contact avec lui ; mais ici, au lieu d'appliquer la pâte par une pression des doigts contre les parois du moule, on remplit simplement celui-ci de pâte délayée dans l'eau ; au contact du plâtre, cette barbotine se débarrasse très vite d'une partie de l'eau à laquelle elle était mélangée et forme bientôt une croûte assez résistante pour adhérer au moule, si l'on fait écouler le surplus de pâte délayée. Les premières applications du coulage furent faites à Sèvres vers 1814 en vue de la fabrication des grandes plaques de porcelaine sur lesquelles, pendant un demi-siècle, d'excellents artistes ont dépensé beaucoup d'habileté à copier les chefs-d'œuvre

Composition et exécution en couleurs de grand feu et dorure, par Vignol (1900).

de nos musées. Certains perfectionnements permirent dans la suite d'utiliser ce procédé pour le façonnage de tubes et d'instruments de laboratoire, mais c'est seulement vers 1850 que Régnier le rendit vraiment pratique par l'emploi de l'air comprimé ou de l'air raréfié. En effet, malgré sa dessiccation rapide au contact du plâtre, la pâte, lorsqu'il s'agit de grandes pièces, ne se solidifie cependant pas assez vite pour éviter sûrement toute déformation lorsqu'on enlève l'excédent de barbotine. Régnier eut l'idée de faire pénétrer à ce moment critique dans le moule hermétiquement clos de l'air sous pression, destiné à maintenir la pâte contre les parois jusqu'à ce qu'elle ait pris la consistance nécessaire pour ne pas s'affaisser sous son propre poids. Ce procédé a été légèrement modifié dans la suite en raison du danger d'éclatement que, malgré toutes les précautions, l'air comprimé faisait courir aux moules, et aujourd'hui on se sert plus volontiers de l'air raréfié. Le moule est alors enfermé dans une cloche métallique posée sur ses bords extérieurs; cette cloche est mise en communication avec une pompe aspirante qui tend à faire le vide dans l'espace ainsi limité : il se produit alors, de l'extérieur à l'intérieur, une sorte de succion qui maintient l'adhérence de la pâte jusqu'au moment où celle-ci a atteint une solidité suffisante.

L'atelier de grand coulage occupe à Sèvres une place considérable à cause du matériel encombrant qu'exige ce procédé. Ce sont d'abord les moules en plâtre, divisés en plusieurs morceaux s'emboîtant pour permettre d'en retirer la pièce façonnée, moules dont l'épaisseur dépasse parfois vingt centimètres : on se rend compte dès lors des dimensions qu'atteignent les creux servant à la fabrication de vases de deux mètres de hauteur. Ce sont ensuite les grandes cuves placées à mi-hauteur de l'atelier, dans lesquelles se fait le délayage de la pâte dans l'eau à l'aide de palettes en mouvement, et enfin les larges plateaux sur lesquels s'effectue l'opération même et qui sont reliés au niveau du sol aux cuves à barbotine. Lorsque l'on entreprend la fabrication d'une pièce, on dépose sur un de ces plateaux les moules nécessaires, munis à leur base d'un orifice auquel aboutit l'extrémité du tuyau d'adduction de la barbotine; on ajuste la cloche à faire le vide de façon à pouvoir l'utiliser au moment convenable; puis, en ouvrant un robinet, on fait monter jusqu'aux bords du moule la pâte provenant des cuves placées au-dessus; on la laisse séjourner à l'intérieur pendant un laps de temps qui varie suivant l'épaisseur que l'on veut obtenir, et on fait écouler le surplus en ouvrant un second robinet. Le moment est alors venu, pour laisser la pâte se raffermir, de mettre en action la pompe aspirante qui fait le vide entre les parois extérieures du moule et la cloche. Lorsqu'enfin la pièce a atteint la consistance nécessaire, on enlève la partie supérieure des moules et on laisse sécher lentement à l'air.

L'atelier de grand coulage.

Ce séchage naturel est indispensable à toute pièce fabriquée, quel que soit d'ailleurs le mode de façonnage employé : il est quelquefois fort long, notamment pour les pièces de sculpture qui présentent des épaisseurs de pâte abandonnant leur excès d'eau avec beaucoup de difficulté. Les biscuits du moins, après ce séchage, sont prêts à entrer dans le four d'où ils sortiront terminés. Il n'en va pas de même pour tous les objets qui sont appelés à recevoir une couverte : beaucoup de ceux-ci doivent subir une première cuisson, dite *cuisson en dégourdi*, qui a pour objet de donner à la pâte une porosité permettant de fixer la couverte à sa surface par une simple immersion dans un bain contenant cette matière en suspension. La couverte de l'ancienne porcelaine dure de Sèvres est un mélange de feldspath finement broyé, de quartz et de craie qui, en se vitrifiant à la température de cuisson de la porcelaine, produit cette belle glaçure à travers laquelle la pâte transparaît dans toute sa pureté. La *mise en couverte* des pièces s'obtient de trois façons : par immersion, par insufflation et au pinceau. Le premier procédé consiste dans le fait de plonger l'objet, préalablement cuit en dégourdi, dans un bain de couverte : la porosité de la pâte fait adhérer à la surface de celle-ci une quantité suffisante du mélange vitrescible. Les émailleuses vérifient ensuite chaque objet trempé pour supprimer les petites inégalités d'épaisseur qui seraient d'un fâcheux effet après cuisson et pour enlever complètement la couverte dans toutes les parties qui doivent reposer sur les supports dans le four : sans cette précaution, la couverte, en fondant, souderait les pièces à leurs supports et il serait impossible de les en séparer sans les briser.

Ce procédé est très pratique pour tous les objets de dimensions restreintes, facilement maniables comme les assiettes, les tasses, les petits vases, mais on ne saurait l'employer lorsqu'il s'agit d'émailler de grandes pièces. On a alors recours à l'insufflation qui présente en outre l'avantage de rendre possible la mise en couverte sans cuisson préalable en dégourdi. Au moyen d'un aérographe fonctionnant par l'air comprimé, on projette à l'état de poussière très fine un mélange de couverte et d'eau sur la pièce à émailler qui est montée sur un tour mû mécaniquement, de façon qu'une épaisseur de couverte uniforme se dépose sur toutes les parties de la pièce. L'insufflation produit un émaillage très régulier et permet d'obtenir, par l'emploi de couvertes colorées, des tons dégradés qu'aucun autre procédé ne donnait auparavant.

L'émaillage au pinceau, enfin, est surtout employé pour les pièces

Atelier de mise en couverte par le procédé de l'insufflation.

qui présentent des reliefs empêchant d'utiliser l'immersion ou l'insufflation. Ce procédé a reçu depuis quelques années de nombreuses applications, moins pour l'ornementation de la porcelaine, matière délicate exigeant un décor soigné, que pour la mise en couleur du grès-cérame. Par des juxtapositions de tons, des réserves laissant apparaître le fond, on arrive à un mode de décoration rapide et peu coûteux, qui convient bien à des matériaux de construction : la grande frise du Palais des Champs-Élysées est décorée par ce moyen. Une autre application de l'émaillage au pinceau — sur porcelaine ou sur grès — est la pose des couvertes flammées ou cristallisées d'une si grande variété de tons et d'effets. Leur emploi demande seulement certaines précautions, telles qu'une cuisson préalable en biscuit, pour éviter le gauchissement des pièces, et une pose souvent très épaisse pour que la couverte en fusion puisse couler sur les flancs de la pièce à décorer.

Avant de quitter le service de la fabrication, il nous reste à dire quelques mots de la production du grès-cérame qui a pris, depuis quelques années, un réel développement et qui fait partie à l'heure actuelle des travaux courants de la Manufacture. Nous avons indiqué quelle est la composition de la pâte en usage à Sèvres, pâte qui ne diffère guère de la porcelaine que par l'absence de transparence et de blancheur et qui a sur elle l'avantage d'une plasticité plus grande et d'une réelle facilité de décoration. Façonné par tournage ou par moulage, le grès peut être décoré soit à l'aide des couvertes colorées de grand feu, soit par le procédé du *salage* qui consiste dans le fait de jeter du sel marin dans les foyers du four à un certain point de la cuisson. Le grès de Sèvres a été composé de façon à avoir un retrait égal, à cuire à la même température, à recevoir les mêmes couvertes que la porcelaine dure nouvelle : cette adaptation parfaite des deux matières permet de fabriquer des pièces où la porcelaine et le grès se trouvent soudés l'un à l'autre, produisant des oppositions de tons souvent heureuses.

Au chef des ateliers de fabrication revient spécialement la surveillance des cuissons, opérations particulièrement délicates dont la réussite est trop souvent, dans l'industrie, abandonnée au hasard. La Manufacture possède sept fours, répartis dans un grand hall à deux étages qui occupe la partie centrale de l'établissement. De dimensions variées et généralement affectés à des matières déterminées, grès, pâte dure, pâte nouvelle, biscuit, flammés et cristallisations, ces fours sont de deux types : à flamme directe et à flamme renversée. Dans les premiers, la flamme des foyers placés sur les côtés circule à l'intérieur du four et sort après avoir échauffé la chambre de dégourdi; dans les seconds, au contraire, un petit mur circulaire,

Atelier de décoration des pièces en grès-cérame.

élevé devant l'orifice des foyers dans la chambre de cuisson, force la flamme à monter latéralement vers le plafond ; là, ne trouvant pas d'issue, elle redescend vers le sol du four où des carneaux l'acheminent vers des tuyaux ménagés dans l'épaisseur du mur et aboutissant à la chambre de dégourdi. Tous ces fours sont circulaires et divisés en deux étages : en bas s'opère la cuisson proprement dite de la porcelaine, tandis qu'à l'étage supérieur, chauffé seulement par les gaz non utilisés, est obtenue la cuisson en dégourdi, indispensable aux pièces qui doivent recevoir une couverte par immersion. Leur capacité — 30 mètres cubes au maximum — est assez faible, si on la comparé à celle des fours de l'industrie qui atteignent 120 mètres cubes; mais, grâce à ces dimensions restreintes, il est possible de maintenir une égalité de température beaucoup plus grande dans les diverses parties de la chambre de cuisson, et la production se trouve, de ce fait, plus régulière. Les fours sont construits en briques réfractaires formant des murs d'une épaisseur considérable, capables de résister aux pressions qui se produisent au cours de la cuisson ; ils sont munis d'un nombre de foyers proportionné à leur capacité et variant de trois à six.

L'*enfournement* est une opération qui demande beaucoup de soins et d'habileté. Qu'il s'agisse en effet de cuire en dégourdi et en biscuit, ou qu'il s'agisse de cuire des pièces mises en couverte, les « hommes de four » ont constamment à manier des objets simplement séchés à l'air dans un cas, revêtus dans l'autre cas d'une poussière d'émail que le moindre contact suffit à détériorer ; leur responsabilité s'accroît encore lorsqu'ils doivent placer dans le four des pièces décorées d'une valeur considérable. Aussi l'enfournement est-il généralement fait sous la direction du chef de fabrication lui-même qui réunit tout d'abord les pièces destinées à rentrer dans un four. D'après la forme, les dimensions, le nombre des objets, il se rend compte de l'arrangement qui donnera la meilleure utilisation de la place disponible, tandis que s'effectue l'*encastage* de la porcelaine, c'est-à-dire le placement des pièces dans les *casettes,* étuis en terre réfractaire destinés à protéger la porcelaine contre l'action trop directe des flammes. De dimensions régulières afin de pouvoir être empilées commodément, les casettes affectent deux formes principales : ou bien elles sont munies d'un fond sur lequel on dépose la pièce à cuire, ou bien elles représentent simplement un cercle plus ou moins élevé ayant pour destination de compléter la hauteur de la pièce qu'elles garantissent. La casetterie constitue une des lourdes dépenses de l'industrie céramique, car ces étuis, exposés par leur destination même à toute la violence du feu, se détériorent rapidement, et, malgré cela, ils doivent être fabriqués avec soin pour s'adapter exactement les uns aux autres.

L'encastage terminé, l'enfourneur commence à *monter les piles*,

La cuisson de la porcelaine. — Un enfournement de pièces de sculpture.

c'est-à-dire à superposer les casettes contenant la porcelaine : chaque pièce est posée, à l'intérieur de l'étui, sur une plaque parfaitement plane afin d'éviter tout gauchissement ; puis, entre les bords des casettes, l'ouvrier introduit un bourrelet de terre qui empêchera toute infiltration de fumées ou de gaz pendant la cuisson : ses aides lui apportent les pièces dont il a besoin et lui-même les place en vérifiant à tout moment la rectitude des piles. Peu à peu celles-ci, espacées de quelques centimètres et arc-boutées les unes aux autres, garnissent toute la capacité du four. On construit alors dans l'épaisseur de la porte deux murs en briques entre lesquels est ménagé un espace libre que l'on remplit ensuite de sable pour obtenir une occlusion complète; des tubes, traversant ces murs, permettent, lorsque les foyers sont allumés, de se rendre compte de la marche du feu.

Le moment est alors venu de procéder à la cuisson qui se fait au moyen des foyers adossés au four et appelés *alandiers*. Contrairement aux usages de l'industrie que la nécessité de produire à bon marché force à employer le charbon de terre comme combustible, la Manufacture chauffe ses fours exclusivement au bois : on obtient par ce moyen une matière d'un blanc plus pur et exempte de tout enfumage. La cuisson, dont la durée moyenne est de vingt-quatre à trente heures, se divise en deux phases distinctes : le *petit feu* qui a pour but d'échauffer progressivement les pièces par la combustion lente de grosses bûches de chêne écorcé, et le *grand feu*, mis en marche lorsque la porcelaine a atteint le rouge sombre, pendant lequel du bois de bouleau posé en grande quantité sur les alandiers dégage une chaleur considérable et amène une vitrification partielle de la pâte et de la couverte. La conduite du feu — qui doit produire une élévation de température régulière —, la surveillance de l'atmosphère du four — qu'il faut obtenir tantôt oxydante, tantôt réductrice, suivant les phases de la cuisson et les produits à cuire —, constituent un art d'autant plus difficile à pratiquer que la température intérieure du four n'est pas toujours commodément vérifiable. Deux moyens sont concurremment employés à Sèvres pour se rendre compte du degré de cuisson auquel on est parvenu : ce sont le *pyromètre* de Fery, combinaison d'un pyromètre électrique et d'un système optique qui donne de précieuses indications pour les hautes températures, et les *montres fusibles*, dont le principe est dû à Lauth et Vogt, petits cônes composés de mélanges fondant à une température donnée, qui, placés à l'intérieur du four en face de visières faciles à surveiller, indiquent par leur affaissement la température atteinte. Le rôle des cuiseurs — dont le métier est très pénible puisqu'ils demeurent auprès de leurs alandiers pendant toute la durée de la cuisson —

Pot à crème « Fenouil ». — Modèle de Kann.
Décor en couvertes mates (1906).

ne consiste donc pas seulement dans le fait d'alimenter un foyer ; ils doivent encore veiller à la marche régulière du feu et corriger constamment son allure en activant ou diminuant le tirage, et en apportant plus ou moins de combustible : de leur attention peut dépendre la réussite d'une fournée.

La température à atteindre pour obtenir la cuisson complète de la porcelaine est variable suivant la composition de la pâte ; toutefois elle ne peut être inférieure, pour les porcelaines feldspathiques comme celles de Sèvres, au point de fusion du feldspath, soit 1300° environ. Pratiquement la porcelaine nouvelle Lauth-Vogt est suffisamment vitrifiée à 1310°, tandis que l'ancienne porcelaine dure, plus riche en kaolin, n'est complètement transformée que vers 1400°. Lorsque les procédés de mesure indiqués plus haut font connaître que ces températures sont atteintes, on arrête la cuisson, puis on ferme hermétiquement tous les orifices du four pour ne les ouvrir à nouveau que plusieurs jours après. On évite, grâce à cette précaution, un refroidissement brusque qui ferait *trésailler* la couverte des pièces. Enfin, on procède au défournement qui donne lieu à une vérification très minutieuse de tous les produits contenus dans le four. Certains, en effet, malgré le soin que l'on apporte à la fabrication d'abord, à l'encastage ensuite, sont marqués de défauts qui les rendent inutilisables : c'est ce que l'on nomme le *rebut,* dont l'expérience et une conduite plus régulière des fours ont permis de réduire considérablement la valeur; celle-ci, qui atteignait parfois au XVIIIe siècle 80 p. 100, ne dépasse guère aujourd'hui 5 à 10 p. 100. D'autres produits, par contre, portent seulement des tares légères qu'il est facile de faire disparaître, parcelles minimes de casettes que l'on détache à l'aide d'une polisseuse garnie de matières dures, ou légers manques d'émail qu'un second passage au four suffit généralement à effacer.

Les pièces jugées parfaites — ou du moins beaucoup d'entre elles — ont d'ailleurs à subir un polissage avant d'être livrées par le service de la fabrication. Si infusible en effet que soit le mélange dont on se sert pour isoler de leurs supports les objets à cuire, quelques petits grains de sable restent souvent collés à l'émail ; de même sur les biscuits, malgré le réparage, de légères traces de coutures apparaissent parfois : il faut alors effacer ces imperfections soit par la polisseuse, soit à l'aide de limes en bois recouvertes d'émeri.

Après cette revision et ce classement, toutes les pièces, bonnes ou mauvaises, sont soumises à un nouvel examen auquel prennent part tous les chefs de service de la Manufacture : c'est ce que l'on nomme la *réception de fournée*, au cours de laquelle chacun est appelé à formuler son opinion sur les causes de non-réussite de certaines pièces aussi bien que sur les progrès obtenus. Cette dis-

Évaluation de la température intérieure d'un four au moyen du pyromètre Fery.

cussion des résultats correspond parfaitement au but d'enseignement de la Manufacture qui doit moins craindre les essais infructueux que l'immobilisation dans une illusoire perfection.

Les pièces reconnues bonnes sont alors terminées en ce qui concerne la fabrication proprement dite. Les unes, biscuits, grès, cristallisations, flammés, sont prêtes à entrer dans les magasins de vente ; les objets émaillés, par contre, sont mis en réserve jusqu'au jour où la direction des travaux d'art les reprend pour leur appliquer un décor.

On a vu par quelle série d'opérations différentes un bloc d'argile et un débris de roche se transforment en un objet aussi élégant par sa forme que délicat par sa matière : il nous reste maintenant à indiquer les divers procédés employés par les artistes pour en faire les plus précieux et les plus riches éléments de la décoration intérieure.

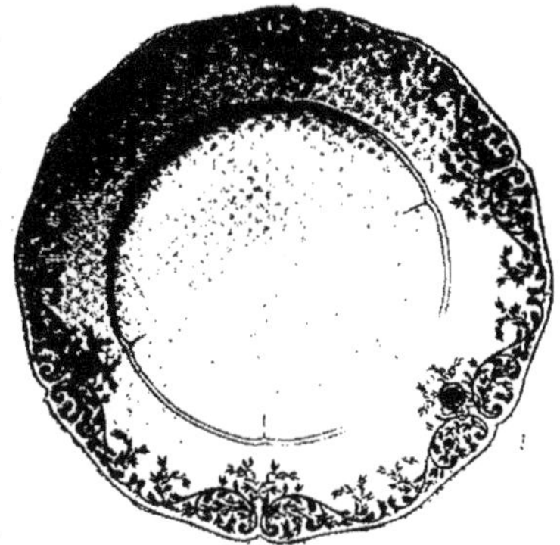
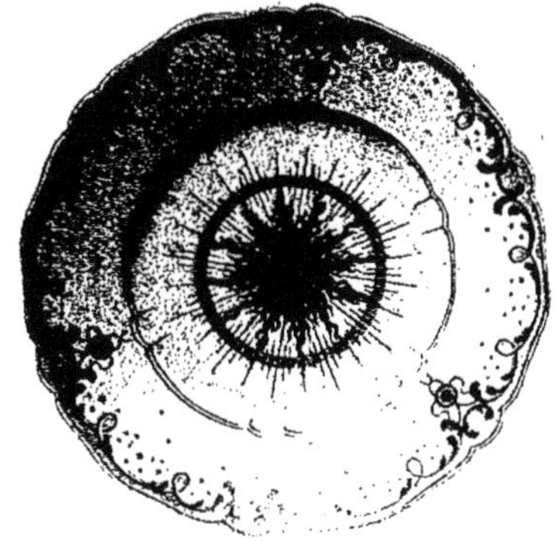

Assiettes du nouveau service de l'Élysée (1908). — Décoration en peinture sur porcelaine.

V

LA DIRECTION DES TRAVAUX D'ART. — LA SCULPTURE LA DÉCORATION PEINTE

Le rôle de la direction des travaux d'art est beaucoup plus difficile à définir que celui de la direction technique que nous venons d'étudier, et il faut peut-être remonter jusqu'au XVIIIe siècle pour se rendre exactement compte des fonctions qu'est appelé à remplir le directeur artistique de la Manufacture. A l'époque où Falconet employait son talent à composer des modèles destinés à la reproduction en biscuit, il y avait à côté de lui l'orfèvre Duplessis pour dessiner les formes des pièces à exécuter, et Bachelier pour guider le goût des peintres et instruire les jeunes artistes de la maison : c'était là une organisation bienfaisante et, si les hommes changèrent, le principe resta le même jusqu'à la fin du siècle. Après 1800, au contraire, les artistes cessèrent d'exercer l'influence prépondérante qu'ils avaient auparavant; car, si, au début de son administration, Brongniart fit encore appel à des gens illustres comme Percier, comme Brongniart le père, il ne tarda pas à se confier entièrement à des artistes de valeur médiocre, manquant de l'autorité nécessaire pour donner une direction éclairée aux décorateurs placés sous leurs ordres. La production y perdit son originalité, et dans la suite la décadence du goût s'accentua jusqu'à l'époque où l'on fut contraint de se demander s'il était temps encore de relever la Manufacture. C'est alors que s'affirma plus nettement que jamais la nécessité d'une puissante direction, à laquelle incomberait la responsabilité artistique de tout ce qui sort des ateliers, depuis la forme de l'assiette la plus simple jusqu'au choix des modèles de biscuit et à la composition des décors : on revenait ainsi à l'organisation ancienne, en demandant à une seule personne l'initiative et la surveillance de services très différents, confiés, un siècle plus tôt, à trois artistes. Déterminée de la sorte, l'influence qu'est appelé à exercer le directeur d'art à l'heure actuelle apparaît décisive et générale : et si l'on se plaît à reconnaître que la Manufacture est entrée maintenant dans une voie nouvelle, il ne faut pas craindre d'attribuer l'honneur de cette évolution, pour la plus grande part, aux hommes qui ont occupé successivement ce poste depuis trente ans, Carrier-Belleuse, Coutan, Chaplain, Alexandre Sandier.

Le directeur des travaux d'art doit tout d'abord maintenir en relations continues les artistes du dehors avec les décorateurs de la Manufacture, et pour cela ses fonctions lui permettent de faire appel à tous ceux qui se distinguent par un talent personnel. Le choix des modèles à reproduire en biscuit, qu'ils soient commandés aux artistes avec cette destination particulière, ou qu'ils soient simplement la réduction d'œuvres exposées aux Salons, lui donne parfois la possibilité d'attirer l'attention sur des hommes nouveaux. Et d'autre part, l'habitude, prise depuis un certain nombre d'années, de demander des projets de décoration à des artistes étrangers à la maison crée une émulation qui empêche la Manufacture d'employer

Vase de Chaumont. — Modèle de H. Guimard. — Couvertes cristallisées.
Deux vases de Marly (H. 0,75). — Composition et exécution en pâtes colorées et couvertes de grand feu, par Gébleux (1902). — Montures en argent de Brandt.
Héro et Léandre. — Modèle de Gasq (1903).

Vase d'Angers (H. 1,10). Composition et exécution en couleurs sous couverte, par Bieuville (1904).

Chien couché. Grès émaillé. — Modèle de Gardet (1901).

Vase d'Auxerre (H. 0,50). Composition de Gillet exécutée en émaux par Vignol (1906).

Poisson en grès émaillé. — Modèle de Devicq pour la fontaine Sandier (1900).

Vase d'Angers (H. 1,10). Composition et exécution en couleurs sous couverte, par Gébleux (1906).

Chien couché. Grès émaillé. — Modèle de Gardet (1901).

constamment les mêmes motifs et produit dans les décors une variété aussi profitable à l'industrie qu'à l'établissement. Cette introduction journalière dans les ateliers de compositions dues à des hommes mêlés au grand mouvement artistique donne les plus sérieuses garanties et permettra certainement d'éviter dans l'avenir les erreurs de goût que nous avons signalées dans le passé.

L'influence extérieure du directeur des travaux d'art pourrait donc être caractérisée par la mission périlleuse de distinguer les hommes capables d'apporter à la Manufacture des éléments nouveaux. A l'intérieur, il a sous son autorité un groupe d'artistes d'une habileté remarquable, sculpteurs, modeleurs, peintres, doreurs, souvent riches d'idées, et possédant cette supériorité que donne la connaissance profonde des ressources techniques de la matière qu'ils emploient. Pour ceux-là il doit être le guide sûr de qui le goût affiné et la science générale savent tirer le meilleur parti des qualités diverses de chacun. C'est à ce titre qu'il intervient, par exemple, pour signaler aux modeleurs la déformation qu'ils ont inconsciemment fait subir au biscuit qu'ils réparent, pour indiquer aux peintres le défaut d'une composition mal adaptée à une forme, ou le désaccord entre deux tons qu'ils vont juxtaposer. Telle est, plutôt indiquée que définie, la fonction morale du directeur des travaux d'art : elle se résume en une influence permanente qui s'applique à utiliser tous les hommes de talent, en leur donnant une orientation commune et en dirigeant leurs efforts vers un but déterminé.

Il nous reste à indiquer maintenant les ressources dont disposent les artistes pour traduire, par le relief ou par la couleur, les projets qu'ils ont conçus. La création des formes nouvelles, vases, pièces de service, objets d'ornements, constitue une des attributions particulières du directeur des travaux d'art, et c'est en général d'après ses dessins que les modeleurs-sculpteurs façonnent un modèle primitif sur lequel seront établies les pièces nécessaires à la fabrication en porcelaine. De leurs mains sortent non seulement les formes proprement dites, mais encore ces nombreuses pièces décoratives de destinations si diverses, coupes délicates, vases destinés à l'ornementation des

Atelier de sculpteur-modeleur de pièces décoratives.

jardins, fontaines, frises, panneaux de revêtement, que la Manufacture exécute soit en porcelaine, soit en grès. C'est là un atelier fort important dont les travaux donnent, en dehors de toute décoration colorée, l'indication des tendances artistiques dominantes. Ce genre d'ornementation en relief, si employée au milieu du XVIIIe siècle, avait été négligé depuis Brongniart en raison de l'emploi du bronze doré pour compléter les pièces aux formes rigides, aux lignes sans grâce qui caractérisent trop souvent la production de la première moitié du XIXe siècle. Carrier-Belleuse renoua la tradition rompue, exagérant parfois même la délicatesse des effets à demander à la porcelaine. Aujourd'hui le décor par la matière a repris à Sèvres la place qui lui convient, et il est employé avec le souci de ne jamais retomber dans cette recherche des difficultés de fabrication qui fut la grande préoccupation de la Manufacture pendant longtemps.

En sortant des ateliers des sculpteurs, les modèles sont confiés au service de la fabrication qui les met en œuvre de la même façon que les modèles de figures destinés au biscuit : découpage, établissement des moules en plâtre, moulage en pâte, réparage, reproduisent alors la série des opérations décrites dans le chapitre précédent.

Tandis que, dans les ouvrages dont nous venons de parler, le travail de l'artiste précède le façonnage, les autres procédés de décoration s'appliquent, au contraire, à la pièce déjà fabriquée et font appel à des éléments étrangers à la matière même. La couleur vient ajouter à la grâce de la forme la variété de ses effets et donner par des oppositions heureusement ménagées toute sa valeur à la matière. Les procédés employés pour fixer la couleur sur la porcelaine sont fort nombreux, mais ils peuvent tous être rangés dans deux catégories bien déterminées : *décors de grand feu*, c'est-à-dire cuisant à la température exacte à laquelle la pâte se transforme en porcelaine, et *décors de petit feu* ou de moufles, posés sur les pièces déjà cuites et se fixant à une température inférieure à 1000°. Pour les unes et les autres, les couleurs employées sont presque toutes des oxydes métalliques, oxydes de cobalt, de nickel, de chrome, qui donnent des bleus, des bruns, des verts ; mais, alors que la décoration au petit feu dispose d'un nombre considérable de couleurs, la décoration au grand feu n'a qu'une palette très restreinte, parce que beaucoup des oxydes métalliques dont on se sert se décomposent à une température voisine du point de fusion de l'or, soit 1000°. Cette raison suffit à expliquer pourquoi on a si longtemps négligé le grand feu au profit du décor de moufles, malgré l'infériorité de celui-ci au point de vue

Atelier de sculpteur-modeleur de figures.

céramique. Aujourd'hui on s'efforce d'utiliser les ressources de ces divers procédés, et nous verrons, en pénétrant dans les ateliers des décorateurs de Sèvres, de quelle façon les uns et les autres sont employés.

La décoration au grand feu s'applique soit sur la pâte crue, c'est-à-dire simplement séchée à l'air, soit sur biscuit, soit enfin sur les pièces émaillées : suivant l'état de la porcelaine, les oxydes colorants sont mélangés dans une proportion variable à une certaine quantité de pâte ou de couverte. L'application de la couleur sur la porcelaine crue peut être obtenue au moyen de deux procédés que l'on distingue par les appellations de *pâtes colorées* et de *couleurs de grand feu*. Lorsqu'un artiste veut se servir des pâtes colorées pour

Atelier de décoration au grand feu par le procédé des pâtes colorées.

orner une pièce, il reporte d'abord sur celle-ci, à l'aide d'un calque, le dessin qu'il doit reproduire, puis il étend avec un pinceau la couleur délayée dans la barbotine par couches d'autant plus nombreuses qu'il veut produire un ton plus vigoureux. Ce procédé, d'une pratique très longue et minutieuse, donne des décors harmonieux, mais d'une tonalité un peu effacée, en raison de la faible proportion de colorant mélangé à la barbotine. Il a trouvé une application charmante entre les mains de quelques artistes délicats qui ont eu l'idée de recouvrir partiellement la pièce à décorer d'une couche de pâte colorée, sur laquelle, après un séchage suffisant, ils rapportent de la pâte blanche qu'ils modèlent en figurines ou en ornements d'un relief léger. Après cuisson, ce travail transparaît sous l'émail, le modelé s'accentue en blanc dans les épaisseurs, pour se confondre presque avec la teinte du fond en d'autres parties plus minces : on obtient ainsi des effets d'une extrême variété et d'un art tout à fait précieux. Appliqué pour la première fois à Sèvres vers 1848 à l'instigation de Riocreux, alors conservateur du Musée céramique, le procédé des *pâtes sur pâtes* a été employé depuis cette date par des hommes extrêmement habiles et avertis de toutes les ressources qu'il comporte. Gobert s'en servit pour tracer les scènes gracieuses qu'il composait ; Réjoux, pour peindre sur mille objets gracieux des ornements délicats ; après eux, Taxile Doat, Lucien d'Eaubonne, l'utilisent encore et lui demandent la traduction de leurs idées originales.

Vase d'Alençon. — « La Bretagne ». Composition et exécution en pâtes sur pâtes, par L. d'Eaubonne (1908).

Le mode d'emploi des *couleurs de grand feu* est tout différent. Comme les pâtes colorées, celles-ci sont formées d'un mélange de pâte et d'oxyde colorant, mais dans cette composition la dose de colorant est plus considérable que celle de pâte : avec ce procédé il n'est donc plus nécessaire, pour produire des tons d'une certaine intensité, de poser les couleurs en épaisseur. Toutefois une autre difficulté se présente qui provient de la grande faculté d'absorption de la pâte crue. Avec les pâtes colorées, en effet, on peut poser le mélange colorant à l'aide d'un pinceau en raison du nombre de couches que l'on applique sur la pâte et qui par leur superposition font disparaître la trace de chaque application. Si l'on en usait de même avec les couleurs de grand feu, dont une couche suffit souvent à produire l'effet voulu, chaque pose de couleur, fixée sur la pièce avant d'être fondue dans les tons voisins, demeurerait visible et supprimerait toute harmonie d'ensemble. C'est pourquoi on a recours à l'*insufflation* dont il a été question déjà à propos de l'émaillage : l'aérographe projette la couleur sur la pièce à l'état de poussière impalpable et permet de la fixer sans qu'on ait à redouter les contours trop nets d'un coup de pinceau. L'artiste doit seulement prendre soin de graver légèrement dans la pâte le tracé exact de sa composition pour le retrouver ensuite sous la couleur opaque, car l'aérographe ne laissant généralement pas au dessin une précision suffisante, il faut pouvoir, au moyen d'un pinceau en fils de verre, enlever la couleur en tous les points où elle a dépassé les lignes du dessin.

Ces deux procédés, pâtes colorées et couleurs de grand feu, sont basés, nous l'avons dit, sur l'emploi des oxydes colorants mélangés avec une quantité variable de pâte. Un troisième procédé de décoration au grand feu utilise, pour fixer la couleur, non plus la pâte, mais la couverte, soit sur pâte crue, soit sur porcelaine émaillée. Sur la pâte non cuite, on pose ces *couvertes colorées* par l'un des trois procédés qui servent à l'émaillage en blanc : trempage, insufflation, émaillage au pinceau. Sur la porcelaine préalablement cuite et revêtue de sa couverte incolore, leur emploi exige des précautions particulières, lorsque l'on veut se servir de ce procédé pour tracer des formes exactes, les couvertes colorées ayant toujours tendance, au cours de la cuisson, à s'étendre sur toute la pièce.

Pour éviter cette diffusion, on incorpore les oxydes colorants à une couverte se vitrifiant à une température un peu plus basse que celle employée pour émailler la porcelaine elle-même : ainsi la couleur se trouve fixée à la pièce avant que la couverte primitive n'entre en

Atelier de décoration par les couleurs de grand feu.

fusion ; mais on comprend quels mécomptes le moindre excès de cuisson peut amener dans des manipulations aussi délicates. Ce procédé est au contraire très pratique lorsque l'on ne cherche pas à obtenir un dessin bien arrêté, et on l'applique couramment à la pose des fonds colorés, notamment du bleu de Sèvres, composé de 20 parties de couverte et de 80 parties d'oxyde de cobalt que l'on délaye dans une essence grasse pour produire une adhérence plus complète. L'emploi en est assez facile : selon qu'il veut obtenir ur fond uni ou un fond nuagé, l'ouvrier étend ce mélange aussi régulièrement que possible, ou bien au contraire il ménage des différences d'épaisseur, laissant plus ou moins transparaître le blanc de la porcelaine. Les pièces sont ensuite portées dans des séchoirs à gaz qui provoquent l'évaporation des essences grasses amalgamées à la couleur et capables de nuire au développement des teintes pendant la cuisson ; enfin elles passent au grand feu de four.

Vase d'Alençon à pans (Haut. 1,00). Composition et exécution en couleurs sous couverte de grand feu, par Bieuville (1907).

Les objets décorés au grand feu par les pâtes, les couleurs et les couvertes colorées constituent aujourd'hui la majeure partie de la production de la Manufacture : c'est par ces procédés que sont exécutées les grandes pièces décoratives aux colorations claires qui ont fait le succès de Sèvres aux dernières expositions. Au point de vue céramique, les décors de grand feu présentent l'avantage de faire réellement corps avec la pièce qu'ils ornent, et aussi de n'exiger qu'une seule cuisson au cours de laquelle les couleurs se développent en même temps que la pâte devient porcelaine. L'industrie hésite encore, en France notamment, à s'en servir couramment, parce que la réussite des pièces exige certaines précautions dans la conduite des cuissons, et aussi parce que les colorants ne s'emploient pas de la même façon que les anciennes couleurs de peinture sur porcelaine. L'usage en est rendu parfois difficile par la différence de ton que présentent les oxydes avant et après cuisson, et qui contraint les artistes à travailler d'après des palettes établies d'avance, où ils se rendent compte de la teinte exacte que la matière employée donnera après son passage au four. Ces difficultés ne sont pas insurmontables, et il faut espérer que par le perfectionnement des procédés, par la découverte d'un plus grand nombre de couleurs supportant le grand feu de four, nous verrons se généraliser l'emploi de ces décors qui laissent à la porcelaine, les principes colorants étant incorporés dans la matière même, toutes ses qualités de transparence et de pureté.

Le succès des décors de grand feu n'a d'ailleurs pas amené l'abandon des *décors au feu de moufle* qui tirent leur nom de l'appareil dans lequel on les cuit ; mais leur emploi se trouve limité aujourd'hui aux pièces de dimensions restreintes. Ce changement s'est opéré, non seulement par suite de l'usage plus fréquent des couleurs cuisant à haute température, mais aussi par une modification très nette du goût en ce qui concerne la décoration céramique. La « peinture sur porcelaine » proprement dite avait sa raison d'être à l'époque où la porcelaine, quelles que soient sa forme et sa destination, était considérée seulement comme un support sur lequel on reproduisait un paysage, une bataille, ou le portrait d'un homme célèbre. Le jour où l'on reconnut l'erreur de cette conception et où l'on rechercha des décors plus largement traités, adaptés à la forme et à l'usage de la pièce, les défauts de la peinture sur porcelaine devaient fatalement amener l'abandon de ce procédé pour les objets décoratifs de grandes dimensions, tandis que la variété de ses tons, la facilité de son emploi lui conservaient toute sa valeur pour l'ornementation légère d'un petit vase ou d'une assiette. Il faut d'ailleurs distinguer entre les divers procédés que l'on désigne par le terme général de décors au feu de moufle, car, si la peinture et la dorure sur porcelaine sont en usage depuis le temps où fût faite la première pâte tendre, l'emploi des émaux est au contraire récent en Europe et date seulement de la découverte de la pâte dure nouvelle de Lauth-Vogt. Peinture et émaux ont pour caractère com-

Coupe de Juvisy (Haut. 0.20). Composition de Bénédictus exécutée en émail par Vignol (1905).

mun de cuire à une température assez basse, qui suffit à fixer les couleurs sur la porcelaine émaillée, mais qui les laisse toujours à la surface sans les incorporer à la couverte. Le degré de cuisson des décors de feu de moufle varie de 650 à 1000°, c'est-à-dire qu'il rend possible l'emploi d'un nombre considérable d'oxydes colorants dont la décomposition ne commence qu'au delà de 1000°. Les moufles dont on se sert pour ces cuissons sont des boîtes de forme rectangulaire en terre réfractaire au-dessous desquelles se trouve un foyer alimenté au bois ou au charbon ; à l'intérieur, les pièces décorées sont placées dans toute la hauteur de l'appareil sur des petits planchers émaillés, et la chaleur produite par le foyer leur parvient seulement à travers les parois du moufle.

De même que pour les décors au grand feu, les procédés diffèrent par la matière à laquelle on mélange les oxydes colorants pour les faire adhérer à la couverte. Les couleurs de peinture sur porcelaine, par exemple, sont composées d'un quart d'oxyde et de trois quarts d'un fondant approprié : riches en matière colorante, elles peuvent être appliquées en couches minces, mais la quantité de fondant qu'elles contiennent ne suffit pas toujours à former une belle glaçure et elles conservent souvent une opacité qui éteint le brillant de la porcelaine. Les émaux, au contraire, sont de véritables verres dans lesquels l'oxyde colorant est totalement dissous ; à la cuisson ils forment un cristal aux tons chauds et limpides, à travers lequel transparaît le blanc de la pâte. La dorure, enfin, par laquelle les artistes du XVIIIe siècle savaient si bien compléter les riches ornementations qu'ils imaginaient, est faite d'une dissolution d'or dans un fondant. Toutes ces matières s'emploient au pinceau.

Au nombre des différents modes de décoration au feu de moufle, il faut encore comprendre un procédé moins artistique certainement que ceux dont nous venons de parler, mais qui rend de grands services pour la production des pièces d'usage courant : c'est l'impression en or et en couleurs. Autrefois tous les décors étaient exécutés à la main, même les frises légères, les chiffres et les monogrammes en or qui ornaient les objets les plus modestes. Aujourd'hui la fourniture journalière de grands services aux établissements de l'État a généralisé l'emploi de l'impression, introduite à la Manufacture au début du XIXe siècle. Un atelier, composé presque entièrement d'ouvrières, est constamment occupé à ce travail dont la précision mécanique ne supprime pas l'habileté manuelle. Sur une planche en acier où se trouve gravé le motif à reproduire, l'imprimeur tire à la presse une épreuve sur un papier très mince, en se servant, au lieu d'encre, d'un mélange d'or et de noir de fumée. La décalqueuse applique immédiatement cette gravure sur la porcelaine au moyen de petites molettes en drap, puis, après avoir détaché délicatement le papier, elle recharge l'impression par un poudrage d'or. A la cuisson,

Atelier d'impression sur porcelaine. — Les décalqueuses.

le noir de fumée brûle, et il n'y a plus qu'à brunir la pièce pour que l'or retrouve son éclat métallique. Parfois on complète ce décor, qui a le défaut d'être un peu mièvre, par une reprise au pinceau, c'est-à-dire que l'on accentue au moyen de légers reliefs d'or certains points des motifs imprimés : c'est ainsi qu'étaient obtenues les riches bordures des grands services de table qui s'exécutèrent en si grand nombre dans la première moitié du XIXe siècle.

Ces divers modes d'application de la couleur sur la porcelaine sont concurremment employés à Sèvres, et c'est là un des traits particuliers de la Manufacture, car cette variété de procédés entraîne pour la direction artistique la nécessité de renouveler constamment les modèles de décors, en prenant soin de les approprier au talent et au métier des artistes, généralement spécialisés dans un

Atelier de montage en bronze et de ciselure.

genre ou un procédé particulier. Il faut donc, pour maintenir toujours égale la diversité d'ornementation des produits sortant de Sèvres, conserver dans les ateliers un groupe de décorateurs dont les aptitudes différentes assurent la continuité de cette tradition d'éclectisme.

Nous avons indiqué rapidement les services divers qui relèvent de la direction des travaux d'art. Il en est un encore, d'un caractère tout différent, qu'il convient de ne pas négliger dans cette nomenclature, bien qu'il ait aujourd'hui perdu beaucoup de son importance : c'est l'atelier de montage et de ciselure. Dès l'origine de la Manufacture, Duplessis, et après lui Thomire, furent souvent chargés, on s'en souvient, de garnir les porcelaines de riches ornements en bronze doré, anses, socles ou girandoles. Plus tard, l'usage des montures métalliques devint une nécessité lorsque, sous Brongniart, la Manufacture entreprit la fabrication de pièces considérables faites de plusieurs morceaux ajustés ensemble, et c'est à ce moment que l'on organisa, à titre permanent, un atelier de montage. A l'heure actuelle, l'évolution du goût qui fait rechercher des formes pouvant être exécutées d'une seule pièce, la suppression presque absolue des ornements non céramiques enlèvent beaucoup de son utilité à cet atelier. Il contient cependant d'habiles praticiens, notamment des ciseleurs dont l'habileté trouve à s'employer pour les précieuses garnitures qu'on adapte fréquemment encore à des objets de petites dimensions tels que les cristallisations et les flammés. Quant au montage proprement dit, son usage est à peu près limité aux pièces d'ancienne fabrication.

Telle est, dégagée des multiples difficultés que l'on rencontre dans l'application, la suite des opérations que subissent le kaolin et le feldspath pour devenir la matière céramique la plus riche et la plus précieuse que l'on connaisse. Toute la valeur d'une telle fabrication nous est révélée par la lente progression qui, à travers des siècles, rattache la fine porcelaine aux premières poteries antiques : en considérant le point de départ et le résultat acquis, on se rend compte de l'effort dépensé, à mesure que la matière se perfectionnait, pour augmenter les moyens de l'orner et de lui donner constamment une splendeur nouvelle. La porcelaine est, à l'heure actuelle, la plus haute expression de la production céramique; la complexité des procédés de décoration dont elle permet l'emploi s'accroît chaque jour et l'on est en droit d'espérer qu'elle apportera encore à l'art décoratif des ressources nouvelles.

Cliché Marmuse

Le salon d'honneur du Musée céramique.

VI

LE MUSÉE CÉRAMIQUE ET LES COLLECTIONS DE LA MANUFACTURE. LA BIBLIOTHÈQUE ET LES ARCHIVES

L'une des fondations les plus durables et les plus utiles de Brongniart fut certainement celle du Musée Céramique. L'idée de cette création datait sans doute de son arrivée à la Manufacture, mais il ne lui fut possible d'en entreprendre la réalisation que le jour où le souci de rétablir l'ordre dans la maison n'absorba plus toute son activité. C'est, en effet, en 1802 que les premiers échantillons de matières premières et les premiers spécimens de pièces fabriquées furent réunis par lui, et c'est en 1812 seulement que les collections reçurent un premier classement. Douze années s'écoulèrent encore avant qu'elles ne prissent le titre définitif de Musée Céramique et Vitrique.

Brongniart a pris soin, dans le catalogue des collections qu'il publia en 1845, de définir très nettement le but qu'il s'était proposé et qu'il poursuivit sans relâche durant sa longue carrière. Il avait voulu réunir « tous les produits ayant subi l'action du feu ou au moins celle « d'une haute température, et dont une terre ou un mélange vitrifiable « fait la base ». Et il spécifiait que les objets exposés n'étaient « ni « des objets d'art sous le rapport des formes, des compositions, du « dessin, ni des objets historiques sous celui des sujets représentés, « ni même des objets archéologiques sous celui des inscriptions ». Ce qui devait, au cours d'une promenade dans le Musée, frapper l'esprit des visiteurs, c'était le perfectionnement continu des industries de la terre et du feu, depuis les plus simples terres cuites antiques jusqu'aux délicates porcelaines modernes. Brongniart, d'ailleurs, avait donné aux objets exposés toute leur valeur démonstrative par des indications précises sur leur origine, leur époque, leur composition, et c'est bien ce caractère technique qui domine dans la rédaction du catalogue cité plus haut, travail fait en collaboration avec Riocreux, premier conservateur des collections.

En 1812, la Manufacture possédait déjà, en dehors de différents objets offerts par des voyageurs ou des amateurs, trois groupes importants de produits céramiques, comprenant la collection de vases grecs que Louis XVI avait acquis de Denon en 1785, « pour « servir comme modèles de formes simples et pures, et changer, par « ces exemples, la mauvaise direction donnée aux formes de porce- « laine sous le règne précédent », puis une série d'échantillons de produits des fabriques allemandes recueillis par Daru, intendant de la liste civile de l'empereur, et enfin, les spécimens de terres à poteries envoyés par les préfets des départements, lors de l'enquête de 1809 sur la situation des industries en France. D'autre part, Brongniart s'était, dès ce moment, efforcé de reconstituer, dans son ordre chronologique, la suite des modèles de la Manufacture antérieurs au

XIXe siècle, tant des pièces d'usage ou d'ornement que des sculptures, groupes ou figures. Cette collection, qui reste comme l'un des plus précieux témoins de l'art du XVIIIe siècle, était particulièrement difficile à réunir, en raison du désordre de la période précédente pendant laquelle beaucoup de modèles avaient été brisés; certains étaient

Cliché Marmuse.

Musée céramique. — Galerie des porcelaines européennes.

irrémédiablement perdus, mais d'autres, les plus nombreux heureusement, purent être reconstitués grâce aux moules qui avaient moins souffert. Sur chaque vase, sur chaque sculpture, Brongniart fit inscrire aussi exactement que possible le nom ancien, la date probable de fabrication de la pièce, et ces renseignements succincts servent encore fréquemment à l'identification d'objets dont il serait bien difficile d'indiquer l'origine si l'on n'avait ces utiles points de repère. Dans l'accomplissement de ce travail, Brongniart eut le très réel mérite, à une époque de réaction contre l'art du XVIIIe siècle, de sentir toute la valeur de ce patrimoine commun et de vouloir le soumettre intact au jugement de l'avenir. Pourquoi n'a-t-il pas témoigné d'un égal respect pour l'art de son temps?

Les collections de Sèvres, d'ailleurs, demeurèrent pendant toute la vie de Brongniart l'objet de soins constants, et leur accroissement considérable en est la meilleure preuve : riches de 4000 pièces à peine en 1829, elles en comptaient 12000 en 1852. Au cours des nombreux voyages qu'il entreprit pour réunir les matériaux de son Traité des Arts Céramiques, il négligea rarement l'occasion de recueillir des échantillons de la fabrication des pays qu'il traversait, et son activité inlassable lui permit d'en visiter beaucoup : en 1812, il parcourut toute l'Allemagne et l'Autriche, l'Italie en 1820, le Danemark, la Suède, la Norvège en 1824, le Rhin, la Belgique, la Hollande en 1835, l'Angleterre enfin et de nouveau la Saxe l'année suivante. C'est ainsi qu'il constitua par ses propres moyens les collections de céramiques européennes, tandis que le concours des marins et des explorateurs, auquel il fit fréquemment appel, le mit en mesure d'exposer des spécimens chaque jour plus nombreux des fabrications de l'Extrême-Orient ou de l'Amérique.

Après lui, la direction du Musée demeura aux mains de Riocreux, son collaborateur, dont le rôle vraiment personnel ne commença qu'à cette époque, bien qu'il eût le titre de conservateur des collections depuis vingt-quatre ans déjà. Peintre de mérite, il avait dû, très jeune, abandonner ses pinceaux sous une menace de cécité presque complète. Brongniart avait alors utilisé ses qualités d'ordre, en l'associant de bonne heure à son travail de classement des collections. Sa longue carrière — il mourut en 1872 seulement — lui donna peu à peu une place considérable dans le monde des artistes et des collectionneurs, et il en fut digne par sa méthode et par toutes les connaissances qu'il avait acquises pendant un quart de siècle de labeur en commun avec Brongniart. On a pu, dans la suite, relever d'assez nombreuses lacunes ou des erreurs dans les indications accolées par lui à certaines pièces, mais il faut, pour apprécier toute la valeur de son persistant effort, songer à l'imprécision de l'histoire des industries céramiques au moment où il s'y consacra. D'ailleurs dans tous ses classements, il appliqua les principes que lui avait transmis Brongniart, et, tant qu'il eut la direction du Musée, celui-ci conserva nettement son caractère de collection technique. Tout au plus s'attacha-t-il davantage à réunir des marques de toutes les manufactures connues, et il se trouva poussé dans cette voie par la faveur, de jour en jour plus grande, dont jouissaient les pièces de céramique ancienne auprès des amateurs.

Riocreux mourut en 1872, après plus de soixante années de travail ininterrompu dans la Manufacture. A Champfleury, son successeur, incomba tout d'abord la délicate mission d'installer les collections dans le nouveau bâtiment que l'on achevait alors de construire à l'entrée du parc de Saint-Cloud. Bien que la disposition des galeries, divisées en un certain nombre de travées d'égales dimensions, lui rendit presque impossible la reproduction du plan méthodique de Brongniart, il s'efforça de conserver au Musée son caractère instructif, et la classification fut conforme à celle primitivement établie : surtout il n'eut garde de détacher des pièces les précieuses étiquettes établies par ses prédécesseurs avec tant de soin.

Ce long effort de classement rationnel et chronologique, poursuivi par trois hommes au cours de soixante-quinze années, devait être compromis par Édouard Garnier, qui devint conservateur du Musée en 1892. Pour lui, le point de vue artistique domina tout et l'aspect harmonieux donné par le rapprochement dans une même vitrine de pièces d'époques ou de fabrications différentes l'emporta sur le souci de les exposer dans la place que leur assignait leur composition et leur origine. Des considérations du même ordre lui firent supprimer radicalement les notices que Brongniart, Riocreux,

Champfleury avaient patiemment rédigées et qui constituaient le meilleur guide du Musée. Ce fut, croyons-nous, une grave erreur d'enlever aux collections de Sèvres leur caractère de collections d'enseignement, au moment même où tous les grands musées s'efforçaient d'atteindre ce but utilitaire réalisé un demi-siècle plus tôt par Brongniart dans le Musée céramique.

Fort heureusement, celui-ci a repris aujourd'hui, grâce à la direction éclairée et au dévouement de Georges Papillon, son caractère si vivant d'histoire de la céramique. En moins de deux années, il a été possible d'accomplir un travail dont on appréciera l'importance en songeant que pas une pièce peut-être n'est restée dans la place qu'elle occupait auparavant et qu'il a fallu rétablir, refaire l'étiquetage des 15 000 pièces exposées actuellement. M. Papillon s'est efforcé d'utiliser dans les meilleures conditions possibles le plan défectueux des galeries de Sèvres, divisées en un certain nombre de travées égales, dont le moindre inconvénient est d'être trop larges pour certaines séries de pièces et trop étroites pour d'autres. Sans chercher à constituer un ensemble dans chaque travée, il a numéroté toutes les vitrines de telle sorte qu'en suivant l'ordre des chiffres, le visiteur puisse se rendre compte avec netteté du développement rationnel des fabrications et des décors. Un guide excellent, avec des notes succinctes sur chaque fabrication et la désignation des pièces les plus caractéristiques, donne à ce classement toute sa valeur pratique. Nous voudrions, dans les quelques pages qui vont suivre, passer rapidement en revue ces collections si précieuses; et, pour cela, il nous a paru qu'il n'y avait pas de meilleur moyen que de faire à travers les galeries la visite telle que la conseille M. Papillon dans son guide.

Le plan même du Musée, coupé en deux parties égales par un salon d'honneur, a permis de réunir d'un côté toutes les terres cuites et les faïences, tandis que les porcelaines trouvaient place dans l'autre travée. Les premières vitrines sont consacrées aux poteries antiques : vases ou statuettes égyptiennes provenant, pour la plupart, des fouilles de Thèbes; poteries étrusques, parmi lesquelles se trouve un ensemble particulièrement précieux d'ustensiles de toilette découverts dans un tombeau de Chiusi; vases grecs choisis pour la Manufacture dans le cabinet Denon; poteries romaines enfin, avec toutes les variétés de décors en noir sur fond rouge, en relief, en rouge sur fond noir, dont usèrent si habilement les artisans de la Péninsule.

Gaine en terre-cuite provenant du château d'Oiron (Haut. 1.15). (Musée céramique.)

L'histoire des terres-cuites se continue par une série de pièces trouvées en France et dont la date de fabrication est antérieure au XVIe siècle: les premières montrent encore, malgré l'abâtardissement des formes, l'influence et l'esprit gallo-romains, tandis que les dernières laissent prévoir l'ornementation de la Renaissance. A la suite, la fabrication américaine, ingénieuse dans sa rusticité, est représentée par des spécimens très variés des anciennes poteries mates ou lustrées du Pérou, de la Colombie et du Mexique.

Aux terres-cuites succèdent les poteries vernissées, recouvertes d'une glaçure à base de plomb. Elles furent en grand honneur en France, notamment dans la région du Beauvaisis, et le Musée possède, entre autres échantillons de cette fabrication, une figure de

Ménétrier d'une composition naïve, qui exprime bien la tendance exacte de notre art populaire au XVIe siècle. L'Allemagne utilisa les terres vernissées dans de grandes décorations à hauts reliefs, dont les procédés et le but sont caractérisés par les poêles monumentaux que l'on construisait surtout à Nuremberg. Quant à l'Italie, où la faveur de ces produits se prolongea jusqu'au XVIIIe siècle, elle est représentée par des vases, des plats, des compositions à personnages provenant des manufactures de la Frata, de Pavie, de Montelupo, de Naples.

Une belle série d'œuvres de Palissy et de son école ne permet évidemment pas au Musée de Sèvres de rivaliser avec la collection si riche du Louvre ; cependant, les pièces exposées sont assez nombreuses et variées pour qu'il soit facile d'y retrouver des modèles des fabrications diverses de cet atelier : décors d'émaux jaspés et marbrés, pièces ornées de poissons ou de reptiles moulés, corbeilles découpées, vases, aiguières.

Après les terres vernissées, se trouvent les grès, différenciés des céramiques précédentes par une demi-fusion de la pâte qui les constitue. L'Allemagne, la France, l'Angleterre, se servirent beaucoup de cette matière pour la fabrication d'objets usuels, mais le rapprochement des pièces montre combien, à une même époque, les principes de décoration étaient différents d'un côté et de l'autre du Rhin. Tandis que nos artisans n'appliquaient que des décors sobres, presque toujours des armoiries ou des fleurs de lys, sur des formes très simples, les Allemands, au contraire, couvraient leurs grès d'ornements et de sujets compliqués, dont le relief était encore accentué par l'emploi de couleurs vives et de dorure.

Le développement logique de la production conduit à l'étude des faïences émaillées, que l'on peut définir « des terres cuites recouvertes d'un émail à base d'étain qui, par son opacité, masque la couleur de la pâte ». Originaires sans doute de la Perse, les faïences furent fabriquées dans tout le bassin oriental de la Méditerranée dès le XIIe siècle, et pénétrèrent en Europe par l'Espagne au XIVe siècle. Les divers genres de faïences orientales remplissent de

Musée céramique. — Vitrine de faïences hispano-moresques à reflets métalliques.

leurs formes étranges et de leur éclat si varié quelques vitrines : ce sont d'abord les faïences du Caire et de Syrie ornées d'inscriptions arabes, les faïences persanes à reflets métalliques ou à décor bleu, puis les faïences de l'Asie-Mineure et de Rhodes aux fleurs éclatantes, enfin les faïences hispano-moresques, dont la fabrication, introduite dans la Péninsule Ibérique par les envahisseurs, arriva à un rare degré de perfection au XVe siècle. Cette suite de vitrines, toutes chatoyantes de reflets et de couleurs vives, placées en pleine lumière, contient des pièces d'une grande valeur : carreaux de revêtement des mosquées de Véramine et d'Ispahan, plats de Rhodes, etc. Le contraste est frappant de ces céramiques avec les faïences italiennes, qui sont exposées à la suite : non que celles-ci manquent de richesse, mais elles attirent par d'autres qualités de composition et de décor, depuis les rinceaux et les ornements originaux des artistes de Faenza et les sculptures émaillées des della Robbia, jusqu'aux décors à grotesques des délicates productions d'Urbino.

Les plus anciennes faïences françaises remontent au XVIe siècle, et c'est presque certainement à Saint-Porchaire, dans les Deux-Sèvres, qu'elles furent fabriquées, vers 1525 : le Musée possède deux spécimens rarissimes de cette faïence remarquable par ses formes élégantes et son mode de décoration. Puis une suite de quatre vitrines remplies de faïences de Nevers permet d'étudier dans ses phases successives la fabrication de ce pays : sujets polychromes, fleurs et oiseaux en camaïeu bleu où se révèle, jusqu'après 1650, l'origine italienne des ouvriers que le duc de Nevers avait fait venir dans sa province, puis décors à fond jaune et à fond blanc du XVIIe siècle, enfin, après 1700, ornements imités de Moustiers et de Rouen.

Les faïences normandes occupent, elles aussi, quatre vitrines où se lisent clairement les transformations des formes et des ornements, empruntés d'abord à l'imagination des Abaquesne, remplacés ensuite par les dessins en camaïeu bleu à lambrequins du XVIIe siècle et par les sujets chinois, les compositions rocaille, à la corne, au carquois, usitées à partir de 1750. Les autres manufactures françaises ne sont pas moins bien représentées, mais il nous est impossible de les examiner toutes : qu'il suffise de recommander à l'attention des visiteurs les belles pièces de Sinceny, les faïences patronymiques de Paris et de Saint-Cloud, les décors

Musée céramique. — Vitrine de porcelaines dures de Meissen (Saxe), XVIIIe siècle.

de guirlandes, de médaillons et de personnages grotesques de Moustiers, les fleurs élégantes et de tons si riches des assiettes de Marseille. Il faudrait encore citer Strasbourg, Lille, Sceaux, Niederviller et beaucoup d'autres fabriques dont les spécimens remplissent dix vitrines et constituent, en dehors de leur intérêt artistique et technique, un précieux répertoire de marques auquel les amateurs ont souvent recours. Les vitrines de faïences françaises donnent, en somme, un aperçu très complet de la production céramique de notre pays depuis le XVIe siècle jusqu'au XIXe : c'est d'ailleurs une des parties du Musée qui s'accroît le plus rapidement, grâce à de fréquentes donations.

De belles collections de faïences étrangères font suite aux séries que nous venons d'entrevoir. L'Espagne y est représentée par les fabriques d'Alcora et de Séville, la Hollande par Delft, qui fut certainement au XVIIe siècle le centre de fabrication céramique le plus actif de l'Europe, la Suède par les décors de Marieberg et de Rörstrand. La visite de cette partie du Musée s'achève devant les vitrines de faïences fines : on nomme ainsi des terres qui demeurent blanches après cuisson et que l'on peut donc utiliser, soit avec des couvertes transparentes comme celles appliquées sur porcelaine, soit sans couverte sous forme de biscuit. Cette fabrication a été employée un peu partout dans l'Europe occidentale, mais elle a atteint la perfection dans la Manufacture royale de Stanislas Ier, établie en 1731 à Lunéville : c'est de là que provient la statuette en pied du monarque, signée Cyfflé et marquée « terre de Lorraine », qui est exposée dans la vitrine n° 65.

L'aile gauche du Musée est entièrement consacrée aux porcelaines, et tout d'abord à d'importantes collections de la Chine et du Japon. Tout en respectant le mode de classement moderne des porcelaines d'Extrême-Orient par dynasties, M. Papillon a pensé répondre plus complètement au but du Musée en groupant les pièces suivant le mode de décoration qu'elles ont reçu : décors en camaïeu bleu, décors polychromes, couvertes craquelées et fonds céladons, décors en or sur fonds unis, fonds rouges et flammés ; mais il a corrigé cette dérogation au principe du classement chronologique par l'indication très précise, sur les étiquettes, de la dynastie sous laquelle les pièces furent fabriquées. Une vitrine entière est affectée aux curieuses productions, pièces de service, vases, statuettes peintes, que la Compagnie des Indes importa avec tant de succès au XVIIIe siècle, étranges interprétations de l'art européen par des décorateurs chinois. Puis l'on arrive devant les séries de céramiques du Japon et de la Corée, d'où la bizarrerie des formes et l'étrangeté des couleurs n'exclut pas le charme, et devant les importantes collections offertes par M. de Pimodan, par M. Colin de Plancy, par M. Hayashi enfin, dont les nombreux échantillons de grès japonais sont précieux à double titre, par l'intérêt des pièces d'abord, et par les indications sur leur origine et leurs particularités qu'a bien voulu fournir le donateur lui-même.

La dernière travée du Musée est affectée aux porcelaines européennes : porcelaines tendres d'abord, depuis les rarissimes produits des Médicis, ornés de décors en camaïeu bleu, que semble avoir imités dès 1673 Louis Poterat de Rouen, jusqu'aux exquises inventions de Saint-Cloud, de Lille, de Mennecy, de Sceaux, de Chantilly, de Vincennes, de Sèvres enfin. Notre Manufacture est malheureusement la moins bien représentée dans cette série des porcelaines tendres et l'on y chercherait en vain quelqu'une de ces pièces splendides, jardinières, vaisseaux, vases ou meubles, dont le Musée Wallace ou le Victoria and Albert Museum de Londres, sans parler des collections personnelles du roi d'Angleterre, sont si riches[1]. Cette pauvreté s'explique par le fait qu'au XVIIIe siècle, la Manufacture

[1] Les séries de porcelaines européennes se sont enrichies en 1908 de l'importante collection réunie par le marquis de Grollier et généreusement offerte au Musée Céramique par la veuve de l'érudit amateur. Celui-ci — qui avait publié en 1906, en collaboration avec le comte X. de Chavagnac, une Histoire des Manufactures françaises de porcelaine, remplie de documents curieux — s'était attaché à grouper le plus grand nombre possible de pièces portant des marques de fabricants ou d'artistes. Les 1 800 pièces données au Musée présentent donc, à ce point de vue, indépendamment de leur valeur artistique, un intérêt considérable et forment un inestimable répertoire dont profiteront tous les collectionneurs. Afin de lui conserver son caractère spécial et son utilité pratique, la collection de Grollier sera exposée dans son intégralité, bien que réunissant des échantillons de fabrications et d'époques différentes.

étant avant tout un établissement de production active, ses directeurs n'avaient aucun motif de conserver des témoins d'une fabrication sans cesse renouvelée. Il n'y avait donc dans la maison qu'un très petit nombre de pièces anciennes lorsque fut fondé le Musée céramique. Brongniart et ses successeurs eurent bien le souci de constituer, par les pièces mêmes, une histoire de l'établissement, mais il était trop tard et, dès lors, les pâtes tendres avaient acquis une telle valeur qu'ils durent bien vite renoncer à les acquérir avec les modestes crédits dont ils disposaient. Il ne faut donc pas se dissimuler que, malgré beaucoup de pièces intéressantes, les vitrines du Musée sont bien loin de pouvoir faire connaître, dans toute leur variété, les porcelaines qui ont fait la gloire de la Manufacture.

Les séries de porcelaine dure succèdent à celles que nous venons d'énumérer. La Manufacture de Meissen d'abord montre de curieux spécimens de sa première manière à décors chinois, puis un grand nombre de ces figurines spirituellement coloriées qui ont soutenu sa réputation depuis deux siècles : nulle autre fabrique, en effet, n'a pu atteindre à la perfection des petits vases rocaille, des groupes et des statuettes que Sèvres même ne parvint pas à imiter. On ne doit sans doute pas le regretter, puisque cette impuissance à manier les couleurs avec la même habileté que les artistes de Meissen conduisit à l'emploi du biscuit, si bien approprié aux sculptures délicates du XVIIIe siècle.

Il serait trop long d'examiner toutes les fabriques de porcelaine dure, françaises ou étrangères, qui sont représentées dans les vitrines suivantes : elles furent très nombreuses aux XVIIIe et XIXe siècles, et la réunion de leurs produits, la comparaison de leurs marques, sont d'autant plus utiles que leur histoire était jusqu'ici peu connue. Quant aux porcelaines dures de Sèvres, qui occupent toute une suite de meubles où elles sont classées chronologiquement, nous ne pensons pas qu'il soit utile d'en parler longuement ici : nous avons reproduit déjà, dans les pages qui précèdent, assez de pièces de cette collection pour qu'il ne soit pas nécessaire d'en signaler à nouveau l'intérêt.

Le salon d'honneur qui sépare le Musée en deux parties égales ne

Tableau attribué à Boucher.
Collections de la Manufacture de Sèvres.

contient que cinq vitrines, mais en elles se résume toute l'histoire de la Manufacture. Dans la première sont exposées les pièces les plus précieuses du XVIIIe siècle, trop rares spécimens des services, des vases, des biscuits de cette époque charmante ; la suivante, consacrée aux productions du commencement du XIXe siècle, est caractéristique du goût et des tendances de cette époque où la porcelaine disparut sous les surcharges d'or et de couleurs, et où le biscuit ne servit plus qu'à la glorification des grands hommes. Quant aux trois autres, elles portent les indications suivantes : « vers 1878 », « vers 1889 », « vers 1900 », les expositions universelles étant généralement l'occasion d'un grand effort où s'affirment les aspirations d'une époque.

Nous aurions terminé la description rapide du Musée si nous ne voulions encore parler de deux vitrines qui complètent la série de Sèvres par une inestimable collection de modèles originaux en terre cuite, exécutés de 1740 à 1800, en vue de la reproduction par le biscuit : il y a là, en quelques pièces, une vision exquise de l'art français au cours de ces soixante années, vision où les figurines inspirées par Boucher se trouvent toutes proches des compositions idéalistes de Falconet et des allégories gracieuses, mais plus froides, de Boizot. Le nombre de ces précieuses maquettes est malheureusement assez réduit. C'est pour compléter cette collection que la Manufacture a repris la fabrication de tous les modèles du XVIIIe siècle dont les moules avaient été conservés. Cette reconstitution est presque achevée aujourd'hui, et le Musée reçoit le premier exemplaire de toutes les œuvres reproduites.

En dehors de cette collection, la Manufacture possède d'ailleurs un Musée des modèles dont nous avons vu Brongniart constituer les premiers éléments dès 1810. Là est déposé un original en plâtre de toutes les pièces qui ont été exécutées dans les ateliers de Sèvres depuis les origines de la maison ; on y retrouve, rangés chronologiquement, les modèles des vases et des pièces de service dont Duplessis donna le modèle en 1750, aussi bien que ceux des tasses, des coupes, des grandes pièces dont, cent années plus tard, Diéterle ou Peyre dessinèrent la forme. De même, presque toutes les sculptures que la Manufacture a reproduites en biscuit figurent dans cette collection, dont on comprend l'intérêt pour ceux qui goûtent le charme du passé. Le manque de place avait longtemps forcé les conservateurs à laisser ces curieuses séries dans les combles du Musée ; l'heureuse initiative de M. Dujardin-Beaumetz a remédié à cet état de choses qui privait le public d'une collection si importante au point de vue de l'histoire des arts décoratifs, et aussi de

Ancien Musée des modèles.

l'histoire de la sculpture aux XVIIIe et XIXe siècles : les modèles anciens sont aujourd'hui installés dans une vaste salle accessible à tous.

A côté du Musée céramique, à côté de son Musée de modèles, qui conservent un caractère technique et utilitaire, la Manufacture possède encore des objets d'art d'un caractère plus général, peintures, dessins, gravures, assez importants pour qu'on ait cru devoir leur consacrer une monographie spéciale dans l'Inventaire des richesses d'art de la France. De tout temps, la Manufacture a eu besoin d'œuvres excellentes pour former le goût de ses décorateurs et leur servir d'exemples ; il n'y a donc rien d'étonnant à ce qu'elle possède aujourd'hui quelques toiles attribuées à Boucher, des fleurs de Monnoyer, et surtout l'énorme suite d'œuvres de Desportes, qui permet de dire que cet artiste ne saurait être étudié complètement qu'à Sèvres. Cette collection, extrêmement importante, comprend tout à la fois des tableaux, dont certains furent évidemment destinés à la reproduction par les manufactures de tapisseries, des esquisses, des études surtout, études d'animaux, d'oiseaux, de bêtes sauvages faites à la ménagerie du roi à Louveciennes, études d'orfèvrerie, documents précieux sur les grands services de Louis XIV ; des paysages, enfin, pris aux environs de Versailles et qui étonnent par leur facture toute moderne. C'est la nature telle que la verront, un siècle plus tard, les grands maîtres du paysage, avec toute la sincérité, la justesse de tons, la finesse des lointains d'un Troyon ; et devant cette recherche du mouvement exact, de la couleur juste, en face de cet artiste épris de vérité, de réalisme même, on a peine à comprendre que la même pensée a conçu, que la même main a exécuté les compositions, habiles certes, mais si froides, qui sont au Louvre. Cet ensemble remarquable est exposé depuis 1888 dans une grande galerie qui sert en même temps de réserve pour les pièces de fabrication moderne, et où les visiteurs peuvent, sur demande, être conduits.

La même galerie contient un certain nombre de documents d'une autre nature, mais non moins intéressants : ce sont des compositions faites par des artistes comme Delacroix, Flandrin, Gérôme, Hamon, etc., soit pour l'atelier de peinture sur verre, soit pour la décoration de grands vases. Un certain nombre de projets du même genre existent d'ailleurs dans les cartons de la bibliothèque de la Manufacture. Il ne reste malheureusement comme modèles graphiques de pièces du XVIIIe siècle qu'un petit nombre de documents dont le plus curieux est un tarif illustré, offrant la reproduction des modèles d'assiettes décorées que l'on exécutait sur commande avant 1800. Des recueils de même nature avaient sans aucun doute été constitués pour

La Bataille de chats. — Peinture de François Desportes.
Collections de la Manufacture.

les vases, les pièces de service, etc., mais que sont-ils devenus ? Soustraits probablement à la Manufacture pendant la tourmente révolutionnaire, des fragments reparaissent parfois dans les ventes publiques, et le Musée des Arts Décoratifs a pu ainsi acquérir, il y a quelques années, un certain nombre de planches faisant suite au volume de décors d'assiettes resté à Sèvres. Les documents graphiques de ce genre sont, au contraire, très nombreux pour la période postérieure à 1800. Brongniart en exigeait le dépôt par les artistes et les faisait classer méthodiquement, mais il faut bien avouer que leur intérêt est loin d'égaler celui qui s'attacherait aux mêmes documents datant de 1760 ou de 1780. Cependant, la composition d'Isabey pour la Table des maréchaux, les dessins de Percier, les projets même de certains « artistes en chef » de la Manufacture gardent une valeur à ces recueils et à ces cartons.

La réception des Ambassadeurs de Tippoo-Saïb à Saint-Cloud, en 1788.
Gouache originale d'Asselin, peintre de la Manufacture (1765 à 1804).
Collections de la Manufacture.

La coutume de conserver tous les projets de décoration qui sont exécutés par les artistes de Sèvres s'est d'ailleurs perpétuée, et la Manufacture possède ainsi un fonds considérable de dessins, bien connu des décorateurs qui viennent souvent y chercher d'utiles indications.

Les collections sont complétées par une bibliothèque, tenue autant que possible au courant de tout ce qui paraît sur la céramique, et très riche en recueils sur l'art décoratif ancien et moderne. Un dépôt d'archives, enfin, a été organisé en 1903 sur l'initiative et par les soins de M. Émile Bourgeois, professeur d'histoire à la Faculté des lettres de Paris. Ce fonds est aujourd'hui classé et ouvert aux travailleurs qui s'intéressent à l'histoire de notre industrie nationale. Entretenues avec soin sous l'ancien régime, les archives conservèrent un ordre suffisant sous Brongniart; mais, après lui, le manque de respect pour ces pièces et ces registres précieux arriva au point qu'un dépôt ne fut même pas prévu dans les bâtiments nouveaux où la Manufacture s'installa en 1876. Pendant vingt-sept ans, il demeura impossible de consulter les archives, qui furent abandonnées pêle-mêle dans tous les coins disponibles de la maison. A l'heure présente, les séries anciennes sont reconstituées et une installation convenable leur a été donnée. Certains documents ont évidemment été perdus, mais en moins grand nombre peut-être qu'il n'était permis de le craindre. Toute la série des actes anciens, privilèges, acquisitions de procédés, correspondance du XVIIIe siècle est presque intacte, ainsi que la suite des livres de travaux des peintres et sculpteurs, depuis 1778 du moins, et la suite ininterrompue des livres de ventes et de dons depuis l'origine de la maison. Il n'est point besoin d'insister sur l'intérêt d'une telle collection.

En séparant de notre étude sur l'histoire et l'organisation actuelle de la Manufacture, les quelques pages qui précèdent, nous avons voulu montrer les services d'un caractère particulier que cet établissement était appelé à rendre, grâce à son Musée et à ses collections. Utile aux céramistes par les recherches et les essais qu'elle fait dans ses laboratoires et ses ateliers, la Manufacture apporte d'autre part un précieux concours à tous les artistes modestes qui donnent à nos industries d'art ces compositions originales et élégantes dont s'enorgueillit la production française. Sa bibliothèque, ses documents, ses modèles, sont libéralement mis à la disposition de tous ceux qui travaillent. Quant au Musée, son rôle est plus étendu encore et il a sa place marquée parmi les établissements les plus utiles à la formation du goût public.

MARQUES DE LA MANUFACTURE DEPUIS 1740

LISTES, MARQUES ET MONOGRAMMES D'ARTISTES

1° Personnel dirigeant de la Manufacture ;
2° Peintres, décorateurs et doreurs sur porcelaine ;
3° Auteurs de compositions décoratives ;
4° Artistes de l'atelier de peinture sur verre ;
5° Modeleurs, sculpteurs et répareurs ;
6° Auteurs de modèles de sculpture reproduits par la Manufacture ;
7° Artistes contemporains attachés à la Manufacture.

Les listes d'artistes et d'ouvriers que l'on trouvera dans les pages suivantes ont été établies au moyen d'un collationnement général des états mensuels de paiement et des registres de travaux des artistes de Sèvres, conservés aux Archives de la Manufacture (séries F 1 *à* 36, R 1 *à* 98, Vj' 1 *à* 80, Va' 1 *à* 72). *Ce travail, pour lequel nous avons trouvé un dévoué collaborateur dans M. F. Delavallée, secrétaire du Musée céramique, a permis de déterminer exactement l'époque à laquelle chaque artiste a travaillé pour la Manufacture, et de retrouver la trace d'un certain nombre de décorateurs et de sculpteurs.*

En ce qui concerne les marques et monogrammes d'artistes, nous avons fait de fréquents emprunts aux ouvrages de MM. Vogt (La Porcelaine) *et de Chavagnac et de Grollier* (Histoire des Manufactures françaises de porcelaine).

RÈGNES DE LOUIS XV ET DE LOUIS XVI

Vincennes (1740-1756)

1740-1752. — Deux L entrelacées, dessinées en bleu au pinceau.

1753-1756. — Deux L entrelacées, en bleu, avec, au centre, une lettre indiquant l'année conformément au tableau ci-dessous.

Sèvres (1756-1793)

1756-1793. — Deux L entrelacées, en bleu, avec une lettre ou deux lettres indiquant l'année.

1769-1793. — Marque spéciale des pièces de pâte dure. Deux L entrelacées, en bleu, surmontées de la couronne royale.

TABLEAU CHRONOLOGIQUE INDIQUANT LES LETTRES EMPLOYÉES POUR DÉSIGNER L'ANNÉE DE DÉCORATION

A	indique l'année	1753	J	indique l'année	1762	S	indique l'année	1771	CC	indique l'année	1780	LL	indique l'année	1789
B	—	1754	K	—	1763	T	—	1772	DD	—	1781	MM	—	1790
C	—	1755	L	—	1764	U	—	1773	EE	—	1782	NN	—	1791
D	—	1756	M	—	1765	V	—	1774	FF	—	1783	OO	—	1792
E	—	1757	N	—	1766	X	—	1775	GG	—	1784	PP	—	1793
F	—	1758	O	—	1767	Y	—	1776	HH	—	1785	(Jusqu'au 17 juillet).		
G	—	1759	P	—	1768	Z	—	1777	II	—	1786			
H	—	1760	Q	—	1769	AA	—	1778	JJ	—	1787			
I	—	1761	R	—	1770	BB	—	1779	KK	—	1788			

PREMIÈRE RÉPUBLIQUE (1793-1804)

RF Sèvres. R.F Sèvres R.F Sèvres

1793-1800. — Ces trois monogrammes, dessinés en bleu ont été employés indistinctement, sans marque d'année.

Sèvres 1800-1802. — Le mot Sèvres, en or ou en couleur.

M N[le] Sèvres —//— 1803-8 mai 1804. — Marque en rouge imprimée à la vignette. Indication de l'année par les signes ci-dessous.

En 1801, l'usage de dater fut repris, et l'on indiqua les années par les signes ou lettres suivants :

T9	indique l'année	IX, 1801	9	indique l'année	1809
X	—	X, 1802	10	—	1810
II	—	XI, 1803	oz	—	1811
[illegible]	—	XII, 1804	dz	—	1812
-‖-	—	XIII, 1805	tz	—	1813
[illegible]	—	XIV, 1806	qz	—	1814
7	—	1807	qn	—	1815
8	—	1808	sz	—	1816

PREMIER EMPIRE (1804-1814)

M Imp[le] de Sèvres 1804-1809. — Marque en rouge appliquée à la vignette. Indication de l'année par des signes, des chiffres ou la date en entier.

1810-1814. — Marque imprimée en rouge. Indication de l'année par des signes, des lettres ou la date en entier.

RÈGNE DE LOUIS XVIII (1814-1824)

Deux L entrelacées, avec une fleur de lys et le mot Sèvres au centre. A partir de 1814, l'année de la décoration est généralement indiquée par les deux derniers chiffres. Marques imprimées en bleu.

RÈGNE DE CHARLES X (1824-1830)

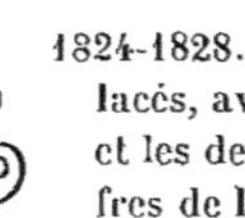

1824-1828. — Deux C entrelacés, avec le mot Sèvres et les deux derniers chiffres de l'année. Marques en bleu.

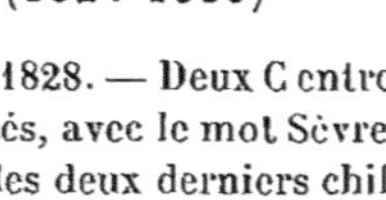

1829-1830. — Marque en bleu pour les pièces décorées.

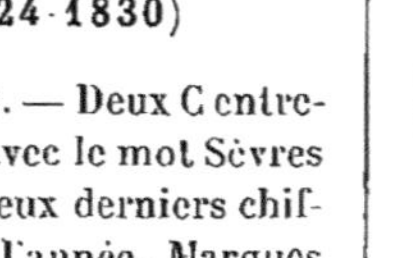

1829-1830. — Marque en bleu pour les pièces avec filets dorés.

RÈGNE DE LOUIS-PHILIPPE (1830-1848)

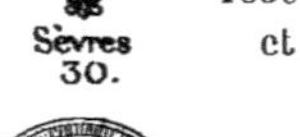

1830. — Une fleur de lys avec le mot Sèvres et le millésime 30. Marque en bleu.

1831-1834. — Dans un cercle, une étoile, le mot Sèvres et les deux derniers chiffres du millésime. Marque en or ou en bleu.

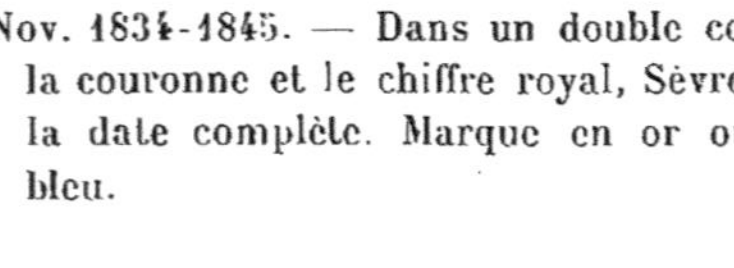

Nov. 1834-1845. — Dans un double cercle, la couronne et le chiffre royal, Sèvres, et la date complète. Marque en or ou en bleu.

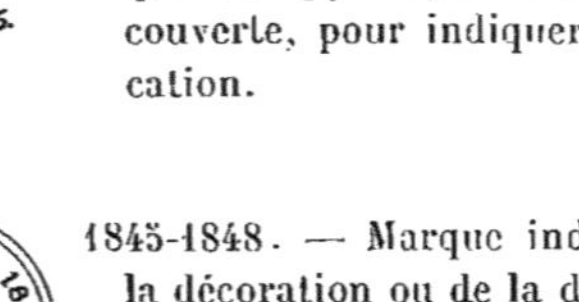

1845-1848. — A partir de 1845, cette marque fut apposée, en vert de chrome, sous couverte, pour indiquer l'année de fabrication.

1845-1848. — Marque indiquant l'année de la décoration ou de la dorure, en or pour les pièces décorées, en bleu pour les pièces à filets d'or.

Modèles des marques ajoutées aux précédentes sur les pièces destinées aux résidences royales.

SECONDE RÉPUBLIQUE (1848-1852)

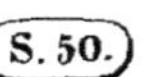

S. 50.

1848-1852. — Marque, en vert de chrome, indiquant l'année de fabrication.

R. F. s. 49.

RF. 49

1848-1852. — Marques en rouge indiquant l'année de décoration.

Marques ajoutées aux précédentes sur les pièces destinées aux établissements publics.

SECOND EMPIRE (1852-1870)

S.60

Marque, en vert de chrome, imprimée sous couverte sur les pièces de pâte dure, indiquant l'année de fabrication.

1852-1853. — Marque en rouge, indiquant l'année de décoration.

Marques employées, en 1854, pour indiquer l'année de la décoration, les deux premières sur les pièces de porcelaine dure, les dernières sur la porcelaine tendre.

1855-1870. — Marque, en rouge, indiquant l'année de la décoration.

1855-1870. — Marque, en rouge, indiquant l'année de la dorure pour les pièces à simples filets d'or.

Marques ajoutées aux précédentes sur les pièces destinées aux établissements publics.

TROISIÈME RÉPUBLIQUE

1° Marques indiquant l'année de la fabrication.

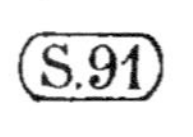

1871-1899. — Marque sous couverte, en vert de chrome pour la pâte dure, en bleu foncé pour la pâte Lauth-Vogt, en noir pour la pâte nouvelle, en bleu clair pour la pâte tendre.

1888-1891. — Marque sous couverte, en relief ou imprimée en brun rouge, apposée sur les pièces exécutées avec les pâtes de Théodore Deck.

Depuis 1900. — Marque sous couverte, en vert de chrome pour la pâte dure, en noir pour la pâte nouvelle, en bleu clair pour la pâte tendre.

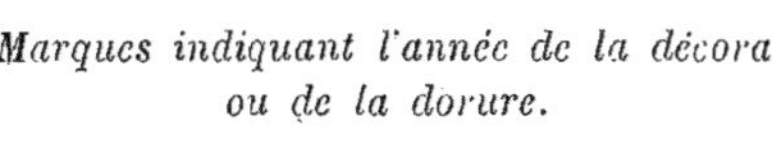

2° Marques indiquant l'année de la décoration ou de la dorure.

1871. — Marque en rouge, imprimée sur les pièces décorées ou dorées.

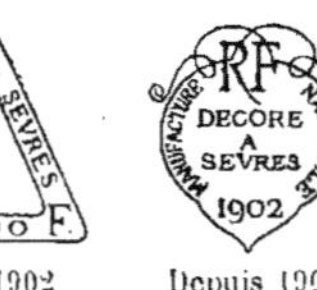

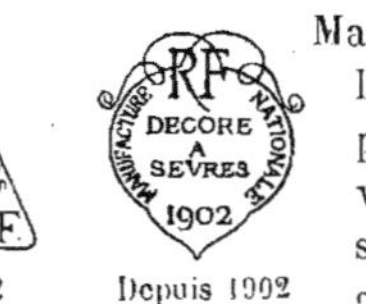

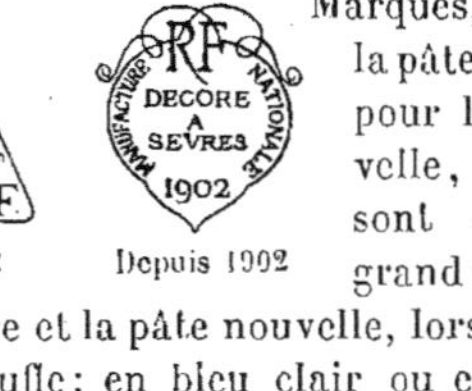

1872-1899 — 1900-1902 — Depuis 1902

Marques, en vert pour la pâte dure, en noir pour la pâte nouvelle, lorsqu'elles sont décorées au grand feu; en rouge brun, pour la pâte dure et la pâte nouvelle, lorsqu'elles sont décorées en feu de moufle; en bleu clair ou en or pour la pâte tendre.

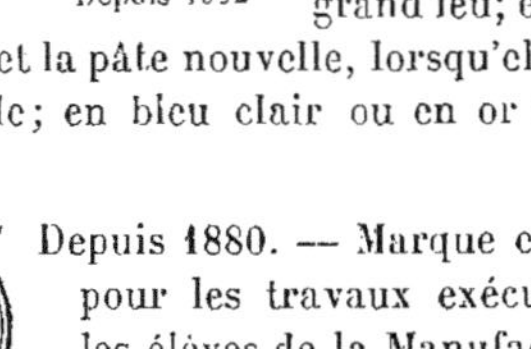

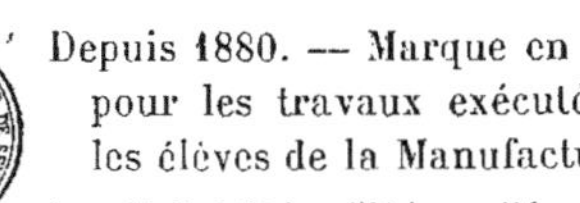

Depuis 1880. — Marque en rouge pour les travaux exécutés par les élèves de la Manufacture.

A partir de 1890 le millésime a été supprimé.

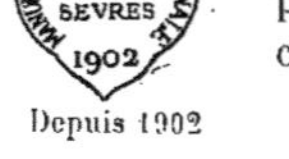

1872-1899 — 1900-1902 — Depuis 1902

Marques en rouge, pour toutes les pièces dorées.

Marques ajoutées aux précédentes sur les pièces destinées aux établissements publics.

Marques des Biscuits.

Pas de marque avant 1860.

SEVRES — 1860-1899

S 1900 — Depuis 1900.

Marques en creux dans la pâte.

Marques des Grès.

SÈVRES MANUFACTURE NATIONALE — Avant 1900. — Marque en relief.

S 1900 — Depuis 1900. — Marque en creux dans la pâte.

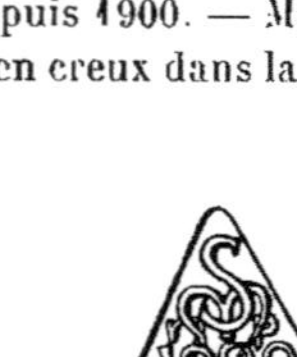

EXPOSITION SÈVRES 1900

1900. — Marques spéciales apposées sur les pièces destinées à l'Exposition Universelle.

Marques des Faïences.

MFRE IMLE DE PORCELAINE DE SEVRES.

Manuf de Sèvres

Sèvres

Marques au pinceau, en bleu ou en rouge.

Marques des Émaux sur métaux.

MANre IMPle de Sevres

Manufacture Impériale de Sèvres

Sèvres

Marques au pinceau, en bleu ou en rouge.

Marque des Vitraux.

SÈVRES 1843

Marque employée sous Louis-Philippe.

Marques des Pièces de rebut.

S 91 — Avant 1900.

S 1900 — Depuis 1900.

Sur les pièces mises au rebut la marque de fabrication est coupée par un trait de roue.

PERSONNEL DIRIGEANT DE LA MANUFACTURE

DEPUIS 1745

ADMINISTRATION

BOILEAU, inspecteur, de 1745 à 1752.
— directeur, de 1753 à 1772.

PARENT, intendant, de 1772 à 1778.

RÉGNIER, directeur, de 1778 à 1793.

HAUDRY, DELAPORTE, BATTELIER, commissaires de la Convention, successivement délégués à la direction de la Manufacture, en 1793.

HETTLINGER (J.-J.), **SALMON**, aîné, **MEYER** (François), co-directeurs, 1796.

HETTLINGER (J.-J.), **SALMON** aîné, co-directeurs, de 1797 à 1800.

BRONGNIART (Alexandre), administrateur, de 1800 à 1847.

EBELMEN (Jac.-Jos.), administrateur, de 1847 à 1852.

REGNAULT (Victor), administrateur, de 1852 à 1871.

ROBERT (Louis), administrateur, de 1871 à 1879.

LAUTH (Charles), administrateur, de 1879 à 1887.

DECK (Théodore), administrateur, de 1887 à 1891.

BAUMGART (Émile), administrateur, depuis 1891.

MARMET, contrôleur, de 1753 à 1759.
— sous-directeur, de 1760 à 1771.

DEMAUROY, inspecteur, de 1759 à 1784.

DELÉVISTON, contrôleur, en 1772 et 1773.

RÉGNIER, sous-directeur, de 1773 à 1778.

HETTLINGER, inspecteur, de 1784 à 1793.

CHANOU (J.-B.), inspecteur provisoire, en 1793 et 1794.

HETTLINGER (J.-J.), administrateur-adjoint, de 1800 à 1803.

EBELMEN (Jacques-Joseph), administrateur-adjoint, de 1845 à 1847.

NICOLLE (Joseph), administrateur-adjoint, de 1856 à 1871.

CHAMPFLEURY, administrateur-adjoint, de 1887 à 1889.

BAUMGART (Émile), administrateur-adjoint, de 1889 à 1891.

DIRECTION ARTISTIQUE

DÉCORATION

BACHELIER (J.-J.), de 1751 à 1793.

LAGRENÉE le jeune, artiste en chef, de 1785 à 1800.

Van SPAENDONCK, artiste en chef, de 1795 à 1800.

SCULPTURE

DUPLESSIS, de 1745 à 1774.

FALCONET (Et.), de 1757 à 1766.

BACHELIER (J.-J.), de 1766 à 1773.

BOIZOT (Louis-Simon), de 1773 à 1800.

De 1800 à 1840. Brongniart assura lui-même la direction de tous les services : au point de vue artistique, il fit cependant appel aux avis des « artistes consultants » Percier, T. Brongniart, Drolling, Fragonard, Denon, Chenavard, comte Turpin, etc.

DIÉTERLE (Jules-Pierre-Michel), artiste en chef, de 1840 à 1852.
— chef des travaux d'art, de 1852 à 1855.

NICOLLE (Joseph), administrateur-adjoint et chef des travaux d'art, de 1856 à 1871.

CARRIER-BELLEUSE (Albert), directeur des travaux d'art, de 1875 à 1887.

CHÉRET (Joseph), directeur des travaux d'art (suppléant) en 1886-1887.

GOBERT (Alfred), directeur des travaux d'art, de 1887 à 1891.

COUTAN (Jules), — de 1891 à 1895.

CHAPLAIN (Jules-Clément), — de 1895 à 1897.

SANDIER (Alexandre) — depuis 1897.

CHEFS DES ATELIERS DE PEINTURE ET DE DORURE

LIOT, de 1740 à 1749.

GENEST, de 1753 à 1788.

CATON, de 1789 à 1798.

ASSELIN, de 1798 à 1804.

GÉRARD (Claude-Charles), de 1804 à 1825.

WILLERMET (Antoine-Gabriel), de 1825 à 1848.

ROBERT (Louis), de 1848 à 1871.

BRACQUEMOND (Félix), en 1871-1872.

BARRÉ (Louis-Désiré), de 1872 à 1881.

HALLION (François), de 1881 à 1895.

SANDIER (Alexandre), en 1896 et 1897.

CHEF DES SCULPTEURS

LE RICHE (Josse-François), de 1780 à 1801.

CHEFS DE L'ATELIER DE PEINTURE SUR VERRE

ROBERT (Pierre), de 1829 à 1832.

VATINELLE (Auguste), de 1833 à 1837.

ROBERT (Louis), de 1839 à 1848.

CHEF DE L'ATELIER D'ÉMAILLAGE SUR MÉTAUX

MEYER-HEINE (Jacob), de 1848 à 1873.

DIRECTION TECHNIQUE ET FABRICATION

Chimistes chargés des recherches céramiques.

HELLOT, de 1752 à 1766.

MACQUER, de 1759 à 1783.

De MONTIGNY, de 1766 à 1782.

DARCET, de 1782 à 1793.

DESMARETS, de 1784 à 1793.

CADET, de 1786 à 1793.

Préparation des couleurs. Fours de peinture.

BAILLY, (couleurs), de 1746 à 1790.

GASS, (couleurs), de 1791 à 1793.

MÉREAUD, (couleurs), de 1795 à 1804.

Préparation des pâtes. Fours de grand feu.

GRAVANT, (pâtes), de 1741 à 1774.

MILLOT, fours, de 1746 à 1774 ; fours et pâtes, de 1774 à 1786.

DESPRÉS (fours et pâtes), de 1786 à 1788.

BRACHARD (Nicolas), fours et pâtes, de 1788 à 1790.

CHANOU (J.-B.), (fours et pâtes), de 1790 à 1825.

RÉGNIER (Ferdinand), de 1826 à 1848.

VITAL-ROUX (Joseph), de 1848 à 1856.

MILET (Ambroise), de 1856 à 1884.

Chefs des réparateurs, tourneurs, etc.

CHEVALIER, de 1753 à 1771.

BOLVRY le jeune, de 1774 à 1806.

Chimistes-Chefs des Moufles :

DESFOSSÉS (Pierre), de 1807 à 1814.

BUNEL (Jean-Augustin), de 1814 à 1846.

SALVETAT (Alphonse-Louis), de 1846 à 1880.

VOGT (Georges), de 1880 à 1891.

Chefs des ateliers de fabrication :

AUSCHER (Ernest), de 1884 à 1889.

RENARD (Constantin), de 1889 à 1892.

DIRECTION DES TRAVAUX SCIENTIFIQUES ET TECHNIQUES

VOGT (Georges), directeur, depuis 1891.

Chimiste, chef des Moufles :

GIRAUD (Guill.-Emmanuel), depuis 1892.

Chef des ateliers de fabrication :

BAUDIN (Ernest), depuis 1892.

CONSERVATION DU MUSÉE CÉRAMIQUE

RIOCREUX (Denis-Désiré), de 1823 à 1872.

CHAMPFLEURY, de 1872 à 1889.

BAUMGART (Émile), en 1890-1891.

GARNIER (Édouard), de 1892 à 1903.

PAPILLON (Georges), depuis 1903.

LISTE

DES PEINTRES, DÉCORATEURS ET DOREURS[1]

AYANT EXÉCUTÉ DES TRAVAUX SUR PORCELAINE POUR LA MANUFACTURE DEPUIS 1740

ADAM, peintre, 1806-1807.

D'ALBE, peintre de paysages, 1818 à 1821.

ALEXANDRE, peintre de fleurs, 1751 à 1757.

ALONCLE (François), peintre d'oiseaux et d'animaux, 1758 à 1781.

* **ANDRÉ (Jules)**, peintre de paysages, 1840 à 1869.

ANTHAUME (Jean-Jacques), peintre de paysages et d'animaux, 1752 à 1758.

APOIL (Charles-Alexis), peintre de figures, 1851 à 1864.

APOIL (Dame), peintre de figures, 1865 à 1892.

ARCHELAIS (Jules), décorateur modeleur, 1865 à 1902.

ARMAND aîné, peintre d'oiseaux et de paysages, 1745 à 1788.

ARMAND jeune, peintre de fleurs et doreur de frises riches, 1746 à 1788.

ARMAND fils aîné, peintre, 1766 à 1778.

ARMAND second fils, peintre, 1768 à 1775.

ARMAND (Dame), peintre de fleurs, vers 1780.

ARMAND (D^lle Félicité), doreur, 1774 à 1785.

ARMAND (D^lle) jeune, peintre de fleurs, 1779 à 1785.

ARNAUD (D^lle), peintre, 1822 à 1824.

ARROUARD, peintre, 1753.

ASSELIN, peintre de portraits et de genre, 1765 à 1804.

AUBERT aîné, peintre de fleurs, 1754 à 1758.

AUBERT jeune, peintre de fleurs, 1755-1756.

AUBERT le troisième, peintre de fleurs, 1758.

AVISSE (Alexandre-Paul), dessinateur et décorateur, 1848 à 1884.

BAILLY père, doreur, 1753 à 1767.

BAILLY fils, peintre, 1773 à 1779.

BAILLY (Dame), peintre, 1748 à 1774.

* **BALDISSERONI (Shiridani)**, peintre de figures, 1860 à 1879.

BARBAULT, peintre de figures, 1754 à 1756.

BARBÉ, doreur, 1776-1777.

BARBÉ, doreur, 1810.

---

[1] *Les astérisques désignent les artistes ayant signé de leur nom.*
Certains artistes ayant indifféremment marqué leurs œuvres d'un monogramme ou d'une signature en toutes lettres, on trouvera en face du nom de ces artistes le fac-simile du monogramme et un astérique.

BARBIN (**François-Hubert**), peintre d'ornements, 1815 à 1849.

BARDET, peintre de fleurs, 1751 à 1758.

BARRAT l'oncle, peintre de fleurs et fruits, 1769 à 1791.

BARRAT le neveu, peintre de fleurs et d'ornements, 1788 à 1791, 1795-1796.

BARRÉ, peintre et doreur, 1773 et 1774, 1776 à 1778.

BARRÉ (**Louis-Désiré**), peintre de fleurs, 1844 à 1881.

* **BARRIAT** (**Charles**), peintre de figures et d'ornements, 1848 à 1883.

BARTRIM, élève-décorateur, 1886 à 1892.

BASTIDE (**Louis-Ambroise**), peintre d'ornements, 1835 à 1838, 1846 à 1880.

BATAILLE (**D**[lle]), peintre de figures, 1861 à 1866.

BAUD, peintre de figures, 1858 et 1859.

BAUDOUIN père, doreur, 1750 à 1800.

BAUDOUIN (**D**[lle]), peintre de fleurs, 1772 à 1800.

BAUQUER, peintre de fleurs et d'ornements, 1774 à 1795.

BECQUET, peintre de fleurs, 1749-1750, 1753 à 1765.

BELET (**Adolphe**), décorateur, 1881-1882.

BELET (**Émile**), peintre de fleurs, 1876 à 1900.

* **BÉRANGER** (**Antoine**), peintre de figures, 1807 à 1846.

* **BERGERET**, peintre de figures, 1804 à 1818.

BERNARD (**P.**), décorateur, 1853.

BERTRAND, peintre de fleurs, 1757 à 1774.

BERTRAND, doreur, 1839.

BERTRAND (**D**[lle]), peintre de figures, 1903.

BIDARD, peintre de bouquets détachés, 1785 à 1787.

BIENFAIT (**Jean-Baptiste**), peintre, 1756 à 1762.

BIENFAIT fils aîné, peintre, 1766 à 1773.

BIENFAIT second fils, peintre, 1766 à 1768.

BIENFAIT l'aîné, peintre, 1773 à 1775.

BIENFAIT, peintre, 1779 à 1781.

BILLOT (**Dame**), peintre de figures, 1868.

BINET, peintre de fleurs, 1750 à 1775.

BINET (**D**[lle]), doreur, 1775 à 1802.

BINET fils, peintre de figures, 1829.

BINET, peintre de paysages, 1838 à 1842.

BIXIO (**Dame**), peintre, 1833-1834.

BLANCHARD (**Louis-Étienne-Frédéric**), doreur et peintre décorateur, 1848 à 1880.

BLANCHARD (**Alexandre**), décorateur (pâtes sur pâtes), 1878 à 1901.

BLIN, peintre de genre, 1793-1794.

BLOC (**D**[lle]), peintre de figures, 1860 à 1869.

BLONDY, peintre, 1811.

BOCQUET, peintre, 1808 à 1813.

BOËLY (**D**[lle]), peintre de figures, 1823 à 1825.

BOILEAU fils aîné, peintre de fleurs, 1781 à 1793.

BOILEAU cadet, doreur, 1784 à 1789.

BOITEL (**Charles-Marie-Pierre**), doreur d'ornements, 1797 à 1822.

BOITEL (**Dame**), peintre et brunisseuse à l'effet, 1786 à 1795, 1797 à 1800, 1807 à 1822.

BOMPARD, peintre de fleurs, 1847.

BONNET (**Étienne-Louis-Frédéric**), peintre, 1829 à 1836, 1851 à 1854.

* **BONNET** (**D**[lle]), peintre de fleurs, 1834, 1837 à 1849, 1853, 1854.

BONNUIT (Achille-Louis), doreur-décorateur, 1858 à 1862, 1865 à 1894.

* **BOQUET**, peintre de paysages, 1809-1810.

* **BOQUET** (D^{lle}), peintre de figures, 1865 à 1869.

BORNIER, peintre de fleurs, 1777.

BOSSELMANN, peintre de portraits, 1811.

* **BOUCHÉ-LECLERCQ**, décorateur (pâtes d'application), 1902, 1904 à 1906, 1908.

BOUCHER, peintre de fleurs, 1754 à 1762.

BOUCHER (Dame), peintre de figures, 1823.

BOUCHET (Jean), peintre de paysages et doreur, 1763 à 1793.

BOUCHON, peintre, 1746.

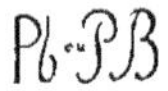

BOUCOT (Philippe), peintre de fleurs et d'oiseaux, 1785 à 1791.

BOUDET (Pierre), peintre, 1827 à 1832.

BOUFILION, doreur, 1808.

BOUGON (D^{lle}), doreur, vers 1775.

BOUILLAT père, peintre de fleurs, 1758 à 1810.

BOUILLAT fils, peintre de fleurs et de paysages, 1785 à 1793.

BOUILLAT (Dame), peintre de fleurs, 1777 à 1798.

BOUILLAT (D^{lle}), peintre de fleurs, 1783 à 1792.

BOULANGER père, doreur, 1754 à 1784.

BOULANGER fils, peintre de sujets pastoraux et d'enfants, 1778 à 1781.

BOULLEMIER (Antoine - Gabriel), doreur, 1802 à 1842.

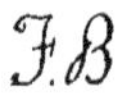

BOULLEMIER (François - Antoine), doreur, 1806 à 1838.

BOULLEMIER (Hilaire - François), doreur, 1813 à 1855.

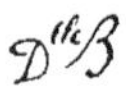

BOULLEMIER (D^{lle} Virginie), doreur, 1814 à 1842.

BOULLEMIER, peintre de figures, 1859 à 1862.

BOURGEOIS, peintre de fleurs, 1846 à 1848.

BOURGUIGNON, peintre en bleu, 1749.

BOURNIER, peintre, 1774 à 1776.

BOUTILLIER ou **BOUQUILLIER**, peintre de figures, 1754-1755.

BOUTIN père, peintre de fleurs et poseur de fonds, 1753 à 1763.

BOUVET (Dame), peintre, 1786 à 1790.

BOUVRAIN (Antoine - Louis), peintre d'ornements, 1826 à 1848.

BOUVRAIN (Narcisse-Joseph), doreur, 1828 à 1833.

BRETON, doreur, 1876 à 1879.

BRIAUCHON, décorateur, 1860.

BRILLAND, peintre, 1741-1742.

BRIOIS, peintre de fleurs, 1753 à 1758.

BRIZOU (Dame Jenny, D^{lle} Denois), peintre de figures, 1817 à 1828.

* **BRUNEL-ROCQUES** (Antoine-Léon), peintre de figures, 1852 à 1855, 1859 à 1883.

BUCQUET (Louis-Léon), peintre de paysages, 1842 à 1848.

BUISSON, élève décorateur, 1882 à 1887.

BULIDON, peintre de fleurs, 1763 à 1792.

BULIDON (Dame), peintre de fleurs, vers 1780.

* **BULOT** (Eugène-Alexandre), peintre de fleurs, 1855 à 1883.

BUNEL (Théodore-Antoine), peintre de fleurs, 1840 à 1852.

BUNEL (Dame Marie-Barbe), peintre de fleurs, 1778 à 1816.

BUTEUX aîné (Charles), peintre de figures, 1756 à 1782.

BUTEUX jeune, peintre, 1759 à 1766.

BUTEUX fils aîné, peintre de fleurs et de frises, 1763 à 1801.

BUTEUX fils cadet, peintre de fleurs et de paysages, 1773 à 1790.

BUTEUX fils jeune, peintre de fleurs et de sujets pastoraux, 1778 à 1780.

BUTEUX (**Théodore**), peintre, 1775 à 1777 et 1779 à 1784.

BUTEUX (**Guillaume**), peintre de fleurs, 1781 à 1794.

Bx **BUTEUX** (**Théodore**), peintre d'ornements, 1786 à 1822.

BUTEUX (**Dame**), peintre de fleurs, 1778 à 1786.

BUTEUX (**Dlle**), doreur et peintre de fleurs, 1775 à 1790.

CABAU (**Eugène-Charles**), peintre de fleurs, 1847 à 1885.

CAILLAT (**Jean-Mathias**), peintre et préparateur de couleurs, 1745 à 1752.

CAMUS, peintre, 1753.

△ **CAPELLE**, peintre de paysages, 1746 à 1800.

CAPELLE fils, peintre, 1765 à 1767.

CAPELLE (**Dame**), peintre de fleurs et de frises, 1746 à 1762.

C.P **CAPRONNIER** (**François**), doreur, 1812 à 1819.

CARDIN, peintre de fleurs, 1749 à 1786.

***CARON** (**Cristophe-Ferdinand**), peintre de genre, 1792 à 1815.

5. **CARRIÉ**, peintre de fleurs, 1752 à 1757.

C. **CASTEL**, peintre de paysages et d'oiseaux, 1772 à 1797.

CATON, peintre de figures et de sujets pastoraux, 1749 à 1798.

CATON (**Dame**), peintre de fleurs, 1753 à 1788.

CATRICE, peintre de fleurs, 1757 à 1774.

Ch.C **CATTEAU**, décorateur, 1902 et 1904.

CAZALY (**Jean-Joseph**), peintre de fleurs, 1755 à 1759.

J.C * **CÉLOS** (**Jules-François**), décorateur (pâtes sur pâtes), 1865 à 1895.

CÉLOS fils, élève décorateur, 1889 à 1892.

CESSIER, peintre de fleurs, 1756 à 1758.

ch. **CHABRY fils**, peintre de sujets pastoraux, 1765 à 1787.

CHANOU (**Louis-Edouard**), peintre de figures, 1816 à 1822.

JD **CHANOU** (**Dame**) **mère**, doreur, 1779 à 1800.

CHANOU (**Dame Benoit**), peintre, vers 1797.

Sc **CHANOU** (**Dame Sophie**), peintre de fleurs, 1779 à 1798.

CHAPLET, décorateur, 1855.

CHAPONNET, peintre et préparateur de couleurs, 1776 à 1789 et 1798 à 1800.

CHAPONNET, voir DESNOYERS.

cp **CHAPPUIS aîné**, peintre de fleurs et d'oiseaux, 1761 à 1787.

jc **CHAPPUIS jeune**, peintre de fleurs, 1772 à 1777.

CHAPPUIS (**Dame**), peintre de bouquets détachés, 1775 à 1788.

CHAPPUIS (**Dlle**), peintre de fleurs, 1787 à 1797.

CHARLES (**Dame, née Huard**), peintre de fleurs, 1837 à 1841.

CHARLOT (**Dlle**), doreur, 1827 à 1833.

LC **CHARPENTIER** (**Louis-Joseph**), doreur, 1852 et 1854 à 1879.

F.C **CHARRIN** (**Dlle Fanny**), peintre de figures, 1814 à 1826.

CHAUVEAUX aîné, doreur et peintre, 1753 à 1788.

CHAUVEAUX jeune (**Jean**), doreur, 1765 à 1802.

jn. **CHAUVEAUX fils**, peintre de bouquets détachés, 1773 à 1783.

CHAUVIÈRE, doreur, 1801-1802.

CHEVALIER (**Pierre-François**), peintre de fleurs, 1755 à 1757.

CHEVALIER (**Dlle**), peintre de figures, 1861 à 1867.

CHOISY (**Apprien-Julien de**), peintre de fleurs et d'ornements, 1770 à 1812.

CHULOT (Louis-Gabriel), peintre de fleurs et d'attributs, 1755 à 1800.

CICERI, peintre, 1808.

CLÉMENT, peintre, 1766.

CLERC, peintre de fleurs, 1847-1848.

CLOSTERMANN jeune, peintre, 1764 à 1766.

COLOMBE (Dame), peintre de fleurs, 1847-1848.

COMMELIN, peintre de fleurs, 1768 à 1802.

COMMEREL, doreur, 1886 à 1892.

COMOLÉRA (Dlle), peintre de fleurs, 1816 à 1818.

COMOLÉRA (Alexandre-Jean-Louis), peintre de fleurs, 1843 à 1847.

CONSTANS (Charles-Louis), doreur et peintre, 1803 à 1840.

CONSTANT, peintre de fleurs, 1853 à 1863.

CONSTANTIN, peintre de figures, 1813 à 1848.

* **COOL (Dame de)**, peintre de figures, 1860 à 1870.

CORNAILLES (Antoine-Toussaint), peintre de fleurs, 1755 à 1800.

COTTEAU, décorateur en émaux, 1780 à 1784.

COUPIN, peintre de figures en camées, 1806 à 1812.

* **COURCY (Alexandre-Frédéric de)**, peintre de figures, 1865 à 1886.

COURSAGET, doreur, 1881 à 1886.

COURTOT, décorateur, 1885 à 1888.

COUTURIER, peintre de fleurs, 1762 à 1775.

COUTURIER, peintre de fleurs, 1783.

CRONEAU, peintre de figures, 1853 à 1857.

CUSSEY, peintre d'ornements, 1804 à 1806.

DALLUT (Dame), peintre de figures, 1817-1818.

* **DAMMOUSE (Pierre-Adolphe)**, décorateur (pâtes sur pâtes), 1852 à 1880.

DAVID (François-Alexandre), décorateur, 1844 à 1881.

DAVIGNON (Jean-François), peintre de figures, 1807 à 1815.

DEBON (Dame), peintre de figures, 1816 à 1824.

DECAMBOS, doreur et peintre de fleurs et d'oiseaux, 1776 à 1787.

DEGAULT, peintre de genre, 1758 à 1760.

* **DEGAULT (Jean-Marie)**, peintre de figures, 1808 à 1817.

DEGUEULLY, peintre, 1804 à 1807.

DELAFOSSE (Denis), peintre de figures, 1804 à 1815.

DELAGARDE, doreur, 1806.

DELAMOTTE, peintre de genre, 1816.

DELATRE fils, peintre de fleurs, 1785 à 1791.

DELATRE (Dame), peintre de fleurs, 1789 à 1795.

DELAVALLE (Dlle), peintre de paysages, 1821-1822.

DELILLE, doreur, 1776.

* **DEMARNE (ou de MARNE)**, peintre de paysages, 1809 à 1813.

DENIZOT (Gabriel), peintre d'ornements, 1815 et 1821.

* **DENOIS (Dlle Jenny)**, voir dame Buzot.

DENOIS (Dlle Lucile), peintre de fleurs, 1820, 1822, 1826, 1827.

DEPÉRAIS (Claude-Antoine), peintre d'ornements, 1794 à 1822.

DEPÉRAIS (Dlle), peintre de fleurs, 1791 à 1795.

DERICHWEILER (Jean-Charles-Gérard), décorateur, 1855 à 1884.

DEROY, peintre d'ornements, 1816 à 1821.

DESCOINS, peintre, 1801-1802 et 1813.

DESCOINS (Dame), peintre de fleurs, 1780 à 1798 (?)

C.D. **DESNOYERS-CHAPONNET aîné**, peintre de fleurs, 1788 à 1804, 1810 à 1828.

DESNOYERS-CHAPONNET jeune, peintre de fleurs, 1788 à 1790.

Dh **DEUTSCH**, doreur et peintre d'ornements, 1803 à 1819.

CD * **DEVELLY (Jean-Charles)**, peintre d'animaux et de paysages, 1813 à 1848.

DEVIGNES, peintre, 1807.

DEVILLE, peintre, 1758 à 1764.

DIDIER père, peintre de figures et d'animaux, 1787 à 1800, 1806, 1807 et 1823 à 1825.

D.I * **DIDIER fils (Charles-Antoine)**, peintre d'ornements, 1819 à 1848.

DIDIER (Charles-Victor), peintre d'ornements, 1830 à 1832.

DIDIER (Dame), peintre de fleurs, 1788 à 1790, 1794 à 1798.

DIEU (Jean-Jacques), peintre et doreur, 1777 à 1790, 1794 à 1798 et 1801 à 1811.

DIRAT, peintre d'ornements, 1852 à 1869.

* **DOAT (Taxile)**, décorateur (pâtes d'application), 1879 à 1905.

K... **DODIN**, peintre de figures, 1754 à 1802.

D **DORÉ (Pierre)**, peintre d'ornements, 1829 à 1865.

DOULLIOT (D^lle), peintre de figures, 1862 à 1869.

DR **DRAND**, peintre, 1764 à 1775 et 1780.

* **DROLLING (Mlle)**, peintre de figures, 1802 à 1813.

DROUARD, doreur, 1847.

DT **DROUET (Gilbert)**, peintre de fleurs et d'oiseaux, 1785 à 1825.

DROUET (Dame), peintre, vers 1797.

DUBOIS, peintre de fleurs, 1756-1757.

DUBOIS, peintre et doreur, 1822-1823.

DUBOIS (Jean-Ch.-Th.), peintre de paysages et de marines, 1842 à 1848.

AD * **DUCLUZEAU (Dame)**, peintre de figures, 1818 à 1848.

DUCOTÉ, poseur de fonds, 1847-1848.

DUFEY, peintre, 1813 à 1816.

DUFORT (D^lle, dame Roux), peintre de fleurs, 1866 et 1867, 1869 et 1870.

DUHAUTOIRE (D^lle), peintre, 1815-1816.

DUPONCHELLE (Pierre-Joseph) peintre de fleurs, 1758 à 1760.

DUPUY des ISLETS (D^lle), peintre de figures, 1829.

DURAND, peintre, 1765 à 1769.

DURAND, peintre de fleurs, 1848.

DURAND (D^lle), peintre de figures, 1858 à 1870.

D.y **DUROSEY (Charles-Christian-Marie)**, doreur, 1802 à 1830.

DUROSEY l'aînée (D^lle), peintre de fleurs, 1793 à 1803.

D.. **DUSOLLE**, peintre, 1768 à 1774.

DUSSOUS, doreur, 1825.

DT **DUTANDA**, peintre de fleurs, 1765 à 1802.

DUTANDA (D^lle), peintre de fleurs, vers 1797.

DUTARTE, doreur, 1754.

DUVERDY, peintre de figures, 1757-1758.

ÉREAUX aîné, peintre, 1788 à 1791.

ESCALLIER (Dame), peintre de fleurs et d'animaux, 1874 à 1888.

ÉTARD, peintre de figures, 1795 à 1798, 1803 et 1804.

ÉVANS (Étienne), peintre d'oiseaux, 1752 à 1806.

FAGET, peintre, 1806.

F **FALLOT**, peintre d'oiseaux et d'ornements, 1773 à 1790.

HF **FARAGUET (Dame)**, peintre de figures, 1857 à 1879.

FAVRE (François-Alphonse), peintre d'ornements, 1849 à 1852.

FERRY (Pierre-Augustin), peintre de fleurs, 1757 à 1760, 1763.

FICQUENET (Charles), décorateur, 1864 à 1881.

FIRENS, peintre, 1746.

FOINET (dit La France), peintre de fleurs et doreur, 1773 à 1804.

FONTAINE (Jacques), peintre de fleurs et d'ornements, 1752 à 1775, 1778 à 1807.

FONTAINE (D^lle), peintre de fleurs, 1778 à 1794.

* **FONTAINE** (Jean-Joseph), peintre de fleurs, 1825 à 1857.

FONTAINE (Armand-Euphrosie), doreur, 1852 à 1864.

FONTANES (Dame de), peintre de fleurs, 1844 à 1849.

FONTELLIAU (A.), peintre, puis employé à la fabrication des couleurs, 1753 à 1789.

FONTELLIAU (F.), peintre, 1753-1754.

FOURÉ, peintre de fleurs, 1749, 1754 à 1762.

FOURNERIE, décorateur, 1901 et 1903.

* **FRAGONARD** (Théophile), peintre de fleurs, 1839 à 1869.

FRAGONARD (D^lle), peintre de figures, 1859 à 1862.

FRETA, peintre, 1763 à 1768.

FREUND, peintre de paysages, 1822.

FRITSCH, peintre de figures, 1763-1764.

FROMANT, peintre de fleurs, 1788-1789.

* **FROMANT** (Eugène), peintre de figures, 1855 à 1885.

FROMENT, peintre, 1804-1805.

FUMEZ, peintre de fleurs, 1777 à 1804.

GABRIEL, peintre de figures, 1797.

GANEAU (Pierre-Louis), doreur, 1813 à 1831.

* **GARNERAY** (L.), peintre de marines, 1839 à 1848.

GARNIER (Édouard), dessinateur, 1874-1875.

GARNON, peintre, 1754-1755.

GAUTIER, peintre de figures et de paysages, 1787 à 1791.

GAUTIER (Pierre), peintre de figures, 1814.

GAUTIER (Dame), peintre, vers 1797.

GAUTIER (D^lle), peintre de fleurs, 1847 et 1848, 1866 à 1870.

GÉLIN, décorateur, 1845 à 1848.

* **GÉLY** (Léopold-Jules-Joseph), décorateur (pâtes sur pâtes), 1851 à 1889.

GENEST, peintre de figures, chef des ateliers de peinture, 1752 à 1789.

GÉNIN (Charles), peintre de fleurs, 1756-1757.

GÉNY, doreur, 1806.

* **GEORGET** (Jean), peintre de figures, 1801 à 1823.

GÉRARD jeune, peintre de fleurs, 1776 à 1779.

GÉRARD (Claude-Charles), peintre de sujets pastoraux, 1771 à 1804 : chef des peintres, 1805 à 1824.

GÉRARD (Dame, née Vautrin), peintre de fleurs, 1781 à 1802.

GERVEROT, peintre, 1764-1765.

* **GIBOY**, peintre, 1806.

GIRARD, peintre, 1762 à 1764.

GIRARD, peintre d'arabesques et de sujets chinois, 1772 à 1817.

GIRBAUD (Dame), peintre de fleurs, 1844 à 1849, 1853, 1854, 1858 à 1870.

GLAISE (Jean-Antoine), doreur, 1825 à 1835.

* **GOBERT** (Alfred-Thompson), peintre de figures, 1849 à 1891.

GOBIN (Étienne), peintre de fleurs, 1756 à 1759.

GOBLED, décorateur, 1902 à 1905.

GOBLET, peintre de fleurs, 1847-1848.

* **GODDÉ** (Aimé-Joseph), doreur et décorateur en émail, 1856 à 1883.

GODIN (Louis-Victor), peintre et poseur de fonds colorés, 1792 à 1833.

D.G. **GODIN (Dame Catherine)**, doreur, 1806 à 1828.

GODIN fils cadet, peintre d'ornements, 1794 à 1800, 1805 à 1811.

GOMERY (Edme), peintre d'oiseaux, 1756 à 1758.

GONTERET, peintre, 1822.

F.G F.G. **GOUPIL (Frédéric)**, peintre de figures, 1859 à 1878.

GRANDCHAMP, peintre, 1802-1803.

Gt **GRÉMONT jeune**, peintre de fleurs, 1769 à 1775, 1778 à 1781.

GRIMAUX, peintre de paysages, 1854.

X **GRISON**, doreur, 1749 à 1771.

GRISON fils aîné, doreur, 1750-1751.

GRISON 2e fils, élève peintre, 1772-1773.

GRODECŒUR, décorateur, 1901, 1903.

GUÉRARD, peintre de paysages, 1821-1822.

GUÉROU, peintre de fleurs, 1847-1848.

GUILLEMAIN (Ambroise-Ernest-Louis), dessinateur et décorateur, 1864 à 1885.

GUYONNET, doreur, 1853 à 1857.

GUYOT (Dlle) peintre de figures, 1831 et 1833.

HAIRION (Adolphe), doreur et imprimeur, 1825 à 1836.

H **HALLION (François)**, doreur et décorateur, 1855 à 1895.

H **HALLION (Eugène)**, peintre de paysages, 1870, 1872 à 1874, 1876 à 1893.

* **HAMON (Jean-Louis)**, peintre de figures, 1849 à 1857.

HARDIVILLER (Dame d'), peintre, 1820.

HARMOISE, peintre, 1766-1767.

HAVEL, peintre, 1763.

HÉBERT, peintre, 1756.

HÉBERT (Jean-Nicolas-Sylvestre), émailleur sur faïence, 1861 à 1874.

HÉDIARD (Guillaume-Arsène), doreur, 1852 à 1858.

HÉLIOT, décorateur, 1885 à 1889.

jh. **HENRION aîné**, peintre de fleurs 1770 à 1784.

he. **HÉRICOURT jeune**, peintre de fleurs, 1770 à 1773, 1776 et 1777.

HÉRO, peintre de fleurs, 1788 à 1791.

HEURTAULT, peintre, 1764-1765.

HIARD (Dlle), décorateur, 1898.

W **HILEKEN**, peintre de figures, 1769 à 1774.

HOCQUER (Dlle) peintre de figures, 1824 et 1830.

HOLLIER, peintre de figures, 1816-1817.

HORNONG, peintre, 1762 à 1765.

HOSPITAL, peintre, 1763-1764.

H **HOURY**, peintre de fleurs, 1754-1755.

h.d. **HUARD (Pierre)**, peintre d'ornements, 1811 à 1846.

HUE, peintre de paysages, 1809, 1819 et 1821.

HUET, peintre, 1756-1757.

HULOT (Pierre-Auguste), peintre de fleurs, 1829 à 1831.

HUMBERT, peintre, 1782 à 1787.

HUMBERT (Dame), peintre et doreur, 1774-1775.

HUMBERT (Dame), peintre de fleurs, 1788 à 1790, 1794 à 1797.

E.Z. **HUMBERT (Jules-Eugène)**, peintre de figures, 1851 à 1870.

* **ISABEY**, peintre de figures, 1808 à 1811, 1816 et 1817.

* **ISNARDS (Dame des)**, peintre de fleurs, 1825 à 1848.

Ja * **JACOB-BER (Moïse)**, peintre de fleurs et fruits, 1814 à 1848.

JACOB-BER (Dlle, dame Worms), peintre de fleurs, 1835 à 1839.

JQ * **JACQUOTOT (Dame Marie-Victoire)**, peintre de figures, 1801 à 1842.

* **JADELOT (Dame)**, peintre de figures et d'ornements, 1852, 1856 à 1861, 1864 à 1870.

JEUFOSSE, décorateur, 1887 à 1889.

JOFFROY, peintre de fleurs, 1755 à 1770.

JOSSE, peintre, 1754.

JOYAU, peintre de fleurs, 1766 à 1775.

JUBIN, peintre, 1772 à 1775.

JUINIÉ, peintre de paysages, 1802 à 1805.

JULIEN aîné, peintre d'ornements, 1785 à 1791.

JULIEN jeune, peintre de fleurs, 1785-1786.

JULIENNE (**Alexis-Étienne**), peintre-décorateur, 1837 à 1849.

KEPFER, peintre, 1804-1805.

KNIPP (**Dame**), peintre de fleurs et d'oiseaux, 1808 et 1809, 1817 à 1826.

LABARCHÈDE (**D**^{lle}), peintre, 1826.

* **LABBÉ** (**Louis-Charles**), peintre de fleurs, 1847 à 1853.

LACHASSAIGNE, peintre, 1826-1827.

LAEMLEIN, peintre de figures, 1846, 1855, 1858.

LAGRANGE fils, peintre de figures, 1797 à 1803.

LAHAYE (**Louis Antoine**), doreur et peintre d'ornements, 1840 à 1849.

LALOYAU, peintre, 1763.

LAMARCK, peintre de paysages, 1817-1818.

LAMARE (**Célestin-Stanislas**), peintre de figures et de paysages, 1816 à 1824.

* **LAMARRE** (**D**^{lle}), peintre de paysages, 1821 à 1824.

LAMARTINIÈRE, peintre, 1763.

LAMBERT, peintre, 1802-1803.

* **LAMBERT** (**Henri-Lucien**), peintre de fleurs et d'ornements, 1859 à 1899.

LAMBIN, doreur et peintre, 1796 à 1805.

LAMBIN (**Dame**), doreur, 1796 à 1810.

* **LAMPRECHT** (**Georges**), peintre de figures et d'animaux, 1784 à 1787.

LANDON, peintre de figures, 1806.

LANDRY fils, peintre de fleurs, 1776 à 1779.

LANDRY, peintre de fleurs, 1835-1836.

LANEUVILLE (**D**^{lle}), peintre, 1807.

* **LANGLACÉ** (**Jean-Baptiste-Gabriel**), peintre de paysages, 1807 à 1844.

LANGLE (**Pierre-Jean-Victor-Amable**), peintre de fleurs, 1837 à 1845.

LANGLET (**Hector**), peintre de figures, 1816 à 1825.

* **LANGLOIS** (**Polyclès**), peintre de paysages, 1847 à 1872.

* **LANGLOIS** (**Paul**), peintre de paysages, 1891-1892, 1897.

LANTARA, peintre, 1749-1750.

LAROCHE (**de**), peintre de fleurs, 1759 à 1802.

LAROCHE (**Dame**), peintre de fleurs, 1778-1779.

LATACHE (**Étienne**), doreur, 1867 à 1879.

LATREILLE, peintre de fleurs, 1782.

LAURENT, peintre de figures, 1807, 1816 à 1818.

LAURENT, peintre de fleurs, 1829.

* **LAURENT** (**Dame Marie-Pauline**), peintre de figures, 1838 à 1850, 1853 à 1860.

LAURENT (**D**^{lle}), peintre de figures, 1858 à 1861.

LAUVERGNAT (**Louis-Philippe-Auguste**), peintre de fleurs, 1830 à 1832.

LAVERNETTE (**D**^{lle}), peintre, 1807-1808.

LÉANDRE, peintre d'enfants et d'attributs, 1779 à 1785.

LE BEL aîné, peintre de figures et de fleurs, 1766 à 1775.

LE BEL jeune, peintre de fleurs, 1773 à 1793.

* **LE BEL** (**Nicolas-Antoine**), peintre de paysages, 1804 à 1815.

LE BEL (Dame), peintre de fleurs, 1777 à 1790, 1804 et 1805.

LEBRUN, peintre, 1756 à 1758.

LECLERC (D^lle^), peintre de figures, 1820 à 1829.

LECLERC (D^lle^), peintre de fleurs, 1816 à 1848.

LECOMTE, peintre de batailles et de genre, 1851.

LÉCOT, peintre, 1763-1764.

LL ou LL. **LÉCOT**, doreur et peintre, 1773 à 1802.

LEDOUX (Jean-Pierre), peintre de paysages et d'oiseaux, 1758 à 1761.

LEDUC, peintre, 1761.

LEDUC (D^lle^), peintre de figures, 1823, 1830, 1839, de 1843 à 1845, 1847.

LEFORT, peintre de figures, 1754-1755.

LÉGER (D^lle^), peintre, 1803-1804.

LEGRAIN, peintre de figures, 1888.

LG **LE GRAND** (Louis-Antoine), peintre et doreur, 1776 à 1817.

LE GRAND (Dame), peintre de fleurs, 1794 à 1798.

LE GRAND (D^lle^), peintre de fleurs, 1782 à 1791.

LEGRAND fils, peintre de figures, 1795 à 1800.

LEGRASSE, doreur, 1804-1805.

LE GROS D'ANIZY (François-Antoine), imprimeur, 1802 à 1848.

L.G. **LE GUAY père** (Étienne-Henri), doreur, 1749 à 1796.

LE GUAY (Pierre-André), peintre de figures, 1772 à 1818.

LG **LE GUAY** (Étienne-Charles), peintre de figures, 1778 à 1781, 1783 à 1785, 1808 à 1840.

LE GUAY (Dame), peintre de figures, 1801 à 1804, 1813 à 1824.

LE GUAY (D^lle^), peintre de figures, 1855, 1859-1860.

LEIDÉ, peintre, 1756 à 1758.

LEJOUR (Joseph), peintre de fleurs, 1844 à 1854.

LELEU, doreur, 1757 à 1764.

LELOY (Jean-Charles-François), dessinateur et peintre, 1816 à 1844.

LEMAIRE, décorateur en bleu, 1764 à 1795.

LÉPINE, doreur, 1887.

LEPRINCE, peintre de paysages, 1839 à 1841.

LE RICHE fils, peintre de fleurs, 1782 à 1789.

LE RICHE (D^lle^), peintre de fleurs, 1782 à 1788.

LE ROUX (Dame), doreur, 1775.

EL **LEROY** (Eugène-Éléonor), doreur, 1855 à 1891.

LESME, décorateur, 1853.

* **LESSORE**, peintre de figures, 1853 à 1855.

LEVALLOIS, décorateur, 1903 à 1905.

L * **LEVÉ** (Denis), peintre de fleurs et d'ornements, 1754 à 1805.

f **LEVÉ** (Félix), peintre de fleurs, 1777 à 1779.

LEVÉ (Dame), peintre de fleurs, 1777.

LIÉNARD, peintre de figures, 1829 et 1833.

LIOT, peintre, 1741 à 1749.

LONGUET (Louis-François), peintre de fleurs, 1809-1810.

LOTHON (D^lle^ Élisa), peintre de figures, 1823-1824.

LOUASON, peintre, 1801 à 1803.

LOUIS, peintre, 1752.

* **LYGNBYE**, peintre de paysages, 1841-1842.

MAGNUS, peintre, 1764-1765.

MAILLARD, peintre, 1763 à 1770.

MAILLARD, peintre de paysages, 1814.

MAITRE, peintre de figures, 1826 à 1828.

MALAPAU, peintre de genre, 1833-1834.

MALLET, peintre, 1803-1804.

R.B. **MAQUERET** (Dame), peintre de fleurs, 1796 à 1798, 1817 à 1820.

MARCEL (D^lle), peintre de figures, 1823 à 1826.

MARCOU fils, peintre de fleurs, 1773 à 1780.

MARÉCHAL (D^lle), peintre de fleurs, 1844 à 1848.

MARGAINE, décorateur, 1886 à 1888.

MARNE (de). Voir DEMARNE.

MARTIN, peintre de genre, 1779 à 1784.

MARTINET, peintre, 1804 à 1806.

MARTINET (Émile-Victor), peintre de fleurs et décorateur, 1847 à 1878.

MASCRET (Achille), peintre d'ornements, 1836 à 1846.

MASSON, élève-décorateur, 1891 à 1893.

MASSUE, peintre et doreur, 1746 à 1758.

MASSY, peintre de fleurs et d'oiseaux, 1779 à 1803.

MASSY (Dame), peintre de fleurs, 1790 à 1798.

MATHIEU, élève peintre, 1768 à 1770.

* MAUSSION (D^lle de), peintre de figures, 1862 à 1870.

MEAKES (Georges), décorateur (élève), 1857 à 1860.

MÉCHIN (D^lle), peintre de fleurs, 1844, 1847, 1849.

MERCIER, peintre d'ornements, 1853 à 1858.

MÉREAUD aîné, peintre de fleurs et de frises, 1754 à 1791.

MÉREAUD jeune, peintre de fleurs, 1756 à 1779.

MÉREAUD (Dame), peintre de fleurs, 1778 à 1797.

MÉREAUD fils, peintre de fleurs et de paysages, 1786 à 1789, 1817 à 1823.

* MÉRIGOT (Maximilien-Ferdinand), peintre d'ornements et de fleurs, 1845 à 1872, 1879 à 1892.

* MEYER-HEINE (Jacob), peintre d'ornements, 1840 à 1846. Émailleur sur métaux, 1846 à 1873.

MEYER-HEINE (Abraham), peintre d'ornements, 1860 à 1868.

MEYER (Alfred), décorateur, 1858 à 1871.

MICAUD (Jacques), peintre de fleurs et d'ornements, 1757 à 1810.

MICAUD (Pierre-Louis), peintre et doreur d'ornements, 1795 à 1834.

MICHEL (Ambroise), peintre de fleurs, 1772 à 1780.

MILET (Optat), décorateur (pâtes sur pâtes), 1862 à 1879.

MILLOT, décorateur, 1905.

MIREY, doreur, 1788 à 1792.

MOIRON, peintre de fleurs, 1790-1791.

MONGENOT, peintre de fleurs, 1754 à 1764.

MONGINOT, peintre de guirlandes et d'ornements, 1798 à 1803.

MONNAY, peintre de fleurs et d'ornements, 1783 à 1790.

MONTOILLE, peintre de paysages, 1797.

MOREAU (Denis-Joseph), doreur, 1807 à 1815.

MORIN, peintre de marines et de sujets militaires, 1754 à 1787.

MORIN (Charles-Raphaël), doreur, 1805 à 1812.

MORIN (Dame), peintre de fleurs, 1777 à 1790.

* MORIOT (Nicolas-Marie), peintre de figures, 1828 à 1848.

MORIOT (François-Adolphe), peintre, 1843-1844.

* MORIOT (D^lle), peintre de figures et d'ornements, 1881 à 1886.

MOYER, doreur et peintre de fleurs, 1775 à 1778.

MOYEZ (Jean-Louis), doreur, 1818 à 1848.

MUTEL, peintre de paysages, 1754 à 1759, 1765 et 1766, 1771 à 1773.

MUTEL (**Dame**), peintre de figures, 1825 à 1827.

NICQUET, peintre de fleurs, 1764 à 1792.

NOËL (**Guillaume**), peintre de figures, 1755 à 1804.

NOLD (**D^{lle}**), peintre de figures, 1870.

NOUALHIER aîné, peintre de fleurs, 1753, 1754, 1757 à 1765.

NOUALHIER jeune, peintre de fleurs, 1758 à 1760.

NOUALHIER fils, peintre de paysages et de marines, 1779 à 1782, 1786 à 1791.

NOUALHIER (**Dame**), peintre de fleurs, 1777 à 1795.

NOUALHIER (**Étienne-Nicolas**), peintre d'ornements, 1823 à 1835.

OUINT (**Charles**), doreur et peintre d'ornements, 1879 à 1886, 1889-1890.

PAILLET (**Fernand**), peintre d'ornements, 1879 à 1888, 1893.

PAIN (**Charles-Antoine**), peintre d'ornements et doreur, 1815 à 1821.

PAJOU, peintre de figures, 1751 à 1759.

PALLANDRE (**Henri-Léon**), peintre de fleurs, 1853 à 1870.

PANICET, peintre, 1768-1769.

* **PARANT** (**L.-B.**), peintre de figures, 1806 à 1828, 1835 à 1841.

PARIS, peintre de genre, 1815 à 1818.

PARPETTE (**Philippe**), peintre de fleurs, 1755 à 1757, 1773 à 1806.

PARPETTE aînée (**D^{lle}**), peintre de fleurs, 1788 à 1798.

PARPETTE jeune (**D^{lle} Louise**), peintre de fleurs, 1794 à 1798, 1801 à 1817.

PASTIER, peintre de figures, 1826-1827.

PECQUERY, peintre, 1763 à 1768.

PELLERIN (**Dame**), peintre de figures, 1827.

PÉPIN, peintre de figures, 1858 à 1862.

PÉRARD (**D^{lle}**), peintre de figures, 1863 à 1869.

* **PERLET** (**D^{lle}**), peintre de portraits, 1825 à 1830.

PÉROT, peintre, 1780.

PERRENOT aîné, peintre de figures, 1804 à 1809, 1813 à 1815.

PERRENOT jeune, peintre de portraits, 1807-1808.

PERRIER, peintre de genre, 1777-1778.

PERRIGUY (**D^{lle}**), peintre, 1802-1803.

PERSIN (**D^{lle}**), peintre de figures, 1864 à 1869.

PETIT aîné, peintre et chef des brunisseurs, 1756 à 1806.

PETIT jeune, peintre de paysages, 1758-1759.

PEYRE (**Jules**), dessinateur-décorateur, 1845 à 1848, 1856 à 1871.

PEYTAVIN, peintre, 1810.

PFIEFFER, peintre de fleurs, 1771 à 1800.

PFIEFFER (**Dame**), peintre de fleurs, 1778-1779.

PHILIPP (**J.-B. César**), émailleur sur métaux, 1846 à 1877.

PHILIPPINE aîné, peintre de sujets pastoraux et d'enfants, 1778 à 1791, 1802 à 1825.

* **PHILIPPINE cadet** (**Francis**), peintre de fleurs et d'animaux, 1783 à 1791, 1801 à 1839.

PHILIPPINE jeune (**Claudin**), peintre de fleurs, 1786 à 1791.

PIÉDAGNEL (**D^{lle}**), peintre de figures, 1863 à 1870.

PIERRE aîné, doreur, 1759 à 1775.

PIERRE jeune (**Jean-Jacques**), peintre de fleurs, 1763 à 1800.

PIERRE (**Dame**), peintre de fleurs, 1777 à 1791.

PIGAL, peintre, 1751.

PINE (**François-Bernard-Louis**, dit PLINE), doreur, 1854 à 1870.

PITET (**Jacques-Philippe**), peintre de figures et de fleurs, 1755-1756.

PITHOU aîné, peintre de figures, 1757 à 1790.

PITHOU jeune, peintre de fleurs et de figures, 1760 à 1795.

PITHOU (D^lle), peintre de fleurs, vers 1795.

PLÉ, décorateur, 1855.

PLÉE, doreur, 1825.

PLINE (Voir PINE).

POITEVIN, peintre, 1757.

POL (Dame), peintre de fleurs, 1847-1848.

PORCHON, décorateur, 1880 à 1884.

POTIER, peintre, 1802-1803.

POUILLOT, peintre de fleurs, 1773 à 1778.

POUILLOT jeune, peintre, 1777 à 1781.

POULAIN (Jean-Jacques), peintre d'ornements, 1827 à 1832.

* **POUPART** (Antoine-Achille), peintre de paysages, 1815 à 1848.

POUSSIN (Jean-Baptiste), peintre de fleurs, 1829 à 1841, 1844 à 1849.

PRÉVOST aîné, peintre de fleurs, 1754 à 1759.

PRÉVOST le second, doreur, 1757 à 1797.

PRÉVOST jeune, peintre de fleurs, 1756 à 1758.

PRÉVOST, peintre, 1763-1764.

PRINCE, décorateur et doreur, 1886 à 1889.

PRISSETTE, peintre, 1764 à 1770.

PROUVEUX, peintre, 1762.

QUENECQUÉ, peintre, 1752-1753.

QUENNOY (Charles), décorateur, 1901, 1907.

RAMONEAU, peintre, 1770 à 1772.

RATH (D^lle), peintre de figures, 1810-1811.

RAUX aîné, peintre de fleurs, 1766 à 1779.

RAYMOND (Louis-François), doreur et peintre, 1756-1757.

* **RÉGNIER** (Joseph-Ferdinand) peintre de figures, 1826 à 1830, 1836 à 1870.

RÉJOUX (Émile-Bernard), doreur et décorateur, 1858 à 1893.

RÉMION, décorateur, 1901.

RENARD (Émile), dessinateur, décorateur, 1852 à 1882.

RESSEL (Dame) peintre, 1787 à 1790.

REYZ, peintre, 1754-1755.

RICHARD (Auguste), doreur, 1811 à 1848.

RICHARD (Pierre), doreur, 1815 à 1848.

RICHARD (Nicolas-Joseph), peintre d'ornements, 1831 à 1872.

RICHARD (François), doreur et peintre décorateur, 1832 à 1875.

RICHARD (Eugène), peintre de fleurs, 1833 à 1872.

* **RICHARD** (Émile), peintre de fleurs, 1859 à 1900.

RICHARD (Dame), peintre de figures, 1866.

RIOCREUX (Denis-Désiré), peintre de fleurs, 1807 à 1828.

RIOCREUX (Isidore), peintre de paysages, 1846 à 1849.

RITON (Pierre), peintre d'ornements, 1821 à 1869.

ROBERT, peintre, 1746.

ROBERT (Paul-François), peintre de figures, 1757 à 1760.

ROBERT, peintre, 1764.

* **ROBERT** (Jean-François), peintre de paysages et de chasses, 1806 à 1834, 1836 à 1843.

ROBERT, doreur, 1809-1810.

ROBERT (Pierre), peintre d'ornements, 1813 à 1832.

ROBERT (Alphonse), peintre de paysages, 1833 à 1837.

ROBERT (Gabriel), peintre d'ornements, 1851-1852.

ROBERT (Dame), peintre de genre, 1819 à 1827.

ROBERT (Dame Louis), peintre de fleurs, 1835 à 1840.

ROCHER (Alexandre), peintre de figures, 1758-1759.

RODA, ou RODIN, peintre, 1746.

* **RODIN (Auguste)**, décorateur (pâtes d'application), 1879 à 1882, 1888.

* **ROGEARD (D^lle)**, peintre, 1817 à 1819.

ROGER aîné, peintre de genre, 1781 à 1784.

ROGER jeune, peintre de fleurs, 1782 à 1784.

ROGUIER (Dame) peintre, 1785 à 1790.

ROSSET, peintre de fleurs et paysages, 1753 à 1795.

ROSSET jeune, peintre, 1761 à 1763.

ROUSSEAU, peintre, 1761 à 1765.

R.L **ROUSSELLE**, peintre, 1758 à 1774.

PMR * **ROUSSELLE (Paul-Marie)** peintre de figures, 1850 à 1871.

RUMEAU, peintre de genre, 1808, 1809, 1815 à 1824.

SAINT-AUBIN, peintre de filets bleus, 1754 à 1758, 1760 à 1779.

SAINT-MARTIN, peintre de fleurs, 1858 à 1864, 1866 à 1869.

SAINT-OMER (D^lle), peintre de bouquets détachés, 1786 à 1788.

SALMON, peintre, 1809.

SAUNIER, peintre, 1809.

SAUVAGE (Piat-Joseph), peintre de figures, 1804 à 1807.

SAVIGNAC (Louis de) peintre de paysages, 1752, 1753, 1758, 1759.

SAVREUX, décorateur, 1907.

P.S * **SCHILT (Louis-Pierre)**, peintre de fleurs, 1818 à 1855.

* **SCHILT (Abel)**, peintre de figures, 1847 à 1880.

* **SCHILT (Léonard)**, peintre de figures, 1877, 1878, 1891 à 1893.

S.h. **SCHRADRE**, peintre d'oiseaux et de paysages, 1773 à 1775, 1780 à 1786.

SIEFFERT (Louis-Eugène), peintre de figures, 1881 à 1887, 1894 à 1898.

HS **SILL**, décorateur, 1881 à 1887.

SINSSON (Nicolas) ou **SISSON**, peintre de fleurs et guirlandes, 1773 à 1795.

SS **SINSSON (Jacques)** ou **SISSON**, peintre de fleurs et d'ornements, 1795 à 1846.

SSp **SINSSON (Pierre)** ou **SISSON**, peintre de fleurs, 1818 à 1848.

SSl **SINSSON (Louis)** ou **SISSON**, peintre de fleurs, 1830 à 1847.

R **SIOUX aîné**. peintre de fleurs et de bordures, 1752 à 1792.

SIOUX jeune, peintre de fleurs, 1752 à 1759.

SOCQUET, peintre, 1753, 1756 à 1764, 1773.

SOIRON, peintre, 1802 à 1804.

SOIRON (D^lle), peintre de paysages, 1813.

SOLON (Marc), décorateur (pâtes sur pâtes), 1857 à 1871.

* **SOLON (D^lle)**, peintre de figures 1861, 1863 à 1869.

SOREL (Charles-Sébastien), doreur, 1815 à 1825.

SOUARD, peintre de fleurs, 1752 à 1756.

SOUROUX, peintre, 1753.

STAUB, peintre, 1756 à 1759.

STEILZ, doreur-décorateur, 1881 à 1904.

STOUFFLET, doreur, 1802-1803.

Sw **SWEBACH**, peintre de sujets militaires, 1802 à 1813.

TABARY, peintre d'oiseaux, 1754-1755.

TAILLANDIER, peintre de fleurs, 1753 à 1790.

TAILLANDIER (Dame), peintre de fleurs, 1780 à 1798.

TAN, peintre et doreur, 1776 à 1778.

TANDART (Jean-Baptiste), peintre de fleurs, 1754 à 1803.

TANDART, jeune (Charles), peintre, 1756 à 1760.

TARD (Dlle Denise), peintre de genre, 1809 à 1813.

TARDY (Claude-Antoine), peintre de fleurs, 1755 à 1795.

TARIN, doreur, 1825.

TAUNAY, peintre et préparateur de couleurs, 1745 à 1778.

THARAUD, doreur, 1806.

THÉODORE, peintre et doreur, 1765 à 1779.

THÉRY, doreur, 1749-1750.

THÉVENET père, peintre de fleurs, 1741 à 1777.

jt THÉVENET fils, peintre de fleurs, 1752 à 1758.

THÉVENET 2e fils, peintre, 1773.

THIBAULT (Dame), peintre de figures, 1804 à 1806.

THIBAULT (Dlle), peintre, 1806-1807.

THIELLANT, peintre d'ornements, 1793 à 1798.

THILLAUT, peintre de fleurs, 1794-1795.

THOMAS, peintre, 1801.

THOURET, doreur, 1851.

TOINON, décorateur, 1904-1905.

TOLLOT (Étienne Nicolas), peintre, 1758 à 1760.

TOUPILLIER (Dame), peintre de fleurs, 1853 et 1854.

TOUZÉ, peintre, 1750-1751.

TRAGER, peintre de fleurs et d'ornements, 1788 à 1790, 1815 à 1820, 1825, 1826.

TRAGER (Dame), peintre, 1795 à 1797.

J.T. * TRAGER (Jules), peintre de fleurs, 1847, 1854 à 1873.

* TRÉVERRET (Dlle), peintre de figures, 1820 à 1830, 1836 à 1842.

TRISTAN (Étienne-Joseph), imprimeur, 1837 à 1871, 1879 à 1882.

TRISTANT (Dlle), peintre de fleurs, 1788 à 1792.

TROISVALLETS, doreur, 1825.

TROUVÉ (Dlle), peintre de figures, 1818 à 1822, 1827.

T TROYON (Jean-Marie-Dominique), peintre d'ornements et doreur, 1801 à 1817.

TRULON, doreur, 1806-1807.

* TURGAN (Dame), peintre de figures, 1839, 1837 à 1852.

VALTON, peintre de figures en camée, 1827 à 1829.

V VANDÉ père, doreur et chef du brunissage, 1753 à 1779.

VD VANDÉ (Pierre-Jean-Baptiste), doreur, 1779 à 1824.

VANDÉ cadet (Charles), peintre de fleurs et poseur de fonds, 1786 à 1791, 1805 et 1806.

VANDÉ (Dame), doreur et brunisseuse, 1834 à 1851.

* VAN MARCKE (J.-B. Joseph), peintre de paysages, 1825 à 1832.

* VAN MARCKE (Émile), peintre de paysages et d'animaux, 1853 à 1870.

* VAN-OS (G.-J.-J.), peintre de fleurs, 1811 à 1814, 1821-1822.

* VAN SPAENDONCK (Gérard), peintre de fleurs, 1795 à 1800, 1802, 1803, 1808, 1809.

VAUBERTRAND (François), peintre et doreur, 1822 à 1848.

VAUTRIN (Dlle), peintre de fleurs, 1777 à 1783.

W VAVASSEUR aîné, peintre de fleurs, 1753 à 1770.

VAVASSEUR, le second, peintre, 1772 à 1780.

VAVASSEUR, jeune, doreur et peintre, 1776 à 1780.

VERMAUD, peintre de fleurs, 1847.

VERRON, peintre, 1801-1802.

VIEILLARD, peintre de paysages, fleurs et attributs, 1752 à 1790.

VIEILLARD fils, peintre de fleurs, 1784 à 1793.

VIENNOT, peintre, 1776 à 1779.

VIGNÉ, peintre d'ornements, 1815, 1819 à 1826.

VILLE, peintre, 1764 à 1771.

VILLEMIN, doreur, 1806 et 1808.

VINCENT aîné, doreur, 1753 à 1758.

VINCENT jeune (**Henry-François**), doreur, 1753 à 1806.

VINCENT fils, peintre de fleurs et d'ornements, 1786 à 1791, 1798 à 1800.

VITRY, peintre de fleurs, 1749 à 1762.

VOITELLIER (**Dame**), peintre de fleurs, 1845 à 1849.

WALTER, peintre de fleurs, 1859 à 1870.

WALTER, décorateur, 1887 à 1892.

WEYDINGER père, peintre de fleurs et doreur, 1757 à 1807.

WEYDINGER (**Dame**), doreur, 1774 à 1779.

WEYDINGER fils aîné, doreur, 1774 à 1792.

WEYDINGER (**Joseph**) **2e fils**, peintre d'ornements et doreur, 1778 à 1804, 1807, 1808, 1811, 1816 à 1824.

WEYDINGER 3e fils (**Pierre**), peintre et doreur, 1781 à 1792, 1796 à 1816.

WEYDINGER aînée (**Dlle**), doreur, 1774 à 1792, 1795 à 1800.

WEYDINGER, jeune (**Dlle**), doreur, 1788 à 1792, 1795 à 1797.

WEYDINGER (**Dlle Adèle-Pélagie**), peintre de fleurs, 1823, 1826, 1830 à 1832, 1845 à 1848.

WIEDNER, peintre, 1767-1768.

WORMS (**Dame**), voir demoiselle Jacob-Ber.

XHROUET, peintre de paysages, 1750 à 1775.

XHROUET (**Dlle**), doreur et peintre de fleurs, 1772 à 1788.

YVERNEL, peintre de paysages, 1750 à 1759.

ZWINGER (**J.-B.-Ignace**), peintre de figures, 1811 à 1825.

LISTE

D'ARTISTES AYANT FOURNI A LA MANUFACTURE

DES COMPOSITIONS DÉCORATIVES

DESTINÉES A ÊTRE REPRODUITES SUR PORCELAINE

ABADIE, en 1810, 1812.

AMAURY-DUVAL, en 1848.

AUBEZ, en 1812.

BALTARD, en 1809.

BANCE, en 1809.

BARABANT, en 1806.

BARBÉ, en 1856.

BARBERIS (**Henri**), en 1897, 1898, de 1900 à 1904, en 1906 et 1907.

BELLANGER, en 1770.

BELLANGER, (**Dlle**,) en 1899, de 1901 à 1905, en 1907.

BENEDICTUS, en 1904.

BERNARD, en 1896.

BETHMONT (**Dame**), de 1896 à 1907.

BIDAL (**Dame**), en 1906 et 1907.

BLACQUIN, en 1809.

BODSON, de 1813 à 1818.

BOGUREAU (**Dlle**), de 1896 à 1906.

BOISSON, en 1859.

BOUCHER, (François), en 1754 et 1755.
BOUCHET, en 1835 et 1838.
BOURGEOIS, en 1813.
BOYER DE SORRIÈRES (Dlle), de 1901 à 1903.
BRONGNIART père, de 1801 à 1813.
CARRIÈRE (L.), de 1901 à 1905.
CARUCHET, en 1905.
CASSAS, en 1820.
CESBRON, en 1906.
CHENAVARD, de 1830 à 1838.
CLERGET, de 1835 à 1839, en 1848.
COTTEAU, en 1808.
COURCELLES-DUMONT, en 1891.
DAMBRUN (Dlle), en 1901.
DÉCLE, en 1810.
DELISSIER (Dlle), en 1896.
DESMOULINS, en 1845.
DIEFFENBACHER, en 1904.
DOMENC, en 1903.
DREUX (Dame), en 1896.
FAMIN, en 1808.
FEUCHÈRE (Jean), de 1842 à 1845, en 1849, 1851.
FRAGONARD (Év.-Alex.), de 1806 à 1812.
FRÉGOSSY, en 1855.
GAUDIN (Dlle), en 1896.
GÉRARD (François), en 1807, 1809, 1824.
GÉRARD (Dame), en 1903.
GÉROME, en 1851.
GILLET (Louis), de 1898 à 1901, de 1904 à 1907.
GIRALDON (Adolphe), en 1896 et 1897.
GOSSE, en 1848.
GRÉGOIRE, en 1902.
GUÉRIN (École), en 1898.
HABERT-DYS, en 1888.
HAMEL-JULIENNE, en 1854.
HAMM, en 1905.
HAMON, de 1849 à 1857.
HEIM, en 1814.
HERBERT, en 1904.
HERBÈS (d'), en 1896 et 1903.
HERNES, en 1906 et 1907.
HYNAÏS, en 1891.
ISABEY, de 1808 à 1817.
JACQUAND, en 1845.
JACQUE, en 1812 et 1815.
JALABERT, en 1851 et 1852.
JAMET (Dlle), en 1904.
LAFFITTE, en 1820 et 1824.
LANCRENON, en 1825 et 1826.
LEROUX (Dame), voir Dlle BOGUREAU.
LESUEUR, en 1818.
LOYET, en 1902.
MAGNIANT, en 1906.
MARCHANDISE (Dlle), en 1906 et 1907.
MARTIN (Dlle Anna), en 1896.
MASSON, en 1785.
MÉGNIER, en 1804 et 1805.
OUDRY, en 1749.
PALMIÉRI, en 1809.
PERCIER, en 1806, de 1817 à 1822.
PÉRONARD, graveur, de 1839 à 1841, en 1848, de 1852 à 1881.
PERONARD (Dlle), graveur, de 1883 à 1892.
PETIT, en 1808.
PICOU, en 1849.
PICQ, en 1896.
POITEVIN (Dlle), en 1896.
QUÉNIOUX (Gaston), en 1901.
QUIDOR, graveur, de 1896 à 1899.
RAULT (Dlle), de 1896 à 1907.
RENARD (Henri), de 1879 à 1882.
ROSENSTOCK, en 1898.
SAINT-ANGE (Dlle), en 1806 et 1818.
SCHNEIDER, en 1907.
SIMAS, en 1898 et 1900.
TOUDOUZE, en 1848.
TRIQUETY (de), de 1839 à 1841.
TROYON, en 1837.
VAN SPAENDONCK, de 1795 à 1809.
VESQUE (Dlle Juliette), de 1901 à 1907.
VESQUE (Dlle Marthe), de 1901 à 1907.
VIGUIER, en 1819, de 1822 à 1824.
VUILLAUME (Dlle), voir Dame BETHMONT.
WATTIER, de 1826 à 1860.
ZIX, en 1811.
ZUBER (Dlle), en 1896 et 1897.

ATELIER DE PEINTURE SUR VERRE

1828-1850

ARTISTES AYANT EXÉCUTÉ DES OUVRAGES DE PEINTURE SUR VERRE

ANDRÉ (**Jules**), figures et paysages, de 1843 à 1847.
APOIL (**Alexis**), figures, de 1840 à 1850.
BARAT (**Prosper**), de 1841 à 1846.
BÉRANGER (**Antoine**), figures, de 1828 à 1848.
BONNET (**Frédéric**), figures et ornements, de 1827 à 1849.
BOUDET (**Pierre**), de 1827 à 1829.
BOUVRAIN (**Antoine**), ornements, en 1837.
BUNEL (**Théodore**), fleurs, en 1846 et 1847.
DORÉ (**Pierre**), ornements, de 1828 à 1837.
DUBOIS, figures, de 1843 à 1846.
FAVRE (**Alphonse**), ornements, de 1831 à 1850.
FIALEIX (**François**), de 1831 à 1840.
FISCHBAG (**Charles**), figures, en 1846 et 1847.
GUILMŒSTER, en 1841.
HESSE, figures, en 1846 et 1847.
HOLTORP, de 1852 à 1854.
JULIENNE (**Alexis**), ornements, en 1840 et 1841.
LACOSTE, figures, de 1842 à 1845.
LANGLACÉ, paysages, en 1829 et 1839.
LAURENT (**Dame**), figures, en 1841.
LEGUYER, ornements, en 1837.
LIÉNARD, figures, en 1828.
LUCAS, ornements, en 1828 et 1829.
MASCRET (**Achille**), ornements, de 1837 à 1846.
MORIOT (**François-Adolphe**), figures, de 1837 à 1839.
RÉGNIER (**Ferdinand**), de 1828 à 1844.
RICHARD (**Auguste**) doreur, de 1837 à 1841.
ROBERT (**Pierre**), ornements, de 1824 à 1832.
ROBERT (**Louis**), figures, de 1837 à 1848.
ROBERT (**Dame Louis**), fleurs, de 1839 à 1844.
ROBERT (**Gabriel**), ornements, de 1846 à 1850.
ROUSSELLE (**Paul**), figures, de 1837 à 1849.
SCHILT (**Louis-Pierre**), fleurs, de 1824 à 1839.
SCHILT (**Abel**), figures, en 1845 et 1849.
VATINELLE, figures, de 1827 à 1837.
WALTON, figures, en 1828.
ZIÉGLER, figures, en 1839 et 1840.

AUTEURS DE COMPOSITIONS POUR L'ATELIER DE PEINTURE SUR VERRE

ALAUX, en 1841 et 1847.
BOUTON, en 1841 et 1842.
CHENAVARD, de 1828 à 1840.
CLERGET, en 1837.
DECAISNE, en 1838.
DEJUINNE, en 1846.
DELACROIX (**Eugène**), en 1841 et 1842.
DELAROCHE (**Paul**), en 1830.
DELORME, en 1829.
DEVÉRIA (**Achille**), de 1839 à 1848.
FEUCHÈRE (**Jean**), en 1842.
FEUCHÈRE (**Léon**), en 1839.
FLANDRIN (**Hippolyte**), en 1843.
FRAGONARD (**J.**), en 1826.
GUÉ, en 1846.
HESSE, en 1846.
LARIVIÈRE, de 1843 à 1850.
Le BAS (architecte), en 1828.
LELOY, en 1828.
RÉGNIER (**Ferdinand**), de 1837 à 1843.
RÉGNIER (**Hyacinthe**), de 1838 à 1840, de 1845 à 1847.
ROBERT-FLEURY, en 1836.
ROUGET en 1843.
VIOLLET-LE-DUC, de 1838 à 1846.
WATTIER, en 1838, 1839, 1843.
ZIÉGLER, de 1838 à 1842.

LISTE

DES MODELEURS, SCULPTEURS ET RÉPAREURS [1]

ATTACHÉS A LA MANUFACTURE DE SÈVRES

DEPUIS 1740

ABEL. dit La Fleur, répareur, 1780 à 1791.

ALLARD (Jean-Baptiste), répareur, 1832 à 1841.

ANDRÉ (Louis). répareur. 1842 à 1848, 1853 à 1857.

ARCHELAIS (Jules), mouleur-répareur. 1865 à 1878. décorateur-modeleur. 1878 à 1902 (voir liste des Décorateurs).

ARCHELAIS (Édouard). élève modeleur. 1865 à 1867.

AUGUSTE. sculpteur. 1741.

BAILLARD, répareur. 1767 à 1773.

BAL, répareur. 1781 à 1788.

BANSE. répareur. 1779 à 1795.

BAPTISTE. reparcur. 1754 à 1764.

BAQUET (Pierre-Joseph), modeleur et dessinateur de formes. 1852 à 1891.

BARRÉ. sculpteur. 1796.

BASTIN, sculpteur, 1755 à 1765. modeleur, 1766.

BAUCE, réparcur. 1769 à 1774.

BAUQUER jeune, réparcur. 1777.

BEAULIEU, sculpteur, 1757 et 1763-1764.

BEAUSSE. sculpteur, 1751 à 1756.

BELLANGER, réparcur, 1784 à 1791.

BERGER. sculpteur. 1760 à 1765.

BERNARDIN (Gabriel), réparcur, 1864 à 1870.

BERTAUT (Alphonse-Théodore), mouleur-réparcur, 1896 à 1899. 1904 à 1906.

BERTHELOT aîné, réparcur. 1784-1785.

BERTHELOT jeune. réparcur, 1785 à 1789.

BERTRAND. réparcur, 1754-1755.

BERTRAND fils. réparcur. 1773.

BESLÉ, sculpteur, 1776 à 1788.

BESNARD, sculpteur, 1749-1750.

BIENFAIT père. réparcur, 1754 à 1770.

BIENFAIT fils aîné, réparcur-acheveur, 1754 à 1761.

BIENFAIT second fils, réparcur. 1770 à 1773.

BIZARD. réparcur. 1772 à 1797.

BLANCHARD (Alexandre), décorateur et modeleur. 1867 à 1901. (Voir liste des décorateurs.)

BLARD. réparcur. 1755 à 1758, 1763 à 1772.

BOILEAU fils aîné. réparcur-ornemaniste, 1773 à 1781.

BOILEAU (Joseph-Germain). réparcur, 1783 à 1791. 1812 à 1843.

BOITEUX. réparcur-acheveur, 1754 à 1758.

BOIZOT (Louis Simon). chargé de la direction de la sculpture, auteur de nombreux modèles. 1773 à 1809.

BOLVRY aîné. réparcur d'ornements, 1754 à 1794.

BOLVRY jeune. réparcur, 1754 à 1768; modeleur. 1769 à 1773: chef des réparcurs et tourneurs. 1774 à 1806.

BOLVRY fils, réparcur, 1788 à 1794.

---

[1] On a conservé, autant que possible, dans cette liste les termes employés à chaque époque pour désigner les divers métiers. Les *sculpteurs-modeleurs* et les *modeleurs* sont les artistes chargés de composer et d'exécuter les modèles originaux, tandis que les ouvriers employés à la reproduction en pâte de pièces comportant des figures portent le nom de *sculpteurs* ou *sculpteurs-réparcurs* jusque vers 1850, de *mouleurs-réparcurs* depuis cette époque: les *réparcurs* sont occupés à la confection et à l'achèvement des pièces d'ornement sans figures.

BONLEU (Jacques-Casimir), mouleur-réparateur, 1853 à 1873.

BONO, réparateur, 1754 à 1781.

BOQUET, sculpteur, 1764 à 1766.

BOQUET (Louis-Honoré), sculpteur-modeleur, 1815 à 1860.

BORNICHE père, réparateur, 1767 à 1782.

BORNICHE fils, réparateur, 1784 à 1791.

BOUCHÉ (Gaspard), réparateur, 1765 à 1773.

BOUCHER jeune, réparateur, 1776-1777.

BOUCOT (Jean-Philippe), mouleur et tourneur de modèles, 1756 à 1805.

BOUCOT (Nicolas), réparateur, 1773 à 1787.

BOUCOT fils, réparateur et tourneur de modèles, 1786 à 1790.

BOUDIN aîné, réparateur, 1768 à 1791.

BOUDIN jeune, réparateur, 1776 à 1778.

BOUDINOT, sculpteur, 1757 à 1768.

BOUGON fils aîné, réparateur d'ornements, 1754 à 1811.

BOUGON (Martin), réparateur et sculpteur, 1759 à 1780, 1788 à 1795, 1806 à 1812.

BOUGON (Francin), réparateur, 1766 à 1773.

BOUGON (Toussaint), réparateur, 1766 à 1773.

BOUGON (Pierre), réparateur, 1778 à 1782.

BOUGON (?), sculpteur, 1787 à 1791.

BOUIN, dit saint Jean, réparateur d'ornements, 1769 à 1800.

BOUIN fils, réparateur, 1773-1774.

BOURDIN, réparateur, 1773 à 1775.

Bv **BOURDOIS**, sculpteur, 1773.

BOUTILLIER (Louis-Alexandre), réparateur-garnisseur, 1851 à 1880.

BOUTIN fils, réparateur-acheveur, 1755.

BOUVET, sculpteur, 1784 à 1792.

BOUVET, réparateur, 1784 à 1789.

BRACHARD père (Nicolas), réparateur, 1754 à 1774 ; sculpteur, 1775 à 1809.

B. **BRACHARD aîné** (Nicolas), sculpteur, 1782 à 1805, sculpteur-modeleur, 1806 à 1824.

BRACHARD jeune (Alexandre), sculpteur-réparateur, 1784 à 1792, 1795 à 1799, 1802 à 1827.

BRESLE, réparateur, 1761 à 1765 et 1778-1779.

BRETEAU, réparateur d'ornements, 1774 à 1779.

BRETEUIL jeune, réparateur d'ornements, 1769 à 1777.

AB **BRIFFAUT** (Adolphe-Théodore-Jean), sculpteur-réparateur, 1848 à 1890.

BROCHU, mouleur-réparateur, 1886 à 1899.

BULIDON, sculpteur, 1745 à 1759.

BUNEL aîné, réparateur, 1773 à 1792.

BUNEL jeune (Pascal), réparateur et mouleur en pâte, 1779 à 1800.

BUREAU, sculpteur, 1758.

BUTEUX fils aîné, réparateur, 1795 à 1800.

BUTEUX fils jeune, réparateur, 1795 à 1798.

BY, réparateur, 1772 à 1775.

CALAIS, sculpteur, 1773-1774.

CANARY fils aîné, réparateur, 1773 à 1787.

CARON (Nicolas-Ferdinand), réparateur d'ornements, 1763 à 1802.

CARON fils, réparateur, 1763 à 1779.

CARPENTIER, réparateur, 1754-1755.

CARRÉ (Léopold), mouleur-réparateur, 1847 à 1849.

CARRETTE aîné, réparateur-acheveur, 1754 à 1770.

CARRETTE jeune, réparateur, 1769 à 1787.

CARRIER-BELLEUSE (Albert), directeur des travaux d'art, auteur de nombreux modèles, 1875 à 1887.

CATRICE, réparateur, 1796 à 1800.

CAULLE, mouleur-réparateur de faïence, 1856 à 1872.

CÉLOS (Jules-François), décorateur-modeleur, 1865 à 1895 (voir liste des décorateurs).

CENSIER père, réparateur, 1756 à 1763.

CENSIER fils aîné, réparateur, 1757 à 1763, 1773 à 1775.

CENSIER jeune, réparateur, 1758 à 1775.

CÉVENIN, dit Canary, réparateur, 1795 à 1800, 1802-1803.

CHABRY père, sculpteur, 1749 à 1777.

CHABRY fils, sculpteur, 1772 à 1778.

CHANOU aîné, sculpteur, 1745 à 1768.

CHANOU cadet, sculpteur, 1748, 1759 à 1775.

CHANOU jeune, sculpteur, 1746 à 1750, 1754 à 1760.

CHANOU fils aîné, sculpteur, 1767 à 1777, 1785 à 1792.

CHANOU fils jeune, sculpteur, 1771 à 1778.

CHANOU (Oreste), sculpteur, 1774 à 1778.

CHANOU (Jean-Benoist), réparateur, 1779 à 1791, 1794 à 1798, 1812 à 1818.

CHANOU (Frédéric), sculpteur, 1779 à 1791.

CHANOU (Jean-Baptiste), réparateur et modeleur, 1779 à 1784 ; sculpteur, 1785 à 1789 ; chef des fours, 1790 à 1825.

CHANOU (Louis-Mathias), réparateur, 1784 à 1792, 1811 à 1828.

CHANOU (Prosper), réparateur-garnisseur, 1829.

CHAPONNET, sculpteur, 1788 à 1795.

CHAPPUIS aîné, réparateur-acheveur, 1754 à 1771.

CHAPPUIS jeune (Joseph), réparateur, 1756 à 1761.

CHAPPUIS (F.), réparateur, 1765 à 1773.

CHAPPUIS fils, réparateur, 1767 à 1772.

CHARLET (Jean-Auguste-Fernand), mouleur-réparateur, 1860 à 1893.

CHARRIÈRE (Jean-Joseph), réparateur, 1818 à 1822.

CHATELAIN père, réparateur, 1777 à 1782.

CHATELAIN fils, réparateur, 1777 à 1782.

CHAULIN, réparateur, 1746.

CHENARD, réparateur, 1779-1780.

CHEVALIER, réparateur et chef des réparateurs, 1750 à 1771.

CHEVALIER, réparateur, 1782 à 1785.

CHEVILLIARD (Cloud), réparateur d'ornements, 1756 à 1797.

CHICOT, sculpteur, 1763 à 1774.

CHOISELAT (Ambroise), sculpteur-modeleur, 1849 à 1856.

CHOULAIR aîné, sculpteur, 1774 à 1778.

CHOULAIR jeune, sculpteur, 1776 à 1778.

COCHARD (Pierre-Nicolas), réparateur, 1767 à 1800.

COCHÉ, réparateur, 1796 à 1799.

COLLET, sculpteur, 1784 à 1809.

COLLOT, réparateur, 1754 à 1772.

COLLOT fils, réparateur, 1772 à 1777.

COUTURIER (Charles-Ernest), mouleur-réparateur, 1865 à 1893.

CRÉPIN, réparateur, 1757 à 1764.

CROQUELOIS, réparateur, 1787 à 1792.

CUINIER, réparateur, 1782 à 1799.

CUVILLIER, réparateur, 1756 à 1762.

DAMBREVILLE, réparateur, 1781 à 1791.

DAMMOUSE (Pierre-Adolphe), sculpteur d'ornements et décorateur, 1852 à 1880 (voir liste des décorateurs).

DANET fils aîné, réparateur, 1773 à 1777, 1783 à 1791, 1794-1795.

DANET fils cadet, réparateur, 1773 à 1776.

DANET neveu, réparateur, 1774 à 1791.

DANOIS, réparateur, 1769 à 1791.

DANOVAL, réparateur, 1769.

DARRAS, réparateur d'ornements, 1772 à 1786, 1794 à 1800.

DAVID père, réparateur d'ornements, 1750 à 1760, 1764 à 1793.

DAVID aîné, réparateur et mouleur, 1770 à 1777.

DAVID fils aîné, réparateur, 1777 à 1780.

DAVID fils jeune, réparateur, 1777 à 1779.

DAVID, dit Fauchon, réparateur, 1798 à 1800.

DAVIGNON neveu (François-Jean), réparateur, 1776 à 1798.

DAVIGNON jeune, réparateur, 1784 à 1791.

DAVIGNON (Jacques), réparateur, 1795 à 1800.

DEBORD (Eugène), mouleur-réparateur, 1855 à 1893.

DÉDUIT (Aimé), réparateur, 1772 à 1774, 1776 à 1782, 1794 à 1800.

DECELLE (Charles-Alexis), mouleur-réparateur, 1852 à 1858.

DEGOUTTE, réparateur, 1773 à 1787.

DELAHAYE (Charles-François-Jules), réparateur-sculpteur, 1818 à 1852.

DELATRE cadet, réparateur-acheveur, 1754 à 1758.

DELATRE jeune, réparateur, 1754 à 1775.

DELATRE fils, dit Vanoise, réparateur, 1778-1779.

DELILLE, réparateur, 1778.

DELORT (Antoine), mouleur-réparateur, 1865 à 1896.

DENIS (Baptiste), réparateur, 1787 à 1790.

DÉPANSIER (Jean-Pierre), réparateur, 1769 à 1800.

DEPÉRAIS, réparateur d'ornements, 1767 à 1779 ; sculpteur, de 1789 à 1798.

DERIVIÈRE (Pierre-Adrien-Jacques), mouleur en porcelaine, 1834 à 1851.

DEPIÉREUX, modeleur, 1746 à 1748.

DERUELLE, réparateur, 1766 à 1774.

DESBOIS, sculpteur-modeleur, 1886-1887.

DESCHELLES, sculpteur, 1791-1792.

DESNOYERS, sculpteur, 1749-1750.

DESPREZ, sculpteur, 1774 à 1786.

DEZ, réparateur, 1766 à 1776.

DIANCOURT, sculpteur, 1749-1750.

DIDELOT neveu, réparateur, 1784 à 1791.

DIETERICH (**J.-M.-Julien**), réparcur, 1842 à 1844.

DOAT (**Taxile**), sculpteur-modeleur et décorateur, 1878 à 1905 (voir liste des décorateurs).

DONNÉ, réparcur et mouleur, 1773 à 1779, 1781 à 1792.

DREUX (**Jean**), réparcur, 1780 à 1791.

DROUARD, réparcur, 1767 à 1774.

DUBOIS (**Gilles**), sculpteur, 1741-1742 et 1746.

DUBOIS, réparcur, 1762 à 1768.

DUBOIS jeune, réparcur, 1768 à 1773.

DUBOIS le troisième, réparcur, 1769 à 1772.

DUBOIS, réparcur, 1776.

DUBOIS, sculpteur-modeleur, 1879-1880.

DUBUISSON fils, réparcur, 1785 à 1790, 1795.

DUCHATEAU, sculpteur, 1796 à 1800.

DUCLOS, réparcur, 1754 à 1765.

DUCLOS père, réparcur, 1780 à 1782.

DUCLOS fils aîné, réparcur, 1782 à 1784.

DUCLOS fils jeune, réparcur, 1784-1785.

DUPONCHELLE aîné, réparcur, 1780 à 1787.

DUPONCHELLE jeune (**Pierre**), réparcur, 1769 à 1789.

DUPONT, réparcur et doreur, 1754 à 1760.

DUPONT, sculpteur, 1776.

DUPRESSOIR (**Germain**), réparcur, 1784 à 1791, 1797 à 1799.

DUPRESSOIR jeune, réparcur, 1786 à 1798.

DUPREZ, réparcur d'ornements, 1756 à 1778.

DUPUIS, mouleur-réparcur, 1885 à 1896.

DURU, sculpteur-modeleur, 1753 à 1767.

DURU (**Nicolas**), réparcur d'ornements, 1756 à 1781.

DUVAL, réparcur, 1785 à 1792.

DUVEAU, mouleur-réparcur, 1886 à 1890.

DUVIQUET, sculpteur, 1749-1750.

EGUIN jeune, réparcur d'ornements, 1765 à 1781.

EMERY, sculpteur, 1764 à 1767.

EREAUX jeune, réparcur, 1788 à 1791.

EVANS fils aîné, réparcur, 1782 à 1785.

EVANS fils jeune, réparcur, 1784 à 1800.

FAIVRET fils aîné, réparcur, 1776 à 1781.

FAIVRET fils jeune, réparcur, 1780 à 1782.

FALCONET (**Et.**), chargé de la direction de la sculpture, auteur de nombreux modèles, 1757 à 1766.

FISCHBAG (**Charles**), réparcur, 1834 à 1850.

FLAMAND, réparcur, 1763, 1765 à 1771.

F. Forgeot **FORGEOT** (**Claude-Édouard**), sculpteur-modeleur de figures, 1856 à 1887.

FOURNIER, sculpteur, 1746 à 1749.

FOURNIER aîné, réparcur, 1784 à 1790.

FOURNIER jeune, réparcur, 1785 à 1791.

FOURNIER fils, réparcur, 1784 à 1786.

FRESNE, réparcur, 1756 à 1767.

FURET, sculpteur, 1761 à 1768, 1773 à 1783.

GAMBIER jeune, réparcur d'ornements, 1769 à 1778.

GANTIER, réparcur d'ornements, 1770 à 1775, 1796 à 1799.

GARNIER (**Victor-François**), réparcur, 1823 à 1830.

GÉLY (**Léopold-Jules-Joseph**), sculpteur-modeleur et décorateur, 1850 à 1888 (voir liste des décorateurs).

GEORGE, réparcur, 1763 à 1773.

GÉRIN (**Humbert**), réparcur-anseur, 1741 à 1750.

GERMAIN, sculpteur, 1741.

GERVAIS, réparcur, 1770 à 1782.

GERVAIS, réparcur, 1797 à 1803.

GILBERT (**Émile-Augustin**), mouleur-réparcur, 1853 à 1894.

GILBERT (**Pierre**), réparcur, 1853 à 1860.

GILLE, réparcur, 1778-1779.

GILLOTTIN aîné, réparcur-acheveur, 1754 à 1758.

GILLOTTIN jeune, réparcur, 1754-1755.

GLANTZLIN, sculpteur-modeleur, 1886-1887.

GOBLET, réparcur, 1775 à 1778.

GODIN (**Charles**), réparcur d'ornements, 1770 à 1816.

GODIN (**François-Aimé**), réparcur-garnisseur, 1813 à 1848.

GOMOND, sculpteur, 1772 à 1776.

GOUBERT, sculpteur, 1741.

GOUJON jeune, réparcur, 1778 à 1782.

GREDER (**Charles**), élève-sculpteur, 1845-1846.

GRÉMONT père, réparcur-acheveur, 1746 à 1748, 1754 à 1775.

GRÉMONT (**Dame**), réparcur de fleurs, 1754 à 1775.

GUENET, réparcur, 1768 à 1773.

GUIGNET père, réparcur d'ornements, 1769 à 1800.

GUIGNET jeune, sculpteur, 1785 à 1791.

GUILLAUME (Jean-Justin), répareur, 1848 à 1858.

HANNOU, répareur, 1768 à 1771.

HÉBERT, répareur, 1770 à 1773.

HÉBERT, sculpteur, 1782 à 1787.

HÉBERT (Anatole Émile), mouleur-répareur, 1859 à 1893.

HELBERT, répareur, 1766-1767.

HENRION jeune, répareur d'ornements, 1770 à 1781.

HENRY (Laurent), mouleur et répareur, 1769 à 1815.

HERBERT, répareur, 1778-1779.

HÉRÉ fils, répareur, 1761 à 1791.

HÉRICOURT aîné, répareur, 1754 à 1758.

HÉRICOURT jeune, anseur, 1755 à 1762.

HUET, sculpteur, 1762-1763.

HUMBERT, sculpteur-fleuriste, 1772 à 1798.

HUNY, sculpteur-fleuriste, 1785 à 1800, 1810.

HURÉ père, répareur, 1766 à 1785.

HUTIN, sculpteur, 1741.

HUTINET aîné, répareur, 1772 à 1789.

HUTINET jeune, répareur, 1775 à 1777.

HUTINET neveu, répareur, 1777 à 1791.

JACQUÉ, mouleur-répareur, 1777-1778.

JAME, répareur-acheveur, 1754 à 1756.

JEAN, répareur, 1777 à 1792.

JEANSSON, répareur, 1754.

JOSEPH, sculpteur, 1749-1750, 1754 à 1756.

KALT (Léo-Constant), mouleur-répareur, 1851 à 1879.

KALT (André-Constant), mouleur-répareur, 1859 à 1862, 1867 à 1890.

KLAGMANN (J.-B.-Jules), sculpteur-modeleur, 1844 à 1858.

LABROSSE, répareur, 1843-1844.

LAJON (Jules-Louis), mouleur-répareur, 1880 à 1894.

LA LIÈGUE, répareur, 1754, 1763 à 1766.

LALLEMENT, répareur, 1782-1783.

LAMBERT, répareur, 1773 à 1775.

LAMBERT (Alphonse-François), sculpteur d'ornements, 1852 à 1875.

LAMY, sculpteur, 1758 à 1760.

LANDRY aîné, répareur, 1778.

LANDRY jeune, répareur, 1778 à 1780.

LANGOT, répareur d'ornements, 1772 à 1777.

LAPIERRE (Auguste), répareur, 1833 à 1843.

LAPIERRE, (Achille-Constant), mouleur-répareur, 1843 à 1864.

LARUE (Jean-Denis), sculpteur-modeleur, 1855 à 1882.

LAUREAU (Pierre Hippolyte), répareur-sculpteur, 1852 à 1879.

LAURENT, sculpteur, 1746.

LAUVERGNAT aîné, répareur-acheveur, 1754 à 1772.

LAUVERGNAT jeune, répareur-acheveur, 1754 à 1774.

LAUVERGNAT Montlouis, répareur, 1772 à 1778.

LAUVERGNAT (Dorvilliers), répareur, 1775 à 1800.

LAUVERGNAT (Dorjus), répareur, 1775 à 1778.

LE BALLEUR (Jean-Louis), sculpteur, 1757 à 1764.

LEBRET, répareur, 1787 à 1790.

LEBRUN, sculpteur, 1752-1753.

LECLERC, sculpteur, 1756 à 1768.

LE CLERRE, répareur, 1758.

LE COQ (Pierre), mouleur-répareur, 1756 à 1768.

LEDOUX, répareur-acheveur, 1754 à 1764.

LEFER, répareur, 1757-1758.

LEFIEF (Louis), répareur, 1758 à 1774.

L. **LEGAY** (Jules-Eugène), mouleur-répareur, 1861 à 1895.

LE GENDRE jeune, sculpteur, 1782 à 1792, 1794 à 1800.

LE GRAND (Louis-Dominique), répareur, 1764 à 1800.

LE GRAND père, répareur-mouleur, 1768 à 1778.

LEGUILLIER, répareur d'ornements, 1765 à 1777.

LEGUILLIER (Jean-Charles), répareur-mouleur, 1810 à 1820, 1825, 1827 à 1848.

LEIBER (Mathias Nicolas), mouleur-répareur, 1846 à 1851.

LEIBER fils, mouleur-répareur, 1852 à 1856, 1859.

LELOUTE fils, répareur, 1831 à 1840.

LEMAIRE, répareur, 1770 à 1773.

LE MAISTRE, sculpteur, 1764 à 1767.

LEMAITRE père, répareur-acheveur, 1745 à 1759.

LEMAITRE fils, répareur, 1755, 1756 et 1758.

LEMIÈRE, répareur, 1783 à 1785.

LE MOINE (François), répareur d'ornements, 1773 à 1810.

LEMPÉRIÈRE, sculpteur, 1905 à 1908.
LÉONARD, sculpteur, 1758 à 1761.
LR **LE RICHE** (Josse-François), sculpteur-modeleur, 1757 à 1801.
LE RICHE fils, réparcur, 1778-1779.
LE ROY, réparcur, 1784 à 1791.
LESPRIT, réparcur, 1756 à 1769.
L **LETOURNEUR**, sculpteur, 1756 à 1762.
LT **LE TRONNE**, sculpteur, 1753 à 1757.
LEULLIER (Narcisse-Victor), mouleur-réparcur, 1833 à 1861, 1867 à 1879.
LEVASSEUR, réparcur, 1769 à 1779.
LEVAVASSEUR aîné (Louis-Prosper), réparcur, 1788 à 1800.
LEVAVASSEUR jeune (Jean-Pierre), réparcur, 1788 à 1800.
LEVEAUX, sculpteur, 1757 à 1790.
LIANCE père, réparcur d'ornements, 1754 à 1777.
JL **LIANCE fils aîné**, réparcur d'ornements, 1769 à 1777; sculpteur, 1778 à 1810.
LIANCE fils cadet, réparcur, 1775 à 1782.
LIANCE (Auguste-Marie), sculpteur, 1782 à 1791, 1797 à 1818.
LONCY, réparcur, 1756-1757.
LONGUET (Laurent), réparcur, 1769 à 1778, 1793 à 1800.
LONGUET (Nicolas), réparcur, 1795 à 1800
LONGUET (Jean-Baptiste), réparcur, 1795 à 1800.
LONGUET (Jules), réparcur, 1817 à 1838.
A **LONGUET** (Alexandre), mouleur-réparcur, 1840 à 1876.
LONNÈDE, réparcur, 1767.
LOUIZET, réparcur, 1769 à 1775.
MAILLOT, réparcur, 1785.
MAJESTÉ (François), réparcur, 1817-1818.
MALACRIA, réparcur, 1757 à 1778.
MARAINE, réparcur d'ornements, 1757 à 1776.
MARCHAND, réparcur-acheveur, 1754 à 1757, 1759-1760.
MARCHAND (Pierre-Nicolas), réparcur, 1818 à 1828.
MARCILLON, réparcur, 1756 à 1758.
MARCOU, réparcur-acheveur, 1754 à 1772.
MARCOU fils jeune, réparcur, 1776 à 1803.
MARCOU (Charles-Raphaël), sculpteur et réparcur, 1813 à 1819.
MARGUIN, réparcur, 1767 à 1769.
MARION (Émile-Ferdinand), sculpteur (élève), 1833 à 1836.
MARMIN (Pierre), réparcur, 1775 à 1797.
MARTELET père, mouleur et réparcur, 1785 à 1794.
MARTELET fils, réparcur, 1784 à 1791.
MARTIN (Joseph), réparcur, 1767 à 1802.
MARTIN (François), réparcur, 1769 à 1774, 1794 à 1798.
MARTIN, réparcur, 1770 à 1772.
MASCRET (Jean), sculpteur-réparcur, 1810 à 1848.
MASCRET (Louis), sculpteur-réparcur, 1825 à 1864.
MASTÉ aîné, réparcur, 1784 à 1792.
MASTÉ jeune, réparcur, 1785 à 1792.
MASTÉ fils aîné, réparcur, 1794 à 1797.
MATHIAS, sculpteur, 1762 à 1792.
MATHIEU, réparcur, 1768, 1771 à 1773.
MATHIEU, mouleur-réparcur, 1895 à 1898.
MME **MAUGENDRE**, sculpteur-modeleur, 1879 à 1887.
MÊME (Henri-Victor), mouleur-réparcur, 1903-1904.
MIGNAN, sculpteur, 1758 à 1773.
MILET père, mouleur de faïence, 1855 à 1872.
OM **MILET** (Optat), sculpteur-modeleur, 1862 à 1879.
MILLIÉ, mouleur-réparcur, 1888 à 1900.
MILLOT jeune, réparcur, 1754 à 1765, 1767 à 1772.
MOINE (Antonin), sculpteur-réparcur, 1831-1832.
MONTAUBRIE (Adolphe-Gustave), mouleur-réparcur, 1855 à 1894.
MOREAU, réparcur, 1769 à 1772.
MOREAU (Auguste), mouleur-réparcur, 1852 à 1886.
MOREL, réparcur, 1773.
MOYEZ (Pierre), mouleur-réparcur, 1827 à 1848.
MOULINET (Eugène-Alfred), sculpteur-réparcur, 1889 à 1905.
MULLERET, mouleur-réparcur et ciseleur sur métaux, 1856 à 1905.
NANSOT, réparcur, 1788 à 1792.

NANTIER, répareur, 1767 à 1776.

NIQUET, répareur (élève), 1856 à 1859.

OGER (**Jacques-Jean**), sculpteur, 1784 à 1800, 1802 à 1821.

ORU (**Alfred**), répareur, 1863 à 1868.

ORU (**Henri**), mouleur-répareur, 1863 à 1905.

PAIN (**Antoine**), répareur, 1778 à 1780.

PAIN fils aîné, ou **LE PAIN**, répareur d'ornements, 1763 à 1797.

PAIN, répareur, 1801 à 1804.

PAJOT, mouleur-répareur, 1889 à 1897.

PARIS, ou **DEPARIS**, modeleur de grandes pièces, 1746 à 1773, chef des répareurs, 1774 à 1797.

PARIS aîné, sculpteur, 1774 à 1792.

PARIS (**Pierre**), répareur d'ornements, 1784 à 1791, 1795 à 1800.

PARIS (**A.**), répareur, 1785 à 1791.

PARIS (**Louis**), répareur, 1785 à 1790.

PARPETTE aîné, répareur-acheveur, 1756 à 1762.

PARPETTE jeune, répareur d'ornements, 1755 à 1775.

PATOUILLET, sculpteur-modeleur, 1746 à 1750.

PATRIS, répareur, 1787-1788.

PÉGARD, répareur, 1786 à 1791.

PELLETIER, répareur, 1773 à 1777.

PÉPIN, mouleur-répareur, 1756 à 1760.

PÉPIN (**Alexis**), répareur d'ornements, 1763 à 1781.

PERCHERON, répareur, 1797 à 1818.

PERCHERON (**Alexandre**), répareur, 1827 à 1864.

PERNOT, répareur, 1779.

PERROT, sculpteur, 1757.

PERROTIN, sculpteur, 1761 à 1772, 1775 à 1794.

PERROTIN jeune, sculpteur, 1786 à 1791.

PERROTIN fils cadet, répareur, 1786 à 1789.

PEYRE (**Jules**), dessinateur en chef (pour les formes), 1845 à 1871 (voir liste des décorateurs).

PEYRE fils, sculpteur-modeleur, 1859 à 1863.

PHILIPPINE, répareur-garnisseur, 1754 à 1773.

PHILIPPINE, sculpteur, 1772-1773.

PICHON, mouleur et répareur, 1756.

PILON aîné, répareur, 1758 à 1768.

PILON jeune, répareur, 1759 à 1769.

PLOCQUE, sculpteur, 1762 à 1792.

POIRIER, sculpteur, 1755-1756.

POIROT (**Paul**), sculpteur-modeleur, 1895 à 1900.

PONCET (**Adrien**), répareur, 1774 à 1789, 1795 à 1800.

PORCELET, répareur, 1754 à 1757.

PORCHON (**Alexandre-Victor**), mouleur-répareur et décorateur, 1853 à 1884.

POTET, répareur, 1758 à 1761.

POULAIN, répareur, 1758 à 1777.

QUIAIT, répareur, 1782 à 1786.

DES RAIS, sculpteur, 1749-1750.

RAUX jeune, répareur, 1774 à 1778.

RAVINET, dit **LA CROIX**, répareur, 1777 à 1779.

RAVINET, répareur, 1784 à 1795.

RÉGNIER (**Ferdinand**), sculpteur-modeleur, 1812 à 1848 (chef des fours et pâtes de 1826 à 1848).

RÉGNIER (**Hyacinthe**), sculpteur-modeleur, 1825 à 1863.

REIMBERG, répareur-acheveur, 1754 à 1761.

RÉMY fils, répareur, 1777 à 1791.

RENARD (**Jean-Baptiste**), répareur, 1756 à 1760.

RICHARD aîné, répareur d'ornements, 1775 à 1791, 1795 à 1800.

RICHARD, dit **LA TULIPE**, répareur, 1785 à 1792.

RICHARD (**Eugène**), mouleur-répareur, 1872 à 1907.

ROBBE, sculpteur-modeleur, 1754-1755.

ROCHE jeune, répareur, 1778-1779.

RODIN (**Auguste**), sculpteur-modeleur et décorateur, 1879 à 1882 (voir liste des décorateurs).

ROGER père, répareur-sculpteur, 1754 à 1782.

ROGER (**François**), répareur d'ornements, 1756 à 1782.

ROGER (**Thomas-Jules**), sculpteur-modeleur d'ornements, 1852 à 1886.

ROGUIER, sculpteur, 1784 à 1792, 1806 à 1813.

ROUGET, répareur, 1758 à 1760.

ROUSSELLE, répareur, 1758 à 1786.

RUNGET, répareur, 1769 à 1773.

SAINT-OMER fils aîné, répareur, 1771 à 1780.

SAINT-OMER fils cadet, répareur, 1776 à 1779.

SALENTIN, réparear, 1767.
SAVIGNAC, réparear, 1795 à 1797.
SÉJOURNÉ, répareur-acheveur, 1754 à 1767.
SELLIER, répareur, 1756 à 1758.
SERCEY, répareur-acheveur, 1754 à 1763.
SEVESTRE, sculpteur-ornemaniste, 1879.
SIMONO, répareur, 1778 à 1781.
SION, répareur, 1768-1769.
SOLON (**Marc-Emmanuel-Louis**), sculpteur-modeleur de figures, 1857 à 1871 (voir liste des décorateurs).
SOURDET, répareur. 1766-1767.
STOULTZ, répareur, 1768.
SZAMOWSKI (**Théodore**), mouleur-répareur, 1840 à 1849, 1853 à 1863.
TAMISEZ (**Antoine**), répareur, 1756 à 1759, 1766-1767.
TAUNAY, sculpteur, 1802 à 1807.
THÉVENON, sculpteur-modeleur (élève), 1889 à 1892.
THÉVENOT (**Charles**), répareur-garnisseur, 1787 à 1792, 1795 à 1826.
THOMASSIN, répareur, 1756 à 1759.
TIMONIER aîné, répareur, 1772 à 1779, 1784 à 1786.
TIMONIER jeune (**Charles**), répareur, 1773 à 1779.
TOLLOT, répareur, 1758 à 1760.
TOLLOT (**Robert**), répareur (élève), 1853 à 1857.
TOURNAY, répareur, 1768 à 1780.
TRANCHANT, sculpteur-modeleur, 1852 à 1858.
TRÉCOLLE, répareur, 1769-1770.
TRISTANT aîné, sculpteur, 1758 à 1787.
TRISTANT jeune, répareur et mouleur, 1759 à 1784.
TRISTANT fils, élève-sculpteur, 1780-1781.
TROYON (**Jean**), répareur-ornemaniste, 1763 à 1800.
VARION, sculpteur, 1749 à 1752.
VAUTHIER (**Albert**), sculpteur, 1903-1904.
VAUTRIN, répareur, 1770 à 1777.
VEILLARD, mouleur-répareur, 1894 à 1902.
VERDIER (**Charles**), sculpteur-modeleur, 1880 à 1890.
VERNAULT, **dit LA ROSE**, répareur d'ornements, 1748 à 1778.
VIGNERON, répareur, 1754 à 1756.
VILAIN (**Jacques-Marie**), répareur, 1845 à 1865.
VINCENT jeune, répareur, 1761 à 1764.
VIVIEN, répareur, 1767-1768.
WAGON, répareur, 1749, 1756 à 1766.
WAGON (**Dame**), répareur de fleurs, 1754 à 1789.

LISTE DES ARTISTES

DONT

LA MANUFACTURE A REPRODUIT DES MODÈLES

DE SCULPTURE[1]

ABBAL (André), 1903, 1904.
AIZELIN (Eugène), 1891.
ALBERT-LEFEUVRE, 1904, 1905, 1907.
ALLOUARD (Henri), 1891, 1892, 1903, 1905, 1907.
ANDRÉ (Alexis), 1905.
AUBAN (Paul), 1902.
AUBÉ (Paul), 1892, 1893, 1894, 1899, 1903, 1904.
BARALIS (Louis), 1904.
BARRE (fils), 1849, 1863.
BARRIAS (Ernest), 1902.
BARTHOLDI (Auguste), 1903, 1904.
BATE (Firmin), 1904.
BAULEZ, 1899.
BÉGUINE (Michel), 1907.
BERNSTAMM (Léopold), 1897, de 1904 à 1907.
BINET, 1899, 1901.
BLANCHOT (Léon), 1904.
BLONDAT (Max), 1903 à 1906.
BLONDEAU, 1753 (Modèles d'enfants d'après Boucher).
BOISSEAU (Émile-André), 1905 à 1907.
BOITTEUX (LE), 1752 (Les Quatre parties du monde).
BONABEAU (Albert), 1908.
BONVALET (Lucien), 1907.
BOTTÉE (Louis), 1904.
BOUCHARDON, 1768.
BOUCHER (Alfred), 1893, de 1899 à 1906.
BOURGEOIS (M.), 1891, 1893.
BOUVAL (Maurice), 1898.
BOZIO, 1808 à 1812.
BRATEAU (J.), 1901, 1903, 1904.
BRIDAN, 1809.
BROU (Frédéric), 1906, 1907.
BRUNEAU, 1819.
CAFFIERI, vers 1780 en 1898.
CAILLOUETTE, 1833.
CAIN (Aug.-Nicolas), 1886.
CALAMAS, 1808, 1810.
CAMBOS (Jean-Jules), 1904, 1907.
CARDELLI, 1808.
CARLÈS (Antonin), 1901, 1902, 1906, 1907.
CARLIER (Émile), 1905 à 1908.
CARON (Alexandre), 1905 à 1908.
CARPEAUX (J.-B.), 1869, 1900 à 1905.
CARRIER-BELLEUSE (Louis), 1885, 1888.
CARRIER-BELLEUSE (Pierre), 1908.
CARRIÈRE (Ernest), 1894, 1907.
CAVELIER, 1835.
CHAMPEIL (J.-B.-Antoine), 1904.
CHAMPIGNY (Robert), 1904.
CHAPLAIN (Jules), 1905, 1907.
CHARPENTIER (Félix), 1891, 1899, 1903.
CHARPENTIER (Maurice), 1903.
CHAUDET, 1803 à 1808.

[1] Pour obtenir l'état complet des artistes qui ont fourni des modèles destinés à la reproduction en biscuit, il faudrait joindre à cette liste celle de tous les sculpteurs-modeleurs figurant dans les pages précédentes et attachés à titre permanent à la Manufacture. Au XVIIIe siècle notamment, la plus grande partie de la production sculpturale sortit des mains de ces artistes qui travaillèrent à Sèvres sous la direction de Falconet, de Bachelier et de Boizot.

Les chiffres inscrits à la suite du nom de chaque sculpteur indiquent l'époque à laquelle la Manufacture a reproduit pour la première fois un modèle de l'artiste cité.

CHÉRET (Joseph), 1878, 1883, 1898.
CHOPPIN (Paul), 1901.
CLÉMENT-CARPEAUX (Mme), 1905.
CLERGET (Alexandre), 1906.
CLODION, vers 1780, en 1895.
COLIN (Georges), 1906.
COLOMBIER (Mlle Amélie), 1905.
CONVERS (Louis), 1905.
CORDIER (Henri), 1902 à 1905.
CORDONNIER (A.), 1900, 1904 à 1906.
CORTEAU, 1808.
COUDRAY (Lucien), 1904.
COUGNY, 1894.
COULON (Vital), 1905.
COULON (Jean), 1903 à 1905.
COURIGUER, 1815.
COUTAN (Jules), 1900.
COUTAN-MONTORGUEIL (Mme), 1904.
COUTEILHAS (Henri), 1906.
CRAUK (Gustave-Ad.-Désiré), 1906, 1908.
CROS (Henry), 1901, 1904.
DAILLION (Horace), 1905, 1907.
DALOU (Jules), 1888, 1889, 1902 à 1905.
DANTAN, 1848.
DAVID D'ANGERS, 1846.
DAVID (Adolphe), 1907.
DEBUT (Marcel), 1899, 1905.
DELAPLANCHE (Eugène), 1894, 1898.
DELOYE (Gustave), 1892, 1896, 1897.
DESBŒUFS, 1834.
DESBOIS (Jules), 1899, 1903, 1908.
DESCOMPS (Joë), 1903 à 1905.
DESEINE, 1820.
DESPREZ, 1809.
DESRUELLES (Félix), 1905.
DESVERGNES (Charles), 1902, 1903.
DUBOIS (Henri), 1903, 1904.
DUBOIS (Paul), 1894, 1903, 1906, 1907.
DUCUING (Paul), 1907, 1908.
DUMONT, 1813.
DUPATY, 1802, 1803.
ÉPINAY (Prosper d'), 1888.
ESCOULA (Jean), 1903 à 1906.
EXBRAYAT (Etienne-Victor), 1906, 1907.
FAGEL (Léon).
FAIVRE (Ferdinand), 1907.
FALGUIÈRE (Auguste), 1905, 1907.
FERLET (Adolphe-Auguste), 1901.
FERNEX (de), 1754, 1755.
FEUCHÈRE (Jean), 1834, 1847 à 1849.
FORCEVILLE, 1863.
FORESTIER (Antonin-Clair), 1905.
FRÉMIET (Émm.), 1896 à 1900, 1905.
FUGÈRE (Henri), 1899.
GARDET (Georges), de 1893 à 1907.
GASQ (Paul), 1902.
GAUDISSART (Émile), 1904 à 1906.
GAUQUIÉ (Henri), 1903.
GÉRARD, 1810 à 1814.
GERMAIN, 1880, 1881, 1886.
GETTY, 1811, 1814.
GODEBSKA (Mme), 1907.
GODEBSKI (Cyprien), 1907.
GOIX, vers 1780.
GOUGET, 1878 à 1881.
GREBER (Henri), 1908.
GRÉMION (Charles), 1906, 1908.
GUÉNIOT (Arthur), 1906.
GUERSANT, 1818, 1823 à 1828, 1834.
GUETTIER (Charles), 1907.
GUILLAUME, 1835.
GUILLEMAIN (Émile), 1891, 1903.
GUILLOT (Anatole), 1903, 1905, 1906.
GUIMARD (Hector), 1900, 1903.
HANNAUX (Emm.), 1903, 1904, 1907.
HERCULE (Benoit-Lucien), 1905, 1907.
HEURAUD, 1815.
HOUDON, vers 1780, 1898, 1904.
HOUSSIN (Édouard), 1895, 1902, 1905.
HUGUES (Jean), 1900, 1904, 1905.
ICARD (Honoré), 1892, 1900, 1904, 1905.
ICARD-DUCROT (Mme).
INJALBERT (Jean), 1889.
ISELIN (Henri-Frédéric), 1869.
JOUANT (Jules), 1906.
JULLIEN, vers 1780.
KANN (Léon), 1896 à 1898, 1900 à 1905.
LAMEIRE (Charles), 1878.
LANCELOT-CROCE (Mme), 1901.
LAOUST (André), 1891, 1905.
LAPORTE-BLAIRSY (Léo), 1902 à 1907.
LARCHE (Raoul), 1893, 1895, 1901, 1903, 1907.
LA RUE, 1754 (Modèles d'après Boucher).
LECOMTE, vers 1780.
LEDRU (Auguste), 1898, 1902.
LEGASTELOIS (Marcel), 1902.
LELIÈVRE, 1897, 1898, 1908.
LEMAIRE (Hector), 1902, 1903, 1905.
LEMOINE, entre 1760 et 1780, en 1905.
LENOIR (Alfred), 1903.
LÉONARD (Agathon), 1894 à 1903.

LEVASSEUR (Henri-Louis), 1905, 1906.
LEVILLAIN (Ferdinand), 1888, 1904.
LEYRITZ (Léon), 1907.
LIÉDET, 1832.
LOISEAU-BAILLY (Georges), 1905.
LOISEAU-ROUSSEAU (Paul), 1903, 1904, 1906.
LOMBARD (Henri), 1907.
MARCELLIN (J.-Esprit), 1851.
MARQUESTE (L.-H.), 1902, 1904, 1908.
MARTIN, 1866.
MASSOULLE (Paul), 1898, 1902.
MATELIN, 1832.
MATTE, 1898, 1809.
MAYEUX (Henri), 1878, 1888.
MENGUE (J.-M.), 1904, 1905.
MERCIÉ (Antonin), 1906, 1907.
MÉRITE (Édouard), 1903, 1904.
MICHEL (Gustave), 1892, 1900 à 1904.
MONCEL (Alphée), 1904 à 1906.
MONNOT, vers 1780.
MONTONY, 1809.
MORAND, 1853 à 1856.
MOREAU VAUTHIER, 1893.
MORIA (Mlle Blanche), 1907.
MOUCHY (de), 1772, 1780.
MOULIN (Hippolyte), 1882.
MULLER (Charles), 1903, 1907.
NIEUVEKERKE (de), 1864.
NOËL (Tony), 1901, 1904 à 1907.
NOUMATA (Ytiga), 1904, 1905.
OCTOBRE (Aimé), 1908.
ORLÉANS (princesse Marie d'), 1841.
PAJOU, vers 1770 et en 1780.
PECH (Gabriel), 1902, 1904, 1906.
PÉCHINÉ (Antide), 1905.
PERNOT (Henri), 1907, 1908.
PERRON (Charles), 1902, 1906, 1907.
PETER (Victor), 1897, 1903, 1905, 1906.
PETITOT, 1808.
PHILLIPPART (Mme), 1904.
PIGALLE, entre 1770 et 1785.
PLÉ (Henri-Honoré), 1906, 1907.
PRADIER, 1837.
POSCH, 1814.
PUECH (Denys), 1898, 1902 à 1904, 1907.
QUINQUAUD (Mme), 1902.
RÉCIPON (Georges), 1903.
RENAUD, 1807, 1808.
RICHÉ (Louis), 1904.
RICHER (Paul), 1903, 1905.
RIU, 1882.
RIVIÈRE-THÉODORE, 1898, 1902 à 1905.
RODIN (Auguste), 1907.
ROLLAND, vers 1780.
ROMAGNESI, 1814.
ROTY (Oscar), 1903.
ROULLEAU, 1899.
ROUSSEL (Paul), 1902, 1907, 1908.
ROZET (René-Auguste), 1907.
RUILLIÉ (Geoffroy de), 1901.
RUTXIEL, 1808, 1820.
SAINT-MARCEAUX (René de), 1896, 1903, 1904, 1908.
SALIS, en 1768.
SAVINE (Léopold), 1902.
SICARD (François), 1904, 1907.
SUCHETET (Auguste), 1892, 1900.
SUDRE (Raymond), 1902, 1904, 1905.
SUZANNE, 1755 (Modèles d'après Boucher).
SYAMOUR (Mme), 1904.
TAUNAY, 1802, 1803, 1806, 1807.
THEUNISSEN (Paul-Ludovic), 1907.
THIVIER (Eugène), 1907.
TISNÉ (Jean-Lucien), 1908.
TRIQUETY (de), 1844.
VACOSSIN (Georges), 1906.
VALOIS, 1810 à 1815.
VALTON (Charles), 1898, 1900 à 1905, 1908.
VERLET (Raoul-Charles), 1907.
VERMARE (André), 1906, 1907.
VERNIER (Émile), 1903.
VERNON (Frédéric), 1905, 1907.
VINCENT (Charles), 1907.
VIOLET (Gustave), 1904.
VITAL-CORNU (Charles), 1903, 1904.
VOULOT (Félix), 1902, 1905.
WALDMANN (Oscar), 1903, 1905.

ARTISTES CONTEMPORAINS

ATTACHÉS A LA MANUFACTURE

PEINTRES-DÉCORATEURS

BALLANGER (**Édouard**), décorateur, depuis 1902.

BELET (**Louis**), décorateur, depuis 1878.

* **BIEUVILLE** (**Horace**), décorateur, depuis 1879.

BOCQUET (**Maurice**), décorateur, depuis 1899.

* **DROUET** (**Émile**), décorateur, depuis 1878.

* **EAUBONNE** (**Lucien d'**), décorateur, depuis 1902.

* **FOURNIER** (**Anatole**), décorateur, depuis 1878.

FRITZ (**Charles**), décorateur, depuis 1902.

* **GÉBLEUX** (**Léonard**), décorateur, depuis 1883.

HERBILLON (**Maurice**), depuis 1901.

JARDEL (**Émile**), décorateur, depuis 1886.

LAGRIFFOUL (**Eugène**), décorateur, depuis 1907.

* **LASSERRE** (**Henri**), décorateur, depuis 1886.

LÉGER (**Abel**), décorateur, depuis 1901.

LIGUÉ (**Denis**), décorateur et doreur, depuis 1881.

LUCAS (**Charles**), décorateur, depuis 1878.

MIMARD (**Louis**), décorateur, depuis 1884.

NARET (**Maurice**), décorateur, depuis 1907.

PELUCHE (**Léon**), décorateur, depuis 1881.

* **PIHAN** (**Charles**), décorateur, de 1879 à 1884, et depuis 1888.

RÉMY (**Charles**), décorateur, de 1886 à 1897 et depuis 1901.

RICHARD (**Léon**), peintre de fleurs, en 1895 et depuis 1902.

SERRÉ (**Louis**), décorateur, depuis 1902.

SIMARD (**Eugène**), doreur et décorateur, depuis 1880.

TRAGER (**Henri**), peintre de fleurs, depuis 1887.

TRAGER (**Louis**), décorateur, depuis 1888.

UHLRICH (**Henri**), doreur, depuis 1879.

VAST (**Fernand**), décorateur, depuis 1902.

VIGNOL (**Gustave**), décorateur, depuis 1881.

SCULPTEURS-MODELEURS

Marque	Nom	Marque	Nom
NB	BESTAULT (Nestor), depuis 1889.	J.D ou JD	* DEVICQ (Jules), depuis 1881.
By	* BRÉCY (Henri), depuis 1881.	AS	SANDOZ Alphonse, depuis 1881.

MOULEURS-RÉPAREURS DE BISCUIT ET DE GRÈS

Marque	Nom	Marque	Nom
AE	ASTRUC (Ernest), depuis 1903.	GL	LEBARQUE (Georges), depuis 1895.
GB	BOTEREL Georges, depuis 1889.	L	LECLERC Auguste, depuis 1897.
			LECLERC Socrate, depuis 1907.
AC	CANTIN Albert, depuis 1902.		MIEL (Eugène), depuis 1895.
A.C	CIEUTAT Alphonse, depuis 1894.	RP	PETIT (René), depuis 1902.
CL	CIROT (Louis), depuis 1903.	RL	RIGOLET (Léon), depuis 1900.
HD	DESVIGNES Henri, depuis 1902.	JR	RISBOURG (Julien), depuis 1895.
AD	DUBOIS Alexandre), depuis 1896.	CR	ROBERT (Charles), depuis 1889.
ED	DUBOIS (Edmond), depuis 1906.	HR	ROBERT (Henri), depuis 1889.
DE	DUFOSSÉ Édouard, depuis 1901.	ER	ROUCHERET (Émile) depuis 1901.
AD	DUMAIN (Alphonse), depuis 1884	S	SAMSON (Léon), depuis 1897.
PF	FACHARD Pierre, depuis 1889.	T	TISSIER (Anatole), depuis 1900.
MF	FERRY (Maurice), depuis 1907.	V	VILLION (Paul), depuis 1886.
LG	GUÉNEAU (Louis), depuis 1885.	CV	VILLION (Charles), depuis 1894.
AL	LACOUR (Armand), depuis 1895.		

BIBLIOGRAPHIE

DOCUMENTS MANUSCRITS RELATIFS A L'HISTOIRE DE LA MANUFACTURE DE SÈVRES

1° Archives de la Manufacture; 2° Archives Nationales, séries O^1 et F^{12}; 3° Archives du ministère des Affaires étrangères.

IMPRIMÉS

Recueil factice contenant les Arrêts du Conseil d'État du Roi, les Lettres patentes, les Décisions judiciaires ayant trait à la Manufacture et à l'industrie de la porcelaine au XVIIIe siècle. (Bibliothèque de la Manufacture.)

AUSCHER (E.-S.). A history and description of french porcelain. — Londres, 1905.

— Les deux premiers conservateurs du Musée de Sèvres. — Versailles, 1903.

— La Manufacture de Sèvres sous la Révolution. — Versailles, 1902.

— Une manufacture nationale en 1888. Paris, 1894.

BACHELIER (J. J.). Mémoire historique de l'origine, du régime et des progrès de la Manufacture Nationale de Porcelaine de France..., demandé par M. d'Angivillers, directeur général, et remis en 1781 par le citoyen Bachelier, alors l'un des inspecteurs de la partie des arts de ladite Manufacture. — Paris (1799), in-12 de 59 p. — (Ce mémoire a été réédité en 1878 par Gustave Gouellain. — Paris, in-12 de II-57 pages).

BAUMGART (Émile). La Manufacture Nationale de Sèvres à l'Exposition universelle de 1900. — Paris, 1901, in-folio de 34 pages et 50 planches.

— La Manufacture Nationale de Sèvres en 1900. — Art et Décoration, tome VII.

BIDERMANN. Joh. Jacob Hettlinger, de Winterthur. — Winterthur, 1890, in-4° de 18 pages et 2 planches.

Les biscuits de la Manufacture Nationale de Sèvres, XVIIIe et XIXe siècles. — Paris, in-4° de 73 planches.

BOISSAY (Charles). La nouvelle Manufacture de Sèvres. — *La Nature*, 1876.

BOUILHET (Henri). La Manufacture Nationale de Sèvres à l'Exposition des Champs-Elysées en 1874. — Paris, 1875, in-8° de 31 pages.

BOURGEOIS (Émile). Les Archives d'art de la Manufacture de Sèvres, 1741-1905. (Rapport au ministre de l'Instruction publique et inventaire sommaire). — Paris, 1905, in-4° de 31 p.

BOURGEOIS (Émile). Le biscuit de Sèvres au XVIIIe siècle. 2 vol. Paris, 1908.

BRACQUEMOND. A propos des Manufactures Nationales de Céramique et de Verrerie. — Paris, 1891, in-18 de 67 pages.

BRONGNIART (Alexandre). Traité des Arts céramiques (2 volumes et atlas). — 1re édition : Paris, 1844; 2e édition : Paris, 1854; 3e édition avec notes et additions d'Alphonse Salvetat, 1877.

— et RIOCREUX. Description méthodique du Musée Céramique de la Manufacture Royale de Porcelaine de Sèvres, 2 volumes. — Paris, 1845.

— Du caractère et de l'état actuel de la Manufacture Royale de Porcelaine de Sèvres, et de son influence sur l'art et le commerce de la porcelaine. — Paris, 1830, in-4° de 31 pages.

Discours prononcés aux funérailles d'Alex. Brongniart, le 9 octobre 1847. — Paris, 1847, brochure in-4° carré de 39 pages.

CHAMPFLEURY. Histoire et description des trésors d'art de la Manufacture de Sèvres. — Paris, 1886, grand in-8° de 64 pages.

CHAMPIER (Victor). Catalogue illustré et étude sur l'art rétrospectif à l'exposition de l'Union Centrale, en 1884. — Paris, 1884, in-8° de 176 pages.

CHAVAGNAC ET DE GROLLIER (DE). Histoire des Manufactures françaises de porcelaine. — Paris, 1906, in-4° de XXVIII-967 pages.

COURAJOD (Louis). Livre-Journal de Lazare Duvaux, marchand-bijoutier ordinaire du Roy, 1748-1758. — Paris, 1873, 2 volumes in-8°.

DARCEL (Alfred). Le Musée Céramique de Sèvres. — *Gazette des Beaux-Arts*, année 1879.

DAVILLIER (Charles). Les porcelaines de Sèvres de Mme du Barry, d'après les mémoires de la Manufacture Royale. — Paris, 1870, in-8° de 75 pages.

DUC (J.-L.). Mémoire lu dans la séance du 14 novembre 1872 de la Commission de perfectionnement près la Manufacture de Sèvres.

— Rapport adressé au Ministre de l'Instruction publique, au nom de la Commission de perfectionnement de la Manufacture Nationale de Sèvres — Paris, 1875, in-4° de 67 pages.

— Rapport adressé au ministre de l'Instruction publique, au nom de la Commission de perfectionnement de la Manufacture de Sèvres. — Paris, 1877, in-4° de 47 pages.

EBELMEN et SALVETAT. Rapport sur les Arts Céramiques fait à la Commission française du Jury international de l'Exposition Universelle de Londres en 1851. — Paris, 1854, in-8° de 135 pages.

ESCHEYRAC (D'). La Manufacture de Sèvres à l'Exposition de l'Union centrale des arts décoratifs en 1884. — *Revue de l'Art*, 1884.

GARNIER (Édouard). La porcelaine tendre de Sèvres. — Paris, 1889, in-folio de 37 pages et 50 planches.

— La Manufacture de Sèvres, en l'an VIII. — *Gazette des Beaux-Arts*, 1887.

— L'ancienne Manufacture de Sèvres et ses privilèges. *Revue Universelle*, année 1888.

— La Manufacture de Sèvres à l'Exposition Universelle de 1889. — Paris, 1889, in-8° de 15 pages.

— L'Industrie de la porcelaine en France au XVIIIe siècle (Congrès de Limoges). — Paris, 1890, in-8° de 16 pages.

— Note sur un vase de Sèvres au Musée du Louvre. — *Bulletin des Musées*, année 1890.

— La Manufacture de Sèvres pendant la Révolution. — *Nouvelle Revue*, 1891.

— Catalogue du Musée Céramique. Faïences. — Paris, 1897, grand in-8° de XLVI-636 pages.

GERSPACH. Documents sur les anciennes faïenceries françaises et la Manufacture de Sèvres. — Paris, 1891, grand in-8° de 216 pages.

— Théodore Deck et son influence sur la céramique moderne. — *Revue des Arts décoratifs*, tome XI.

GIRARD (Aimé). Rapport sur les faïences fines, les faïences décoratives et les porcelaines tendres ayant figuré à l'Exposition Universelle de 1867. — Paris, 1867, brochure in-8°.

HAVARD (Henry) et Marius VACHON. Les Manufactures Nationales. — Paris, 1889, in-4° de 632 pages et 75 planches.

HAVILAND (Ch.-Ed.). Les Manufactures nationales et les arts du mobilier. — Paris, 1884, in-8° de 38 pages.

LAKING (Guy-Francis). La porcelaine de Sèvres au Palais de Buckingham et au château de Windsor. — Londres, 1907, gr. in-4° de XXXVII-203 p. et 63 planches.

LAMEIRE. Rapport adressé à M. le ministre de l'Instruction publique au nom de la Commission de perfectionnement de la Manufacture Nationale de Sèvres, sur les produits exposés en 1878. — Paris, 1879, in-4° de 58 pages.

— Rapport adressé au ministre de l'Instruction publique, au nom de la Commission de perfectionnement de la Manufacture Nationale de Sèvres. — Paris, 1889, in-8° de 83 pages.

Lasteyrie (F. de). Rapport présenté au ministre du Commerce et de l'Agriculture par le Conseil de perfectionnement des Manufactures Nationales, en 1849. — *Bulletin des Comités historiques*, tome II, 1850.

Lauraguais (comte de). Observations sur le Mémoire de M. Guettard concernant la porcelaine, lues à l'Académie des Sciences. — Paris, 1766, in-12 de VIII-64 pages.

Lauth (Charles). La Manufacture Nationale de Sèvres, 1879 à 1887. Mon administration. — Paris, 1889, in-8° de XI-453 pages.

— Fabrication sur porcelaine du bleu au grand feu, dit bleu de Sèvres. — *Bulletin de la Société Chimique de Paris*, tome XXXIX, 1883.

— Note sur le coulage de la porcelaine. — *Le Génie civil*, tome V, 1884.

— et Dutailly. Recherches sur la porcelaine. — Paris, 1888, in-8° de 92 p.

— et Vogt. Notes techniques sur la fabrication de la porcelaine nouvelle. — Paris, 1885. Brochure de 48 p.

Le Breton (G.). La Manufacture de porcelaine de Sèvres, d'après un mémoire inédit du XVIIIe siècle. — Paris, 1882, in-8° de 16 pages.

Lechevallier-Chevignard (Georges). Le rachat de la Manufacture de Sèvres aux alliés en 1815 et la destruction des effigies de Napoléon. — *Nouvelles Archives de l'art français*, 1907.

Luynes (Victor de). Rapport sur les produits de la classe 20 (Céramique) à l'Exposition de 1889. — Paris, 1891. Rapports du Jury international.

Milet (Ambroise). Notice sur D. Riocreux, conservateur du Musée Céramique de Sèvres. — Paris, 1883, grand in-8° carré.

Papillon (Georges). Guide du Musée Céramique. — Paris, 1904, petit in-8° de 180 pages.

— Une visite au Musée Céramique de la Manufacture Nationale de Sèvres. — Paris, 1904, petit in-8° de 16 pages.

Petit-Lafitte. Villaris et la découverte du kaolin. — Bordeaux, 1862.

Pichon (baron). La Dubarry à Louveciennes. États de mobiliers précieux de différentes origines, dressés en l'an III de la République. — *Bulletin du bouquiniste*, 1872.

Regnault. Rapports du Jury mixte international de l'Exposition de 1855 à Paris. Classe 17, Industrie de la Verrerie et de la Céramique. — Paris, 1856.

— et Salvetat. Rapport du Jury international de l'Exposition Universelle de Londres, en 1862. Arts céramiques. — Paris, 1862. Rapports du Jury, tome VI.

Ris-Paquot. Origines et privilèges de la Manufacture Royale de porcelaine de Vincennes et de Sèvres, réédités d'après les arrêts du Conseil d'État du 19 août 1753 et du 16 mai 1784. Suivis de 345 marques et monogrammes, avec leurs couleurs. — Paris, 1878, in-12 de XV-80 pages.

Robert (Louis). Des Manufactures nationales, 19 juin 1871. — Paris, 1871, brochure in-4° de 5 pages.

Roger Marx. Rodin Céramiste. — Paris, 1907.

Salvetat (Alphonse). A propos de l'inauguration des nouveaux bâtiments de la Manufacture Nationale de Sèvres. — Paris, 1876, in-4° de 15 pages.

— Les Arts Céramiques à l'Exposition internationale de 1878 : La Manufacture nationale de Sèvres. — *Revue des Industries chimiques et agricoles*, 1879, in-8° de 14 pages.

Sarriau (Henri). Rapport sur le Musée centennal de la Céramique en 1900. — Paris, 1905.

Du Sartel (O.). Rapport adressé au ministre de l'Instruction publique sur l'Exposition de 1884, au nom de la Commission de perfectionnement de la Manufacture Nationale de Sèvres. — Paris, 1884, in-4° de 42 pages.

— Catalogue de l'exposition rétrospective des porcelaines de Vincennes et de Sèvres à l'Union Centrale des Arts décoratifs. — Paris, 1884, in-18 de 230 pages.

Saunier (Charles). La Manufacture Nationale de Sèvres à l'Exposition Universelle. — *L'Art Décoratif*, année 1900.

STETTENER. Vincennes und Sèvres. — Jahrbuch der Königlich Preussischen Kunst-Sammlungen.

THIÉBAULT-SISSON. La Manufacture de Sèvres. — *Nouvelle Revue*, année 1887.

TROUDE (Albert). Choix de modèles de la Manufacture Nationale de Sèvres appartenant au Musée Céramique. — Paris, s. d., et in-folio de 8 pages, 136 pl.

TURGAN. Les grandes usines de France : Sèvres. — Paris. 1860. in-4°, 61 pages.

UJFALVY (Charles de). Les biscuits de porcelaine. — *Revue des Arts décoratifs*, tome XI. 1892.

— Petit dictionnaire des marques et monogrammes des biscuits de porcelaine, suivi d'une étude sur les marques de Sèvres. — Paris, 1895, in-12 de xx-114 pages.

VOGT (Georges). La porcelaine. — Paris, 1893. in-8° de 304 pages.

— Les rouges de cuivre ou flambés sur porcelaine. — Publications de la Société d'encouragement : Contribution à l'étude des argiles et de la céramique. — Paris. 1906.

— La fabrication du grès-cérame de la Manufacture Nationale de Sèvres. — Paris, 1900, grand in-8° de 16 pages.

— Rapport du Jury de la classe 72 (Céramique) à l'Exposition de 1900. — Paris. 1901, petit in-4° de 132 pages.

CATALOGUES D'EXPOSITIONS

Catalogues des Expositions des Manufactures royales, au Musée Royal du Louvre en 1818, 1819, 1820, 1821, 1822, 1823, 1824, 1825, 1826, 1827, 1828, 1829, 1830, 1832, 1835, 1838, 1840, 1842, 1844, 1846, 1847. — 21 brochures in-18.

Notices sur l'Exposition des Manufactures Nationales, au Palais National, en 1849-1850. — 2 brochures in-18.

Exposition Universelle de Vienne, 1873. Œuvres d'art et Manufactures Nationales. — Paris, 1873, in-8° de 261 pages.

Catalogue des produits des Manufactures Nationales exposés au Salon des Champs-Élysées, en 1874. — Paris, 1874, brochure in-18.

Catalogue de l'Exposition internationale de Philadelphie en 1876. — Paris, 1876, in-8° de xx-463 pages.

Catalogue officiel des produits exposés par les Manufactures Nationales en 1878. — Paris, 1878, in-8° de 28 pages.

Catalogue des produits exposés à l'Exposition internationale de Sydney en 1879. — Paris, 1879, in-8° de 52 pages.

Catalogue des produits des Manufactures Nationales à l'Exposition d'Amsterdam, en 1883. — Paris, in-8° de 37 pages.

Catalogue de l'Exposition des Manufactures Nationales à l'Union Centrale des Arts décoratifs en 1884. — Paris, 1884, petit in-8° de 210 pages.

Catalogue de l'Exposition internationale d'Anvers en 1885. — Paris, 1886, in-8° de 144 pages.

Catalogue de la section française de l'Exposition de Melbourne, en 1888. — Paris, 1888, in-8° de 110 pages.

Catalogue général officiel de l'Exposition Universelle internationale de 1889 à Paris. Manufactures Nationales. — Paris, 1889, in-8° de 150 pages.

Catalogue des produits de la Manufacture Nationale de Sèvres ayant figuré à l'Exposition Universelle de Chicago en 1893. — Paris. 1893.

Catalogue des œuvres exposées par les Manufactures Nationales à l'Exposition Universelle de 1900. — Paris, 1900, in-8° de 68 pages.

Catalogue des produits de la Manufacture de Sèvres exposés au Palais National français de l'Exposition Universelle de Saint-Louis, 1904. — Paris. 1904. (Catalogue de la section française).

L'École de céramique. — Le cours de composition décorative.

TABLE DES GRAVURES

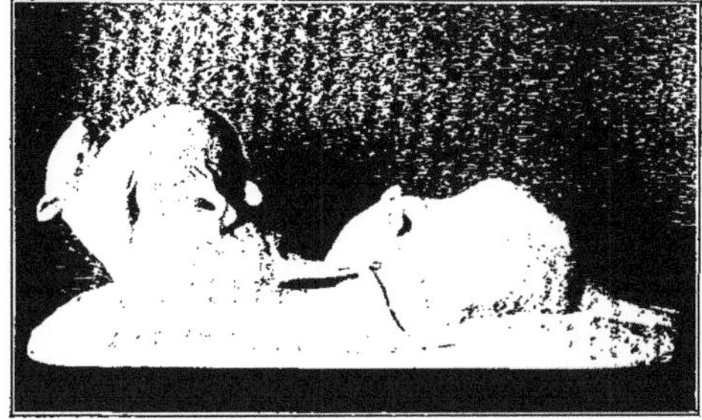

Les rats et l'œuf. — Modèle de Peter.

TABLE DES MATIÈRES

ÉVREUX, IMPRIMERIE CH. HÉRISSEY ET FILS

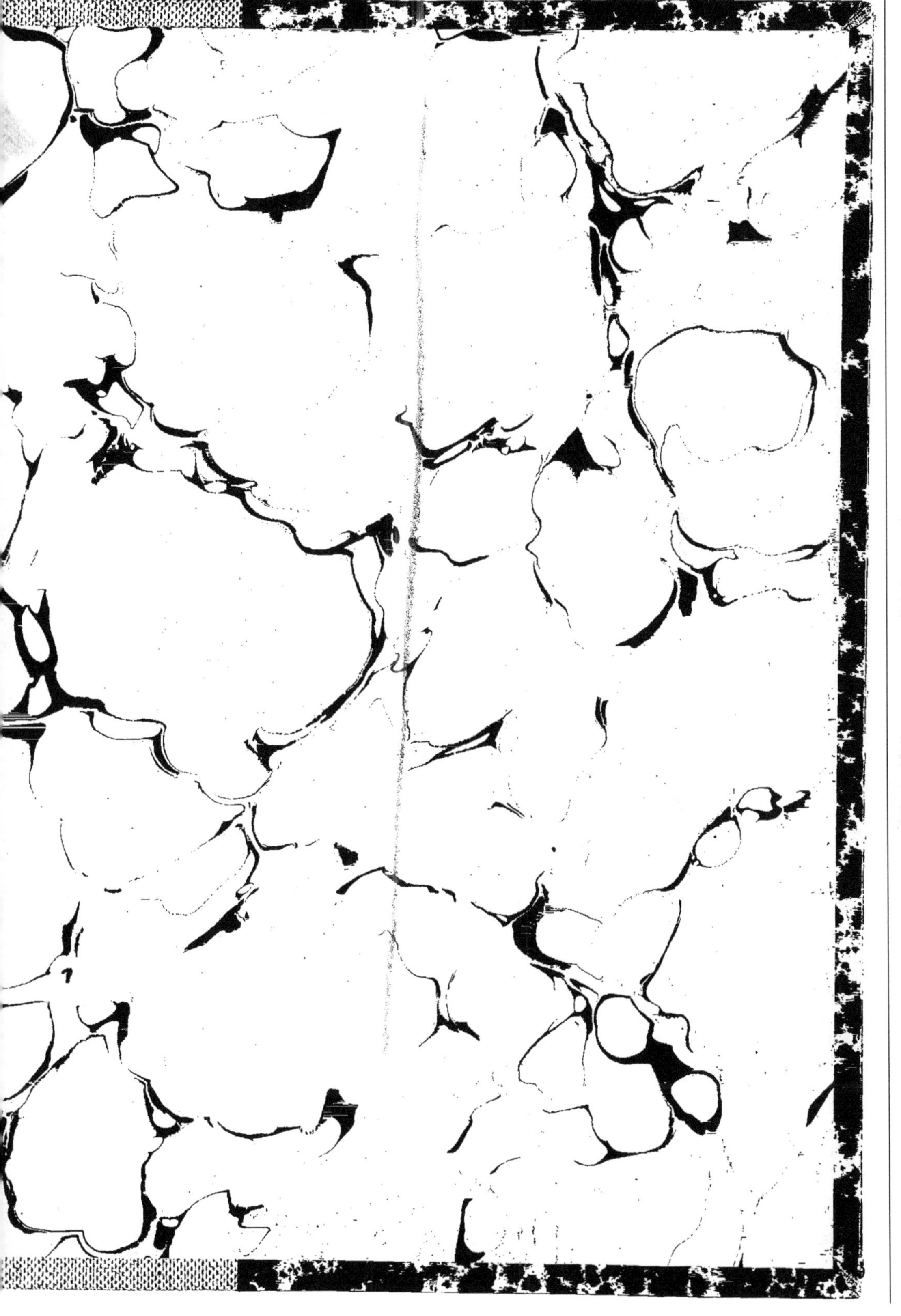

www.ingramcontent.com/pod-product-compliance
Ingram Content Group UK Ltd.
Pitfield, Milton Keynes, MK11 3LW, UK
UKHW021846190726
13855UKWH00001B/181